卓越工程师培养计划

"十二五"高等学校规划教材

http://www.phei.com.cn

戚新波　主编
姚　娟　毛景魁　马临超　副主编

电工技术基础
与工程应用
·电子技术（第2版）

电子工业出版社

Publishing House of Electronics Industry

北京·BEIJING

内容简介

本书根据高等院校电子电气相关专业"十二五"规划教材建设的精神和教学的需要,以职业岗位群的基本知识和核心技能为出发点,按照"工学结合、教学做、一体化"的教学理念,本着"理论以必需、够用,注重实践应用"的原则,突出应用性、综合性和先进性,同时通过大量反映生产实际的例子对其进行仿真,以培养学生选择、设计和调试电路的能力,增强工程意识。

本书主要内容包括半导体晶体管和场效应管、交流放大电路及集成运算放大器、模拟电子电路的工程应用、EDA 技能训练、电力电子器件、电力电子电路、数字电路基础知识、逻辑电路的分析与设计、常用数字集成芯片及数字电路工程应用。

本书可作为高等学校相关专业的教学用书,也可供电子、电气工程类专业的工程技术人员参考使用。

未经许可,不得以任何方式复制或抄袭本书之部分或全部内容。
版权所有,侵权必究。

图书在版编目(CIP)数据

电工技术基础与工程应用・电子技术／戚新波主编．—2 版．—北京：电子工业出版社,2013.6
(卓越工程师培养计划)
ISBN 978-7-121-20578-1

Ⅰ.①电… Ⅱ.①戚… Ⅲ.①电工技术－高等学校－教材②电子技术－高等学校－教材 Ⅳ.①TM②TN

中国版本图书馆 CIP 数据核字(2013)第 116491 号

责任编辑：张　剑(zhang@phei.com.cn)
印　　刷：北京虎彩文化传播有限公司
装　　订：北京虎彩文化传播有限公司
出版发行：电子工业出版社
　　　　　北京市海淀区万寿路 173 信箱　邮编 100036
开　　本：787×1092　1/16　印张：16　字数：346 千字
版　　次：2011 年 3 月第 1 版
　　　　　2013 年 6 月第 2 版
印　　次：2018 年 11 月第 8 次印刷
定　　价：33.00 元

凡所购买电子工业出版社图书有缺损问题,请向购买书店调换。若书店售缺,请与本社发行部联系,联系及邮购电话:(010)88254888。
质量投诉请发邮件至 zlts@phei.com.cn,盗版侵权举报请发邮件至 dbqq@phei.com.cn。
服务热线:(010)88258888。

前 言

本书编者为长期从事高等职业教育的教师和生产一线的工程技术人员，本教材以职业岗位群的基本知识和核心技能为出发点，按照"工学结合、教学做一体化"的教学理念，本着"理论以必需、够用，注重实践应用"的原则，在注重基本理论、基本概念、基本分析方法的基础上，突出应用性、综合性和先进性，同时通过大量反映生产实际的例子对其进行仿真，以培养学生选择、设计和调试电路的能力，增强工程意识。

本书由戚新波任主编，姚娟、毛景魁、马临超任副主编。河南工学院毛景魁编写第1章和第2章，河南工学院郭静编写第3章和第4章，河南工学院马临超编写第5章、第6章和第8章，河南工学院戚新波编写第7章，河南工学院姚娟编写第9章、第10章和附录A。全书由戚新波教授统稿。

本书在编写过程中，曾得到河南省电力公司和河南工学院其他同行们的支持和帮助，在此一并致谢。

由于编者水平有限，书中错误和不妥之处在所难免，恳请读者批评、指正。

编　者

目 录

第1章 半导体晶体管和场效应管 …………… 1
- 1.1 半导体的基础知识 ………… 1
  - 1.1.1 物理基础 ………… 1
  - 1.1.2 本征半导体 ………… 1
  - 1.1.3 杂质半导体 ………… 2
  - 1.1.4 PN结 ………… 4
- 1.2 晶体二极管 ………… 6
  - 1.2.1 基本结构 ………… 6
  - 1.2.2 伏安特性 ………… 6
  - 1.2.3 主要参数 ………… 7
  - 1.2.4 特殊二极管 ………… 8
- 1.3 晶体三极管与交流放大电路 ………… 9
  - 1.3.1 基本结构 ………… 9
  - 1.3.2 电流放大作用 ………… 10
  - 1.3.3 特性曲线 ………… 12
  - 1.3.4 主要参数 ………… 14
- 1.4 绝缘栅场效应晶体管 ………… 14
- 小结 ………… 18
- 习题 ………… 19

第2章 交流放大电路及集成运算放大器 ………… 22
- 2.1 基本放大电路的组成 ………… 22
- 2.2 放大电路的分析 ………… 23
  - 2.2.1 放大电路的静态分析 ………… 23
  - 2.2.2 放大电路的动态分析 ………… 25
- 2.3 放大器静态工作点的稳定 ………… 30
- 2.4 射极输出器 ………… 34
  - 2.4.1 静态分析 ………… 35
  - 2.4.2 动态分析 ………… 35
- 2.5 多级放大电路及功率放大电路 ………… 37
  - 2.5.1 阻容耦合多级放大电路 ………… 37
  - 2.5.2 互补对称式功率放大电路 ………… 39
- 2.6 负反馈放大电路 ………… 44
  - 2.6.1 反馈的基本概念及作用 ………… 45
  - *2.6.2 负反馈放大电路应用中的几个问题 ………… 49
- 2.7 差动放大电路及集成运算放大器 ………… 52
  - 2.7.1 直接耦合放大电路的主要特点 ………… 52
  - 2.7.2 差动放大电路的工作原理 ………… 54
  - 2.7.3 集成运算放大器 ………… 55
- 2.8 运算放大器在电路中的应用 ………… 58
  - 2.8.1 运算放大器在信号运算方面的应用 ………… 58
  - 2.8.2 运算放大器在信号处理方面的应用 ………… 64
- 小结 ………… 69
- 习题 ………… 72

第3章 模拟电子电路的工程应用 ………… 78
- 3.1 半导体二极管的应用 ………… 78
- 3.2 正弦波振荡电路 ………… 79
  - 3.2.1 自激振荡 ………… 79

3.2.2 自激振荡及条件 …… 80
3.2.3 起振和稳幅 …… 81
3.2.4 正弦波振荡电路的基本组成 …… 82
3.2.5 正弦波振荡分析 …… 82
3.2.6 RC 正弦波振荡电路 …… 82
3.2.7 LC 振荡电路 …… 86
3.3 直流稳压电源 …… 92
3.3.1 单相整流电路 …… 93
3.3.2 滤波电路 …… 96
3.3.3 稳压电路 …… 98
小结 …… 102
习题 …… 103

第4章 EDA 技能训练——Multisim 7 操作入门 …… 107
4.1 Multisim 发展简介 …… 107
4.2 Multisim 7 基本操作 …… 108
4.3 Multisim 7 电路创建 …… 110
4.4 Multisim 7 操作界面 …… 112
4.5 Multisim 7 仪器仪表使用 …… 114
4.6 Multisim 7 电路创建方法 …… 121
4.7 Multisim 7 电路创建实例 …… 126

第5章 电力电子器件 …… 128
5.1 晶闸管 …… 128
5.1.1 电力电子器件的分类 …… 128
5.1.2 晶闸管的基本结构与工作原理 …… 129
5.1.3 晶闸管的伏安特性 …… 130
5.1.4 晶闸管的主要特性参数 …… 131
5.1.5 晶闸管的型号 …… 133
5.2 派生器件 …… 133
5.2.1 门极关断晶闸管（GTO） …… 134
5.2.2 双向晶闸管（TRIAC） …… 134
5.2.3 逆导型晶闸管（RCT） …… 135
5.2.4 快速晶闸管（FST） …… 135
5.2.5 光控晶闸管（LTT） …… 136
5.3 新型电力电子器件 …… 136
5.3.1 电力晶体管 …… 136
5.3.2 电力场效应晶体管 …… 137
5.3.3 绝缘栅双极型晶体管 …… 138
5.3.4 其他新型电力电子器件 …… 139
5.4 电力电子器件的保护 …… 140
小结 …… 143
习题 …… 143

第6章 电力电子电路 …… 145
6.1 相控整流电路 …… 145
6.1.1 单相半波相控整流电路 …… 145
6.1.2 单相桥式相控整流电路 …… 147
6.1.3 三相相控整流电路 …… 148
6.2 逆变电路 …… 149
6.2.1 有源逆变 …… 149
6.2.2 无源逆变及变频器 …… 152
6.3 交流调压电路 …… 154
6.4 直流斩波电路 …… 155
6.4.1 降压变换电路 …… 156
6.4.2 升压式直流斩波电路 …… 157

6.4.3 升降压式直流斩波电路 ……… 158
小结 ……………………… 158
习题 ……………………… 159

第7章 数字电路基础知识 …………… 161

7.1 数制与码制 …………… 161
    7.1.1 数制 …………… 161
    7.1.2 码制 …………… 163
7.2 逻辑门概念 …………… 163
    7.2.1 基本逻辑运算 …………… 163
    7.2.2 集成门电路 …………… 165
7.3 逻辑代数及化简 …………… 168
    7.3.1 逻辑代数的基本定律和基本规则 …………… 168
    7.3.2 逻辑代数的化简和证明 …………… 170
小结 ……………………… 171
习题 ……………………… 172

第8章 逻辑电路的分析与设计 …………… 174

8.1 组合逻辑电路的分析与设计 …………… 174
    8.1.1 组合逻辑电路的分析 …………… 174
    8.1.2 组合逻辑电路的设计 …………… 175
8.2 触发器电路 …………… 178
    8.2.1 触发器的分类及特点 …………… 179
    8.2.2 R-S触发器 …………… 179
    8.2.3 J-K触发器 …………… 182
    8.2.4 D触发器 …………… 183
    8.2.5 T触发器 …………… 183
    8.2.6 各触发器之间的转换 …………… 184
8.3 时序逻辑电路的分析 …………… 184
小结 ……………………… 187
习题 ……………………… 188

第9章 常用数字集成芯片 …………… 189

9.1 编码器与译码器 …………… 189
    9.1.1 编码器 …………… 189
    9.1.2 译码器 …………… 191
9.2 数据选择器和分配器 …………… 192
9.3 加法器与数值比较器 …………… 194
    9.3.1 加法器 …………… 194
    9.3.2 数值比较器 …………… 196
9.4 计数器与寄存器 …………… 199
    9.4.1 计数器 …………… 199
    9.4.2 寄存器 …………… 204
9.5 555定时器 …………… 207
9.6 模拟量和数字量的转换 …………… 208
    9.6.1 数-模转换器 …………… 209
    9.6.2 模-数转换器 …………… 215
小结 ……………………… 219
习题 ……………………… 219

第10章 数字电路工程应用 …………… 221

10.1 组合逻辑电路的实现 …………… 221
10.2 555定时器应用 …………… 223

附录A 课程设计手册 …………… 226

第1章 半导体晶体管和场效应管

半导体器件是近代电子学中的重要组成部分。半导体器件因其具有体积小、质量轻、寿命长、反应迅速、灵敏度高、工作可靠等优点而得到广泛的应用。本章主要介绍二极管、晶体管及场效应晶体管的基本结构、工作原理、特征曲线和主要参数等。

1.1 半导体的基础知识

1.1.1 物理基础

所有物质按照导电能力的差别可分为导体、半导体和绝缘体3类。半导体材料的导电性能介于导体和绝缘体之间。在自然界属于半导体的物质很多，用来制造半导体器件的材料主要有元素半导体硅（Si）和锗（Ge），化合物半导体砷化镓（GaAs）等。导体的电阻率在 $10^{-4}\Omega \cdot cm$ 以下，如铜的电阻率为 $1.67 \times 10^{-6}\Omega \cdot cm$，绝缘体的电阻率在 $10^{10}\Omega \cdot cm$ 以上，半导体的电阻率为 $10^{-3} \sim 10^{9}\Omega \cdot cm$。与导体的电阻率相比较，半导体的电阻率有以下3个特点。

【对温度反应灵敏（热敏性）】 导体的电阻率随温度的升高而略有升高，如铜的电阻率仅增加约 0.4%，但半导体的电阻率则随温度的上升而急剧下降，如纯锗，温度从 20℃ 上升到 30℃ 时，电阻率降低约 50%。

【杂质的影响显著（掺杂性）】 金属中含有少量杂质时，其电阻率不会发生显著变化。但是，如果将极微量的杂质掺在半导体中，会引起其电阻率的极大变化。例如，在纯硅中加入百万分之一的硼，就可以使硅的电阻率从 $2.3 \times 10^{5}\Omega \cdot cm$ 急剧减少到约 $0.4\Omega \cdot cm$。

【光照可以改变电阻率（光敏性）】 例如，有些半导体（如硫化镉）受到光照时，其导电能力会变得很强；当无光照时，又变得像绝缘体那样不导电。利用这种特性可以制成光敏元器件。而金属的电阻率则不受光照的影响。

温度、杂质、光照对半导体电阻率的上述控制作用是制作各种半导体器件的物理基础。

1.1.2 本征半导体

完全纯净的、具有完整晶体结构的半导体，称为本征半导体。

硅或锗是四价元素，其最外层原子轨道上有4个价电子。在本征半导体的晶体结构中，相邻两个原子的价电子相互共有，即每个原子的4个价电子既受自身原子核的束缚，又为相邻的4个原子所共有；每两个相邻原子之间都共有一对价电子，这种组合方式称为共价键结构。图 1-1 所示为单晶硅的共价键结构。

在共价键结构中，每个原子的最外层虽然具有 8 个电子而处于较为稳定的状态，但是共价键中的价电子并不像绝缘体中的电子被束缚得那样紧，在室温下，有极少数价电子由于热运动能获得足够的能量而脱离共价键束缚，成为自由电子。

当一部分价电子挣脱共价键的束缚而成为自由电子后，共价键中就留下相应的空位，这个空位被称为空穴。原子因失去一个价电子而带正电，也可以说空穴带正电。在本征半导体中，电子与空穴总是成对出现的，它们被称为电子—空穴对，如图 1-2 所示。如果在本征半导体两端加上外电场，半导体中将出现两部分电流：一部分是自由电子产生定向移动，形成电子电流；另一部分是由于空穴的存在，价电子将按一定的方向依次填补空穴，也即空穴会产生定向移动，形成空穴电流。所以说，半导体中同时存在着两种载流子（运载电荷的粒子为载流子）——电子和空穴，这是半导体导电的特殊性质，也是半导体与金属在导电机理上的本质区别。

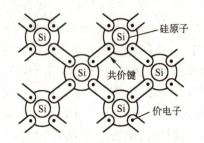
图 1-1 单晶硅的共价键结构

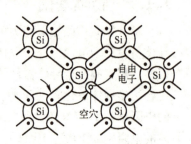
图 1-2 电子—空穴对的形成

1.1.3 杂质半导体

在本征半导体中，如果掺入微量的杂质（某些特殊元素），则将使掺杂后的半导体（杂质半导体）的导电能力显著改变。根据掺入杂质性质的不同，杂质半导体分为电子型半导体（N 型）和空穴型半导体（P 型）两大类。

1. N 型半导体

若在纯净的硅晶体中掺入微量的五价元素（如磷），则硅原子占有的某些位置会被掺入的微量元素（如磷）原子所取代。而整个晶体结构基本不变。磷原子与硅原子组成共价键结构只需 4 个价电子，而磷原子的最外层有 5 个价电子，多余的那个价电子不受共价键束缚，只需获得很少的能量就能成为自由电子。由此可见，掺入一个 5 价元素的原子，就能提供一个自由电子。

【注意】产生自由电子的同时并没有产生空穴，但由于热运动，原有的晶体仍会产生少量的电子—空穴对。

所以，只要在本征半导体中掺入微量的 5 价元素，就可以得到大量的自由电子，且自由电子数目远比掺杂前的电子—空穴对数目要多得多。以自由电子导电为主要导电方式的杂质半导体称为电子型半导体，简称 N 型半导体。N 型半导体中存在着大量的自由电子，这就提高了电子与空穴的复合机会，相同温度下空穴的数目比掺杂前要少。所以，在 N 型半导体中，电子是多数载流子（简称多子），空穴是少数载流子（简称少子），如图1-3（a）所示。N型半导体主要靠自由电子导电，掺入的杂质浓度越高，自由电子数目越大，导电能力也就越强。

在N型半导体中，一个杂质原子提供一个自由电子。当杂质原子失去一个电子后，就变为固定在晶格中不能移动的正离子，但它不是载流子。因此，N型半导体就可用正离子和与之数量相等的自由电子表示，如图1-3（b）所示。其中也有少量由热激发产生的电子—空穴对。

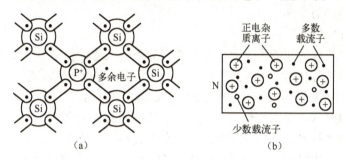

图1-3 单晶硅中掺5价元素形成N型半导体

2. P型半导体

在纯净的硅（或锗）晶体内掺入微量的三价元素硼（或铟），因硼原子的最外层有3个价电子，所以当它与周围的硅原子组成共价键结构时，会因缺少一个电子而在晶体中产生一个空穴，掺入多少三价元素的杂质原子，就会产生多少空穴。因此，这种半导体将以空穴导电为主要导电方式，称为空穴型半导体，简称P型半导体。所以，P型半导体是空穴为多子、电子为少子的杂质半导体，如图1-4（a）所示。

【注意】产生空穴的同时并没有产生新的自由电子，但原有的晶体仍会产生少量的电子—空穴对。

P型半导体中，一个三价元素的杂质原子产生一个空穴，杂质原子产生的空穴很容易被相邻共价键中的电子来填补，这样，杂质原子就会因获得一个电子而带负电荷，成为带有负电荷的杂质离子。因此，P型半导体可以用带有负电荷而不能运动的杂质离子和与之数量相等的空穴表示。其中有少量由热激发而产生的电子—空穴对，如图1-4（b）所示。P型半导体主要靠空穴导电，掺入的杂质浓度越高，空穴数目越大，导电能力也就越强。

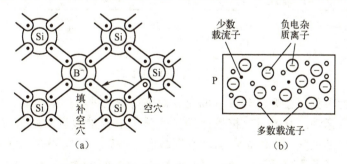

图1-4 单晶硅中掺三价元素形成P型半导体

从以上分析可知，不论N型半导体还是P型半导体，其导电能力是由多子的浓度决定的。可以认为，多子的浓度约等于掺杂原子的浓度，它受温度的影响很小。

1.1.4 PN结

在一块硅片上采用不同的掺杂工艺，一边形成N型半导体，一边形成P型半导体，则在两种半导体的交界面附近形成PN结。PN结是构成各种半导体器件的基础。

1. PN结的形成

在一块硅或锗的晶片上，采取不同的掺杂工艺，分别形成N型半导体区和P型半导体区。N区的多数载流子为电子（即电子浓度高），少子为空穴（空穴浓度低）；而P区正相反，多数载流子为空穴（即空穴浓度高），少子为电子（电子浓度低）；在P区与N区的交界面两侧，由于浓度的差别，空穴要从P区向N区扩散，N区的自由电子要向P区扩散，从而引起的运动称为扩散运动。这样，在P区就留下了一些带负电荷的杂质离子，在N区就留下了一些带正电荷的杂质离子，从而形成一个空间电荷区。这个空间电荷区就是PN结。在空间电荷区内，只有不能移动的杂质离子而没有载流子，所以空间电荷区具有很高的电阻率，如图1-5所示。

空间电荷区形成了一个从带正电荷的N区指向带负电荷的P区的电场，称为内电场。显然，不论P区的多子空穴，还是N区的多子电子，在扩散过程中通过空间电荷区时，都要受到内电场的阻力。内电场阻止多数载流子的继续扩散。因此，随着扩散运动的进行，空间电荷区将不断变宽，内电场将不断加强，扩散运动将不断减弱。另一方面，内电场的存在，使少子产生漂移运动；P区的少数载流子电子向N区漂移，N区的少数载流子空穴向P区漂移。少数载流子在内电场作用下产生的定向运动称为漂移运动。不论P区的少子电子，还是N区的少子空穴，在内电场作用下向对方漂移的结果，都会导致空间电荷区变窄、内电场削弱。

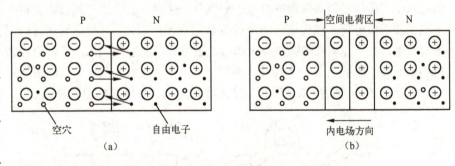

图1-5 PN结的形成

由此可见，在P区与N区的交界面进行着两种相反的运动，即扩散运动和漂移运动。开始时，扩散运动占优势，随着扩散运动的进一步进行，内电场不断加强，迫使扩散运动逐渐减弱。随后，内电场的加强更有利于少数载流子的漂移运动。而在一定温度下，少子的数目是有限的，所以在交界面进行的两种相反的运动——扩散与漂移，最终会达到动态平衡。这时，空间电荷区的宽度将不再变化，内电场将为某一稳定的值。

2. PN 结的单向导电性

若在 PN 结两端外加电压，则将破坏 PN 结原有的平衡。如图 1-6（a）所示，P 区接电源正极，N 区接电源负极，由于外电场的方向与内电场的方向相反，所以在外电场的作用下，P 区的空穴要向 N 区移动，与一部分杂质负离子中和；同样，N 区的电子也要向正空间电荷区移动，与一部分杂质正离子中和。结果使空间电荷区变窄，内电场被削弱，有利于多数载流子的扩散运动，形成较大的正向电流。在一定范围内，外加电压越高，外电场越强，空间电荷区就越窄，扩散运动所形成的正向电流也就越大。因此，加正向电压时，PN 结呈低阻状态而处于正向导通。空穴与电子虽然带有不同极性的电荷，但由于它们运动的方向相反，所以形成的电流方向是一致的，PN 结的正向电流为空穴电流和电子电流两部分之和，电流方向由 P 区指向 N 区。

若外接电压方向相反，即如图 1-6（b）所示，N 区接电源正极，P 区接电源负极，则外电场方向与内电场方向一致。外电场加强了内电场，结果阻止多子的扩散，有利于少子的漂移运动，使空间电荷增加，空间电荷区变宽。P 区的少子电子和 N 区的少子空穴都会向对方漂移而形成反向电流（由 N 区指向 P 区）。因少数载流子的数量很少，所以反向电流一般很小。但由于少数载流子的数目受温度的影响很大，温度越高，少数载流子的数目就越多，反向电流就会相应增大。因此，在 PN 结外加反向电压时，PN 结呈高阻状态而处于反向截止。

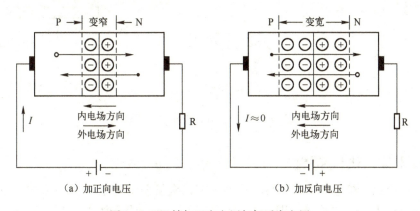

图 1-6　PN 结加正向电压与加反向电压

由此可见，PN 结的正向电阻较小，反向电阻很大，具有单向导电性。但反向电流受温度的影响很大。

3. PN 结方程

根据理论分析，PN 结两端电压和流经 PN 结的电流之间有如下关系：

$$I = I_S(e^{U/U_T} - 1)$$

式中，I_S 是反向饱和电流；$U_T = kT/q$ 是温度电压当量，其中，T 是热力学温度，q 是电子的电量，在 $T = 300K$ 时，$U_T \approx 26mV$。

4. PN 结的反向击穿

PN 结处于反向偏置时,在一定范围的反向电压作用下,流过 PN 结的电流是很小的反向饱和电流。但当反向电压超过某一数值后,反向电流会急剧增加,这种现象称为反向击穿。

1.2 晶体二极管

1.2.1 基本结构

将 PN 结的两端加上电极引线并用外壳封装,就组成了一只晶体二极管。由 P 区引出的电极为正极(又称阳极),由 N 区引出的电极为负极(又称阴极)。常见的二极管外形及电路符号如图 1-7 所示。

通常,二极管有点接触型和面接触型两类。

点接触型二极管(一般为锗管)的特点是:PN 结面积小,结电容小,因此只能通过较小的电流;适用于高频(几百兆赫)工作。

面接触型二极管(一般为硅管)的特点是:PN 结面积较大,能通过较大的电流,但结电容也大;常用于频率较低、功率较大的电路中。

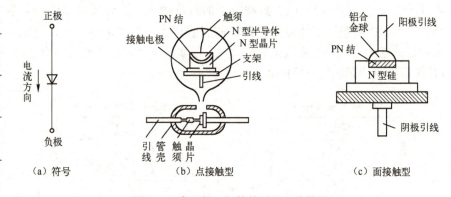

图 1-7 常见的二极管外形及电路符号

1.2.2 伏安特性

所谓二极管的伏安特性,是指加在二极管两端的电压 U 与流过二极管的电流 I 之间的关系,即 $I = f(U)$。在近似分析时,用 PN 结方程来描述,即 $I = I_S(e^{U/U_T} - 1)$。

二极管就是一个 PN 结,当然具有单向导电性。2CP12(普通型硅二极管)和 2AP9(普通型锗二极管)的伏安特性曲线如图 1-8 所示。

1. 正向特性

在正向特性的起始部分,由于外加电压很小,外电场还不足以削弱内电场,所以多数载流子的扩散运动还不能得到加强,正向电流几乎为零。当正向电压超过某一数值后,内电场被大为削弱,正向电流迅速增大。这个数值的电压称为二极管的阈值电压(又称为门槛电压),一般硅管的阈值电压约为 0.5V,锗管的阈值电压约为 0.2V。

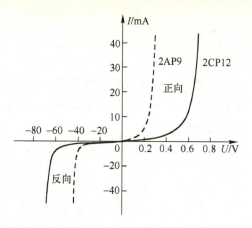

图 1-8 二极管的伏安特性曲线

二极管一旦正向导通后,只要正向电压稍有变化,就会使正向电流变化较大,二极管的正向特性曲线很陡。因此,二极管正向导通时,管子上的正向压降不大,正向压降的变化很小,一般硅管约为 0.6~0.7V,锗管约为 0.3V。因此,在使用二极管时,如果外加电压较大,一般要在电路中串接限流电阻,以免产生过大的电流而烧坏二极管。

2. 反向特性

从图 1-8 可以看出,在一定的反向电压范围内,反向电流变化不大,因为反向电流是少数载流子的漂移运动形成的,在一定温度下,少子的数目基本不变,所以反向电流基本恒定,与反向电压的大小无关,故通常称其为反向饱和电流。

3. 反向击穿特性

当反向电压过高时,会使反向电流突然增大,这种现象称为反向击穿。

1.2.3 主要参数

半导体器件的质量指标和安全使用范围,常用其参数来表示。所以,参数是选择和使用器件的标准。二极管的主要参数有以下 3 个。

【最大整流电流 I_{OM}】I_{OM} 是二极管长期运行时,允许通过的最大正向平均电流。因电流通过 PN 结会引起二极管发热,所以电流过大会导致 PN 结发热过度而烧坏。

【最高反向工作电压 U_{RM}】U_{RM} 是为了防止二极管反向击穿而规定的最高反向工作电压。最高反向工作电压一般为反向击穿电压的 1/2 或 2/3,这样才能够安全使用二极管。

【最大反向电流 I_{RM}】I_{RM} 是指当二极管加上最高反向工作电压时的反向电流值。其值越小,说明二极管的单向导电性越好。硅管的反向电流较小,一般在几微安以下。锗管的反向电流较大,是硅管的几十至几百倍。

1.2.4　特殊二极管

1. 稳压二极管

稳压二极管，简称稳压管，是一种特殊的面接触型硅二极管，其电路符号和伏安特性曲线如图1-9所示，稳压管的伏安特性曲线和普通二极管类似，只是反向特性曲线比较陡。

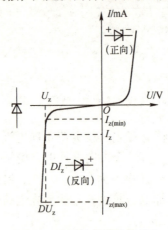

图1-9　稳压管的电路符号和伏安特性曲线

反向击穿是稳压管的正常工作状态，稳压管就工作在反向击穿区。从反向特性曲线可以看出，当所加反向电压小于击穿电压时，和普通二极管一样，其反向电流很小。一旦所加反向电压达到击穿电压时，反向电流会突然剧增，稳压管被反向击穿。其击穿后的特性曲线很陡，这就说明流过稳压管的反向电流在很大范围内（从数毫安到数百毫安）变化时，稳压管两端的电压基本不变，稳压管在电路中能起稳压作用正是利用了这一特性。

稳压管的反向击穿是可逆的，这一点与普通二极管不一样。只要去掉反向电压，稳压管就会恢复正常。但是，如果反向击穿后的电流太大（超过其允许范围），就会使稳压管的PN结发生热击穿而损坏。

由于硅管的热稳定性比锗管好，所以稳压管一般都是硅管，故称硅稳压管。

稳压管的主要参数如下所述。

【**稳定电压U_z和稳定电流I_z**】稳定电压就是稳压管在正常工作时其两端的电压。同一型号的稳压管，由于制造方面的原因，其稳压值也有一定的分散性。如2CW18，其稳定电压$U_z = 10 \sim 12V$。

稳定电流常作为稳压管的最小稳定电流$I_{z(min)}$来看待。一般小功率稳压管可取$I_z = 5mA$。如果反向工作电流太小，则会使稳压管工作在反向特性曲线的弯曲部分而使稳压特性变差。

【**最大稳定电流$I_{z(max)}$和最大允许耗散功率P_{zM}**】这两个参数都是为了保证稳压管安全工作而规定的。最大允许耗散功率$P_{zM} = U_z I_{z(max)}$，如果稳压管的电流超过最大稳定电流$I_{z(max)}$，则将会使稳压管的实际功率超过最大允许耗散功率，稳压管将会发生热击穿而损坏。

【**电压温度系数α_v**】它是说明稳定电压U_z受温度变化影响的系数。例如，2CW18稳压管的电压温度系数为0.095%/℃，就是说，温度每增加1℃，其稳压值将升高0.095%。一般稳压值低于6V的稳压管具有负的温度系数；高于6V的稳压管具有正的温度系数。稳压值约为6V的稳压管其稳压值基本上不受温度的影响，因此，选用约6V的稳压管，可以得到较好的温度稳定性。

【**动态电阻r_z**】动态电阻是指稳压管两端电压的变化量ΔU_z与相应的电

流变化量 ΔI_z 的比值，即

$$r_z = \frac{\Delta U_z}{\Delta I_z}$$

稳压管的反向特性曲线越陡，动态电阻越小，稳压性能就越好。r_z 的数值约在数欧至数十欧之间。

2. 发光二极管

发光二极管（LED）通常用元素周期表中Ⅲ、Ⅴ族元素的化合物，如砷化镓、磷化镓等材料制成。LED 也具有单向导电性。LED 的发光颜色取决于所用材料，目前有红、绿、黄、橙等，LED 外形可以制成长方形、圆形等。其符号如图 1-10 所示。

LED 因驱动电压低、功耗小、寿命长、可靠性高等优点而广泛用于显示电路中。它的另一种重要用途是将电信号变为光信号，通过光电缆传输，再用光电二极管接收，还原成电信号。

3. 光敏二极管

光敏二极管的结构与普通二极管类似，使用时，光敏二极管 PN 结工作在反向偏置状态，在光的照射下，反向电流随光照强度的增加而上升（这时的反向电流称为光电流），所以光敏二极管是一种将光信号转为电信号的半导体器件，其符号如图 1-11 所示。另外，光电流还与入射光的波长有关。

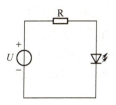
图 1-10　发光二极管

图 1-11　光敏二极管电路符号

在无光照射时，光敏二极管的伏安特性和普通二极管一样，此时的反向电流称为暗电流，一般为数微安，甚至更小。

1.3　晶体三极管与交流放大电路

晶体三极管简称晶体管，是组成放大电路的核心器件。本节介绍晶体管的基本结构、电流放大作用、输入/输出特性曲线和主要参数。

1.3.1　基本结构

目前使用的晶体管有 PNP 型和 NPN 型两种，如图 1-12 所示。当前国内生产的锗管多为 PNP 型（3A 系列），硅管多为 NPN 型（3D 系列）。

不论 PNP 型还是 NPN 型，在结构上都有 3 个区（发射区、基区和集电区）、两个 PN 结（发射结和集电结）。由 3 个区分别引出的 3 根电极分别称为发射极 E、基极 B 和集电极 C。

为了使晶体管具有电流放大作用，在其内部结构上还必须满足两个条

件：①发射区的掺杂浓度最高，集电区的掺杂浓度较低，基区的掺杂浓度最低；②基区做得很薄。

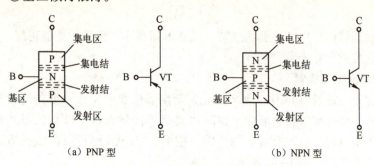

图 1-12 晶体管的结构和图形符号

PNP 型和 NPN 型晶体管的工作原理相同，只是在使用时电源极性的连接不同。在图 1-13 中，电路符号的箭头均表示电流的实际方向。

1.3.2 电流放大作用

下面以 NPN 型晶体管为例来分析晶体管的电流放大原理。

为了使晶体管具有电流放大作用，在电路的连接（即外部条件）上必须使发射结加正向电压（正向偏置），集电结加反向电压（反向偏置）。

将一个 NPN 型晶体管接成如图 1-13 所示的电路。将 R_B 和 E_B 接在基极与发射极之间，构成了晶体管的输入回路，E_B 的正极接 R_B 后再接基极，负极接发射极，使发射结正向偏置。将 R_C 和 E_C 接在集电极与发射极之间构成输出回路，E_C 的正极接 R_C 后再接集电极，负极接发射极，且 $E_C > E_B$，所以集电结反向偏置。输入回路与输出回路的公共端是发射极，所以该连接方式称为共发射极接法。

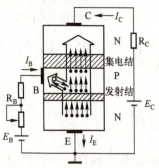

图 1-13 晶体管的电流放大作用

下面分析晶体管内部载流子的运动与分配情况（即晶体管的电流放大作用）。

【发射区向基区发射电子】由于发射结处于正向偏置，所以多数载流子的扩散运动加强，发射区的多数载流子（电子）向基区扩散（称为发射），同样，基区的多数载流子（空穴）也向发射区扩散，但由于发射区的电子浓度远远高于基区的空穴浓度，所以可忽略基区空穴向发射区的扩散（图 1-13 中未画出）。由于两个电源 E_B 和 E_C 的负极接在发射极，所以发射区向基区发射的电子都可从电源得到补充，这样就形成了发射极电流 I_E。

【电子在基区的扩散与复合】从发射区发射到基区的电子到达基区后，由于靠近发射结附近的电子浓度高于靠近集电结附近的电子浓度，所以这些电子会向集电结附近继续扩散。在扩散过程中，有小部分电子会与基区的空穴复合，由于电源 E_B 的正极与基极相接，复合掉的空穴均可由 E_B 补充，因而形成了基极电流 I_B。因基区做得很薄，电子在扩散过程中通过基区的时间很短,加上基区的空穴浓度很低,所以从发射区发射到基区的电子在基区继续向集电结附近扩散的过程中,与基区空穴复合的机会很少,因而基极电流 I_B 很小,大部分电子都能通过基区而到达集电结附近。

【**集电区收集电子从而形成集电极电流 I_C**】集电结处于反向偏置,有利于少数载流子的漂移运动。从发射区发射到基区的电子,一旦到达基区后,就变成了基区少数载流子,因而这些扩散到集电结附近的电子很容易被集电区收集而形成集电极电流 I_C。

从以上分析可知,从发射区发射到基区的电子中,只有很小部分与基区的电子复合而形成基极电流 I_B,绝大部分能通过基区并被集电区收集而形成集电极电流 I_C,见图 1-13。因此,集电极电流 I_C 比基极电流 I_B 大得多,这就是晶体管的电流放大作用。如前所述,晶体管的基区之所以做得很薄,并且掺杂浓度远低于发射区,就是为了使集电极电流比基极电流大得多,从而提高晶体管的电流放大能力。

由基尔霍夫电流定律可知:

$$I_E = I_C + I_B \tag{1-1}$$

为了定量地说明晶体管的电流放大与分配关系,用图 1-14 所示的实验电路来测量这 3 个电流,所得数据见表 1-1。

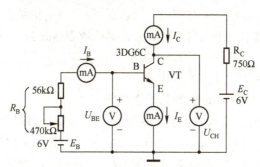

图 1-14 晶体管电流放大与分配的实验电路

表 1-1 晶体管的电流关系表

I_B/mA	0	0.02	0.04	0.06	0.08	0.10
I_C/mA	<0.001	0.70	1.50	2.30	3.10	3.95
I_E/mA	<0.001	0.72	1.54	2.36	3.18	4.05

由以上数据可知:

(1) 当 $I_B = 0$ 时,$I_C = I_E$ 并且很小,约等于零。

(2) 每组数据均满足 $I_E = I_C + I_B$。

(3) 每组数据的 I_C 均远大于 I_B,I_C 与 I_B 的比值称为晶体管共发射极接法时的静态(直流)电流放大系数,用 $\bar{\beta}$ 表示,即

$$\bar{\beta} = \frac{I_C}{I_B} = \frac{2.30}{0.06} \approx 38.3$$

(4) 基极电流 I_B 的微小变化 ΔI_B,会引起集电极电流 I_C 的很大变化 ΔI_C,ΔI_C 与 ΔI_B 的比值称为晶体管共射接法时的动态(交流)电流放大系

数，用 β 表示，即

$$\beta = \frac{\Delta I_C}{\Delta I_B} = \frac{2.30-1.50}{0.06-0.04} = \frac{0.80}{0.02} = 40$$

【注意】晶体管的电流放大作用实质上是电流控制作用，是用一个较小的基极电流去控制一个较大的集电极电流，这个较大的集电极电流是由直流电源 E_C 提供的，并不是晶体管本身把一个小的电流放大成了一个大的电流，这一点必须用能量守恒的观点去分析。所以晶体管是一种电流控制器件。

1.3.3 特性曲线

为了能直观地反映出晶体管的性能，通常将晶体管各电极上的电压和电流之间的关系绘制成曲线，称为晶体管的特性曲线。下面通过图 1-14 所示的实验电路来测量最常用的共发射极接法时的晶体管的输入特性曲线和输出特性曲线。

1. 输入特性曲线

输入特性曲线是在保持集电极与发射极之间的电压 U_{CE} 为某一常数时，输入回路中的基极电流 I_B 与基极 – 发射极间电压 U_{BE} 的关系曲线。它反映了晶体管输入回路中电压与电流的关系，其函数表达式为

$$I_B = f(U_{BE})\big|_{U_{CE}=常数} \tag{1-2}$$

输入特性曲线可分以下步骤做出。

1) 作一条 $U_{CE}=0$ 时的输入特性曲线

当 $U_{CE}=0$ 时，集电极与发射极间相当于短路，如图 1-15 所示。从输入端看，发射结和集电结相当于两个并联的二极管，所以晶体管的输入特性曲线与二极管的正向特性曲线基本一致，如图 1-16 所示。

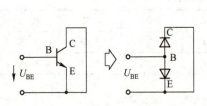

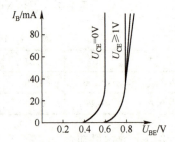

图 1-15 $U_{CE}=0$ 时的晶体管等效电路　　图 1-16 晶体管的输入特性曲线

2) 作 $U_{CE}=1\mathrm{V}$ 的曲线

当 $U_{CE}=1\mathrm{V}$ 时，集电结已反向偏置，内电场已足够大。从发射区发射到基区的电子绝大部分会被集电区收集而形成集电极电流。这样，在 U_{BE} 一定的情况下，从发射区发射到基区的电子数目是一定的。当 $U_{CE}=0$ 时，电子进入基区后不会被集电结收集过去，于是增加了与基区空穴复合的机会，使 I_B 较大；当 $U_{CE}=1\mathrm{V}$ 时，电子进入基区后绝大部分会被集电区收集过去，因而使 I_B 相对减小，所以 $U_{CE}=1\mathrm{V}$ 时的输入特性曲线较 $U_{CE}=0$ 时的曲线向

右偏移了一段距离。

在 U_{BE} 不变的情况下，由于从发射区发射到基区的电子数目是一定的，所以当 $U_{CE}=1V$ 时，足以将基区中电子的绝大部分拉入集电区。如果此时再增大 U_{CE}，I_B 也不会明显地减小。因此，$U_{CE}>1V$ 后的输入特性曲线与 $U_{CE}=1V$ 的基本重合，所以，通常只绘制出 $U_{CE}\geqslant 1V$ 的一条输入特性曲线。

2. 输出特性曲线

输出特性曲线是在 I_B 为某一常数时，输出回路中 I_C 与 U_{CE} 的关系曲线，它反映了晶体管输出回路中电压与电流的关系。其函数表达式为

$$I_C = f(U_{CE})\big|_{I_B=\text{常数}} \tag{1-3}$$

在不同的 I_B 下，可得出不同的曲线，所以晶体管的输出特性曲线是一组曲线，如图 1-17 所示。

由输出特性曲线可知：

（1）I_B 一定时，从发射区发射到基区的电子数目大致是一定的；I_B 越大，从发射区发射到基区的电子数目越多，相应的 I_C 也越大，这就是晶体管的电流控制与放大作用。

（2）特性曲线的起始部分较陡，即在 U_{CE} 很小时，只要 U_{CE} 略有增加，就会使集电结的内电场得到加强，漂移运动就会迅速增加，使 I_C 迅速加大，此时 I_C 主要受 U_{CE} 的影响。一旦

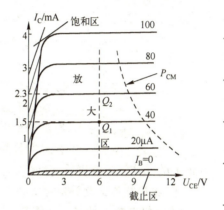

图 1-17 晶体管的输出特性曲线

U_{CE} 超过一个不大的值（约1V）后，集电结的内电场已经足够强了，从发射区发射到基区的电子绝大部分已被拉入集电区而形成 I_C，即使再加大 U_{CE}，I_C 也不会明显地增加，此时的曲线比较平坦，具有恒流特性。

（3）晶体管可以工作在输出特性曲线的 3 个区域内。

☺ 输出特性曲线的近于水平部分是放大区。晶体管工作在放大区的主要特征是，发射结正向偏置，集电结反向偏置，I_C 与 I_B 之间具有线性关系，即 $I_C=\beta I_B$。放大电路中的晶体管必须工作在放大区。

☺ $I_B=0$ 的曲线以下的区域称为截止区。晶体管工作在截止区的主要特征是，$I_B=0$，$I_C=I_{CEO}\approx 0$（I_{CEO} 称为集电极到发射极间的穿透电流，一般很小，可以忽略不计），相当于晶体管的 3 个极之间都处于断开状态。由图 1-16 所示的输入特性曲线可知，要使 $I_B=0$，只要 U_{BE} 小于阈值电压（硅管约 0.5V，锗管约 0.2V）即可。但为了使晶体管可靠截止，往往使发射结反向偏置，集电结也处于反向偏置。

☺ 在输出特性曲线的左侧，I_C 趋于直线上升的部分，是饱和区。晶体管工作在饱和区的主要特征是，$U_{CE}<U_{BE}$，即集电结为正向偏置，发射结也是正向偏置；I_B 的变化对 I_C 影响不大，二者不成正比，不符合 $\bar{\beta}=\dfrac{I_C}{I_B}$。因不同 I_B 的各条曲线都几乎重合在一起，故此时 I_B 对 I_C 已失去控制作用。

1.3.4 主要参数

晶体管的特性还可用一些参数来表示，这些参数是正确选择与使用晶体管的依据。

1. 电流放大系数 $\bar{\beta}$ 和 β

$\bar{\beta} = \dfrac{I_C}{I_B}$，称为晶体管共射极接法时的静态（直流）电流放大系数。

$\beta = \dfrac{\Delta I_C}{\Delta I_B}$，称为晶体管共射极接法时的动态（交流）电流放大系数。

$\bar{\beta}$ 与 β 二者的含义是不同的，但二者的数值较为接近，今后在进行估算时，可认为 $\bar{\beta} = \beta$。

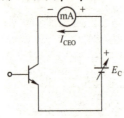

图 1-18　测量穿透电流的电路

2. 穿透电流 I_{CEO}

I_{CEO} 是指基极开路（$I_B = 0$）时，集电极到发射极间的电流。图 1-18 所示的是测量穿透电流的电路。晶体管的穿透电流越小越好。一般硅管的 I_{CEO} 在几微安以下，锗管为几十微安到几百微安。穿透电流受温度的影响很大，温度升高会使 I_{CEO} 明显增大。并且晶体管的 β 值越高，I_{CEO} 也会越大，所以 β 值大的晶体管的温度稳定性差。

3. 集电极最大允许电流 I_{CM}

集电极电流 I_C 超过一定值时，β 值下降。当 β 值下降到正常值的 2/3 时的集电极电流，称为集电极最大允许电流 I_{CM}。因此，在使用晶体管时，如果 I_C 超过 I_{CM}，晶体管虽不至于被烧毁，但 β 值却下降了许多。

4. 集电极-发射极反向击穿电压 $U_{(BR)CEO}$

基极开路时，加在集电极与发射极之间的最大允许电压，称为集电极-发射极反向击穿电压。使用时，加在集电极-发射极间的实际电压应小于此电压，以免晶体管被击穿。

5. 集电极最大允许耗散功率 P_{CM}

因 I_C 在流经集电结时会产生热量，使结温升高，从而引起晶体管参数的变化，严重时会导致晶体管烧毁，因此必须限制晶体管的耗散功率。在规定结温不超过允许值（锗管为 70~90℃，硅管为 150℃）时，集电极所消耗的最大功率，称为集电极最大允许耗散功率 P_{CM}，即

$$P_{CM} = I_C U_{CE} \tag{1-4}$$

可在晶体管输出特性曲线上绘制出 P_{CM} 曲线，称为功耗线，见图 1-17。

✓ 1.4　绝缘栅场效应晶体管

场效应晶体管（MOSFET）是一种外形与普通晶体管相似，但控制特性不同的半导体器件。其输入电阻可高达 $10^{15}\Omega$，而且制造工艺简单，适用于制造大规模及超大规模集成电路。

场效应晶体管也称为 MOS 管，按其结构不同，分为结型场效应晶体管和绝缘栅场效应晶体管两种类型。在本节中只简单介绍后一种场效应晶体管。

绝缘栅场效应晶体管按其结构不同，分为 N 沟道和 P 沟道两种。每种又分为增强型和耗尽型两类。下面简单介绍它们的工作原理。

1. 增强型绝缘栅场效应晶体管

图 1-19 所示的是 N 沟道增强型绝缘栅场效应晶体管示意图。

在一块掺杂浓度较低的 P 型硅衬底上，用光刻、扩散工艺制作两个高掺杂浓度的 N^+ 区，并用金属铝引出两个电极，分别称为漏极 D 和源极 S，如图 1-19（a）所示。然后在半导体表面覆盖一层很薄的二氧化硅（SiO_2）绝缘层，在漏-源极间的绝缘层上再装一个铝电极，称为栅极 G。另外在衬底上也引出一个电极 B，就构成了一个 N 沟道增强型 MOS 管。其栅极与其他电极间是绝缘的。图 1-19（b）所示的是它的图形符号，箭头方向表示由 P（衬底）指向 N（沟道）。

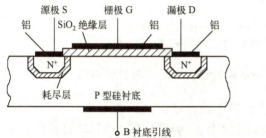

（a）N 沟道增强型场效应晶体管结构示意图　　（b）N 沟道增强型场效应晶体管图形符号

图 1-19　N 沟道增强型绝缘栅场效应晶体管

场效应晶体管的源极和衬底通常是接在一起的（大多数场效应晶体管在出厂前已连接好）。从图 1-20（a）中可以看出，漏极 D 和源极 S 之间被 P 型衬底隔开，则漏极 D 和源极 S 之间是两个背靠背的 PN 结。当栅-源电压 U_{GS}=0 时，即使加上漏-源电压 U_{DS}，而且不论 U_{DS} 的极性如何，总有一个 PN 结处于反偏状态，漏-源极间没有导电沟道，所以此时漏极电流 $I_D \approx 0$。

若在栅-源极间加上正向电压，即 $U_{GS}>0$，则栅极和衬底之间的 SiO_2 绝缘层中便产生一个垂直于半导体表面的由栅极指向衬底的电场，这个电场排斥空穴而吸引电子，因而栅极附近的 P 型衬底中的空穴被排斥，剩下不能移动的受主离子（负离子），形成耗尽层，同时 P 衬底中的电子（少子）被吸引到衬底表面。当 U_{GS} 数值较小，吸引电子的能力不强时，漏-源极之间仍无导电沟道出现，如图 1-20（b）所示。U_{GS} 增加时，吸引到 P 衬底表面层的电子就增多，当 U_{GS} 达到某一数值时，这些电子在栅极附近的 P 衬底表面便形成一个 N 型薄层，且与两个 N^+ 区相连通，在漏-源极间形成 N 型导电沟道，其导电类型与 P 衬底相反，故又称为反型层，如图 1-20（c）所示。U_{GS} 越大，作用于半导体表面的电场就越强，吸引到 P 衬底表面的电子就越多，导电沟道越厚，沟道电阻越小。我们把开始形成沟道时的栅-源极电压称为开启电压，用 U_T 表示。

由上述分析可知，N 沟道增强型场效应晶体管在 $U_{GS}<U_T$ 时，不能

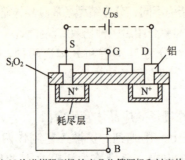

(a) N 沟道增强型场效应晶体管源极和衬底的连接

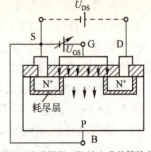

(b) N 沟道增强型场效应晶体管的电场

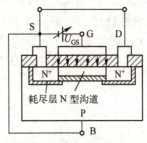

(c) N 沟道增强型场效应晶体管导电沟道的导通

图 1-20　N 沟道增强型场效应晶体管的沟道形成图

形成导电沟道，场效应晶体管处于截止状态。只有当 $U_{GS} \geqslant U_T$ 时，才有沟道形成，此时在漏-源极间加上正向电压 U_{DS}，才有漏极电流 I_D 产生。而且 U_{GS} 增大时，沟道变厚，沟道电阻减小，I_D 增大。这是 N 沟道增强型场效应晶体管的栅极电压控制的作用，因此，场效应晶体管通常也称为压控三极管。

N 沟道增强型场效应晶体管的输出特性曲线和转移特性曲线分别如图 1-21 和图 1-22 所示。

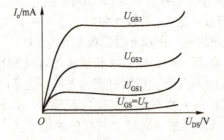

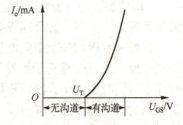

图 1-21　N 沟道增强型场效应晶体管的
输出特性曲线

图 1-22　N 沟道增强型场效应晶体管的
转移特性曲线

2. 耗尽型绝缘栅场效应晶体管

从结构上看，N 沟道耗尽型场效应晶体管与 N 沟道增强型场效应晶体管相似，其区别仅在于当栅-源极间电压 $U_{GS}=0$ 时，耗尽型场效应晶体管中的漏-源极间已有导电沟道产生，而增强型场效应晶体管要在 $U_{GS} \geqslant U_T$ 时才出现导电沟道。其原因是在制造 N 沟道耗尽型场效应晶体管时，在 SiO_2 绝缘层中掺入了大量的碱金属正离子 Na^+ 或 K^+（制造 P 沟道耗尽型场效应晶体管时掺入负离子），如图 1-23（a）所示，因此即使 $U_{GS}=0$，在这些正离子产生的电场作用下，漏-源极间的 P 型衬底表面也能感应生成 N 沟道（称为初始沟道），只要加上正向电压 U_{DS}，就有电流 I_D。如果 $U_{GS}>0$，则栅极与 N 沟道间的电场将在沟道中吸引更多的电子，沟道加宽，沟道电阻变小，I_D 增大。反之，$U_{GS}<0$ 时，沟道中感应的电子减少，沟道变窄，沟道电阻变大，I_D 减小。当 U_{GS} 负向增加到某一数值时，导电沟道消失，I_D 趋于零，该管截止，故称为耗尽型。沟道消失时的栅-源电压称为夹断电压，用 U_P 表示，为负值。在 $U_{GS}=0$、$U_{GS}>0$、$U_P<U_{GS}<0$ 的情况下均能实现对 I_D 的控制，而且仍能保持栅-源极间有很大的绝缘电阻，栅极电流为零。这是耗尽型场效应晶体管的一个重要特点。

图 1-23（b）所示的是 N 沟道耗尽型场效应晶体管的图形符号。图 1-24 所示的是 N 沟道耗尽型场效应晶体管的输出特性曲线，图 1-25 所示的是 N 沟道耗尽型场效应晶体管的转移特性曲线。实验表明，耗尽型场效应晶体管的转移特性可近似表示为

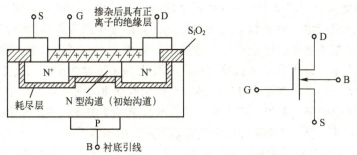

（a）N 沟道耗尽型场效应晶体管结构示意图　（b）N 沟道耗尽型场效应晶体管图形符号

图 1-23　N 沟道耗尽型场效应晶体管

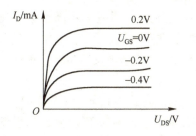
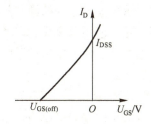

图 1-24　N 沟道耗尽型场效应晶体管的输出特性曲线　　图 1-25　N 沟道耗尽型场效应晶体管的转移特性曲线

$$I_D = I_{DSS}\left(1 - \frac{U_{GS}}{U_{GS(off)}}\right)^2 \qquad (1-5)$$

以上介绍了 N 沟道增强型和耗尽型绝缘栅场效应晶体管，实际上 P 沟道也有增强型和耗尽型管，其图形符号如图 1-26 所示。

关于场效应晶体管的各种参数及特性参见相关资料。

绝缘栅场效应晶体管还有一个表示放大能力的参数，即跨导，用符号 g_m 表示。跨导 g_m 是当漏-源电压 U_{DS} 为常数时，漏极电流的增量 ΔI_D 与引起这一变化的栅-源电压 ΔU_{DS} 的比值，即

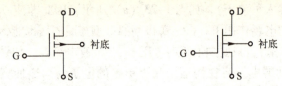

(a) P沟道增强型场效应晶体管符号　　(b) P沟道耗尽型场效应晶体管符号

图1-26　P沟道绝缘栅场效应晶体管

$$g_\mathrm{m} = \frac{\Delta I_\mathrm{D}}{\Delta U_\mathrm{GS}}\bigg|_{U_\mathrm{DS}=常数} \tag{1-6}$$

跨导是衡量场效应管栅－源电压对漏极电流控制能力的一个重要参数，其单位是μA/V 或 mA/V。

小结

1. 半导体有自由电子和空穴两种载流子参与导电。本征半导体的载流子由本征激发产生，电子和空穴成对出现，其浓度随温度升高而增加。杂质半导体的多子主要由掺杂产生，浓度很大且基本不受温度影响，少子由本征激发产生。杂质半导体的导电性能主要由多子浓度决定，相比本征半导体有很大的改善。本征半导体中掺入五价元素杂质，则成为 N 型半导体，N 型半导体中电子是多子，空穴是少子。本征半导体中掺入三价元素杂质，则成为 P 型半导体，P 型半导体中空穴是多子，电子是少子。

2. PN 结零偏时，扩散运动和漂移运动达到动态平衡，通过 PN 结的总电流为零。PN 结正偏时，正向电流主要由多子的扩散运动形成，其值较大且随着正偏电压的增加而迅速增大，PN 结处于导通状态；PN 结反偏时，反向电流主要由少子的漂移运动形成，其值很小，且基本不随反偏电压变化而变化，但随温度变化较大，PN 结处于截止状态。因此，PN 结具有单向导电性。反偏电压超过反向击穿电压值后，PN 结被反向击穿，单向导电性被破坏。

3. 二极管由 PN 结构成，其伏安特性的表达式为 $i_\mathrm{D} = I_\mathrm{S}(e^{U_\mathrm{D}/U_\mathrm{T}} - 1)$。硅二极管的正向导通电压 $U_\mathrm{BE(on)} \approx 0.7\mathrm{V}$，锗管 $U_\mathrm{BE(on)} \approx 0.2\mathrm{V}$。普通二极管的主要参数是最大整流电流和最高反向工作电压，还应注意二极管的最高工作频率和反向电流，硅管的反向电流比锗管的小得多。温度对二极管的特性有显著影响，在室温附近，温度每升高10℃，反向电流约增大1倍，温度每升高1℃，正向压降约减小2~2.5mV。

4. 普通二极管电路的分析主要采用模型分析法。在大信号状态下，往往将二极管等效为理想二极管，即正偏时导通，电压降为零，相当于理想开关闭合；反偏时截止，电流为零，相当于理想开关断开。

5. 稳压二极管、发光二极管和光敏二极管的结构与普通二极管类似，均由 PN 结构成。但稳压二极管工作在反向击穿区，其主要用途是稳压。而发光二极管与光敏二极管是用以实现光、电信号转换的半导体器件，它在信号处理、传输中获得了广泛的应用。

6. 三极管是具有放大作用的半导体器件，根据结构及工作原理的不同可分为双极型和单极型。双极型三极管（简称 BJT）又称晶体管，工作时有空穴和自由电子两种载流子参与导电，而单极型三极管又称场效应管（简称 FET），工作时只有一种载流子（多数载流子）参与导电。

7. 晶体管是由两个 PN 结组成的有源三端器件，分为 NPN 和 PNP 两种类型，根据材料不同有硅管和锗管之分。晶体管中 3 个电极电流之间的关系为：$i_C = \beta i_B + I_{CBO} \approx \beta i_B$，$i_E = i_C + i_B$。$i_C$、$i_B$、$i_E$ 分别为集电极、发射极、基极电流，I_{CEO} 为穿透电流。β 为共发射极电流放大系数，是晶体管的基本参数。

8. 晶体管因偏置条件不同，有放大、截止和饱和 3 种工作状态。

放大状态的偏置条件是，发射结正偏，集电结反偏。其工作特点为 $i_C = \beta i_B$，即 i_C 具有恒流特性，晶体管具有线性放大作用。

截止状态的偏置条件是，发射结零偏或反偏，集电结反偏。其工作特点为 $i_B \approx 0$；$i_C \approx 0$。

饱和状态的偏置条件是，发射结正偏，集电结正偏。其工作特点为 $U_{CE} < U_{BEO}$（小功率管 $U_{CE(sat)} \approx 0.3V$），$i_C < \beta i_B$，i_C 不受 i_B 控制，而随 U_{CE} 的增大而迅速增大。

9. 使用晶体管时，应注意晶体管的极限参数 I_{CM}、P_{CM} 和 $U_{BR(CEO)}$，以防止晶体管损坏或性能变劣，同时还要注意温度对晶体管特性的影响，I_{CEO} 越小的晶体管，其稳定性越好。由于硅管的温度稳定性比锗管的好得多，所以，目前电路中一般都采用硅管。

10. 场效应晶体管是利用栅-源电压改变导电沟道的宽窄而实现对漏极电流的控制的，由于输入电流极小，故称为电压控制电流器件。场效应晶体管分为耗尽型和增强型，耗尽型在 $U_{GS}=0$ 时存在导电沟道，而增强型只有在栅-源电压值大于开启电压后，才会形成导电沟道。场效应晶体管种类较多，要注意它们的区别。绝缘栅型场效应晶体管具有制造工艺简单等优点，广泛应用于集成电路中。

习题

1-1 说明下列各组名词的含义，指出它们的特点和区别：

（1）自由电子、价电子、空穴、正离子和负离子；

（2）本征半导体导电和杂质半导体导电；

（3）扩散电流和漂流电流。

1-2 PN 结为什么具有单向导电性？在什么条件下，单向导电性被破坏？

1-3 二极管电路如图 1-27 所示，判断图中的二极管是导通还是截止，并求出 A、O 两端的电压 U_{AO}。

1-4 试计算电路图 1-28 中电流 I_1、I_2 的值（假设 VD 为理想器件）。

1-5 在图 1-29 所示电路中，设 $U_i = 6\sin\omega t$ （V），已知 U_{VD} 为 0.7V，画出 U_0 波形。

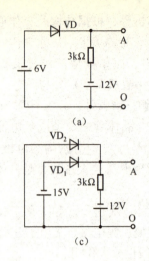

(a)

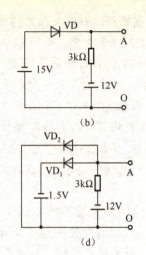

(b)

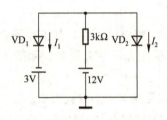

(c)

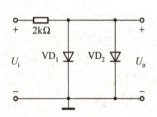

(d)

图 1-27 习题 1-3 的图

图 1-28 习题 1-4 的图　　　图 1-29 习题 1-5 的图

1-6　电路如图 1-30 所示，$E=20\text{V}$，$R_1=0.8\text{k}\Omega$，$R_2=10\text{k}\Omega$，稳压管 VD_Z 稳定电压 $U_Z=10\text{V}$，最大稳定电流 $I_{ZM}=8\text{mA}$。试求稳压管中通过的电流 I_Z 是否超过 I_{ZM}？如果超过，应采取什么措施？

1-7　用万用表直流电压挡测得电路中的晶体管 3 个电极对地电位如图 1-31 所示，试判断晶体管的工作状态。

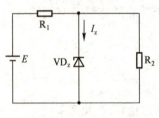

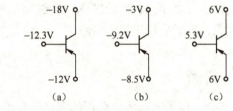

图 1-30 习题 1-6 的图　　　图 1-31 习题 1-7 的图

1-8　有两个晶体管，一个晶体管的 $\beta=150$，$I_{CEO}=180\mu\text{A}$，另一个晶体管的 $\beta=150$，$I_{CEO}=210\mu\text{A}$，其他的参数一样，你选择哪一个晶体管？为什么？

1-9　某晶体管的 $P_{CM}=100\text{mW}$，$I_{CM}=20\text{mA}$，$U_{CEO}=15\text{V}$，问在下列哪种情况能正常工作？

（1）$U_{CE}=3.1\text{V}$，$I_C=10\text{mA}$；（2）$U_{CE}=2\text{V}$，$I_C=40\text{mA}$；（3）$U_{CE}=6\text{V}$，$I_C=20\text{mA}$。

1-10　测得 3 个硅材料 NPN 型晶体管的极间电压 U_{BE} 和 U_{CE} 分别如下，试问：它们各处于什么状态？

(1) $U_{BE} = -6V$, $U_{CE} = 5V$; (2) $U_{BE} = 0.7V$, $U_{CE} = 0.5V$;

(3) $U_{BE} = 0.7V$, $U_{CE} = 5V$。

1-11　测得 3 个锗材料 PNP 型晶体管的极间电压 U_{BE} 和 U_{CE} 分别如下，试问：它们各处于什么状态？

(1) $U_{BE} = -0.2V$, $U_{CE} = -3V$; (2) $U_{BE} = -0.2V$, $U_{CE} = -0.1V$;

(3) $U_{BE} = 5V$, $U_{CE} = -3V$。

1-12　在晶体管放大电路中，当 $I_B = 10\mu A$ 时，$I_C = 1.1mA$，当 $I_B = 20\mu A$ 时，$I_C = 2mA$，求晶体管电流放大系数 β。

1-13　场效应晶体管的工作原理和晶体管有什么不同？为什么场效应晶体管具有很高的电阻？

1-14　N 沟道场效应晶体管的漏极电流 I_D 是由什么载流子的漂移形成的？

1-15　试判断图 1-32 所示的特性曲线，指出它们所代表的管子的类别。

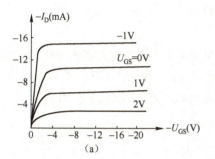
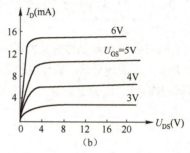

图 1-32　习题 1-15 的图

第 2 章 交流放大电路及集成运算放大器

放大电路、集成电路都是电子电路中一种常见的电路。本章首先介绍晶体管共发射极放大电路的静态分析和动态分析；然后对共集电极放大电路和功率放大电路进行分析，并介绍一种集成功率放大器件的使用；讨论了负反馈放大电路的基本类型及负反馈对放大电路性能的影响，并讲述差动电路的基本原理，然后介绍由集成运算放大器构成的基本运算电路及其应用。

2.1 基本放大电路的组成

图 2-1 所示的是晶体管共发射极接法的基本交流放大电路，输入端接需要进行放大的交流信号源，信号源的电动势为 e_S，频率在 20Hz～200kHz 的范围内（属低频信号），R_S 为信号源的内阻。输出端接负载电阻 R_L，输出电压为 u_o。

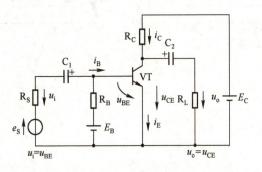

图 2-1 基本交流放大电路（一）

晶体管 VT 是电路中的放大器件，利用其电流放大作用，将由信号源产生的很小的基极电流，放大为较大的集电极电流。

【注意】较大的集电极电流是由直流电源 E_C 提供的。

电阻 R_C 称为集电极负载电阻，简称集电极电阻。它的作用是将集电极电流的变化转变为电压的变化，实现电压放大。如果没有 R_C，则虽然信号源使基极电流发生变化，集电极电流也会随着变化，但晶体管集电极与发射极之间的电压 u_{CE} 始终等于电源电动势 E_C，以致输出电压 u_o 不变，这样就起不到电压放大的作用。R_C 的电阻值一般为几千欧到几十千欧。

集电极电源 E_C 除为输出信号提供能量外，还使集电结处于反向偏置状态，以保证晶体管工作在放大状态。E_C 一般为几伏到几十伏。

基极电源 E_B 和基极电阻 R_B 的作用，一方面是使发射结处于正向偏置状态,另一方面可以通过调节 R_B,使晶体管的基极电流大小合适。R_B 称为基极偏流电阻,其电阻值一般为几十千欧到几百千欧。

电容 C_1 和 C_2 称为耦合电容,它们的主要作用是"隔直传交"。隔直,就是用 C_1 和 C_2 分别将信号源与放大器之间、负载与放大器之间的直流通道隔断,也就是使信号源、放大器和负载三者之间无直流联系,互不影响;传交,就是 C_1 和 C_2 使所放大的交流信号畅通无阻,即对于交流信号而言,C_1 和 C_2 的容抗很小,可以忽略不计,可作为短路处理。因此,C_1 和 C_2 的电容值一般较大,为几微法到几十微法,所用的是有极性的电解电容。

在图 2-1 所示的电路中,用了两个直流电源 E_C 和 E_B。实际上 E_B 可以省去,只由 E_C 供电,将 R_B 改接到 E_C 的正极与基极之间,适当改变 R_B 的电阻值,仍可使发射结正向偏置,如图 2-2(a)所示。

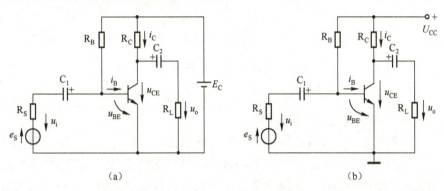

图 2-2 基本交流放大电路(二)

在放大电路中,常设公共端的电位为零(用接地符号"⊥"表示),作为电路中其他各点电位的参考点。同时为了简化电路的画法,常将电源 E_C 的符号省去,只标出 E_C 电压值 U_{CC} 和极性("+"或"-")即可,如图 2-2(b)所示。若 E_C 的内阻忽略不计,则 $U_{CC} = E_C$。

2.2 放大电路的分析

2.2.1 放大电路的静态分析

放大电路的静态是指输入信号为零时的工作状态。在静态情况下,电路中各处的电压和电流均为直流,分别用 I_B、I_C、U_{BE} 和 U_{CE} 表示。

分析放大电路静态的方法通常有估算法和图解法两种。

1. 用估算法求放大电路的静态值

由于 C_1 和 C_2 具有隔断直流的作用,所以图 2-2(b)所示的基本交流放大电路的直流通路如图 2-3 所示。利用此直流通路,就可求出放大电路的各静态值。由图 2-3 可得

$$U_{CC} = I_B R_B + U_{BE} \qquad (2-1)$$

式中,U_{BE} 为晶体管发射结的静态压降。从晶体管的输入特性曲线可知,U_{BE} 的值较小且变化不

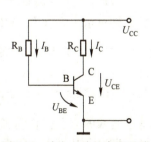

图 2-3 放大电路的直流通路

大，通常硅管约为0.7V，锗管约为0.3V。U_{BE}与U_{CC}相比可忽略不计。

由式（2-1）得

$$I_B = \frac{U_{CC} - U_{BE}}{R_B} \approx \frac{U_{CC}}{R_B} \qquad (2-2)$$

$$I_C = \beta I_B \qquad (2-3)$$

$$U_{CE} = U_{CC} - I_C R_C \qquad (2-4)$$

【例2-1】 在图2-3中，已知$U_{CC}=12\text{V}$，$R_B=300\text{k}\Omega$，$R_C=4\text{k}\Omega$，$\beta=37.5$，试求放大电路的静态值。

解： 由式（2-2）、式（2-3）和式（2-4）可得

$$I_B = \frac{U_{CC} - U_{BE}}{R_B} \approx \frac{U_{CC}}{R_B}$$

$$= \frac{12}{300} = 0.04\text{mA} = 40\mu\text{A}$$

$$I_C = \beta I_B = 37.5 \times 0.04 = 1.5\text{mA}$$

$$U_{CE} = U_{CC} - I_C R_C = 12 - 1.5 \times 4 = 6\text{V}$$

2. 用图解法确定静态工作点

晶体管是一种非线性器件，其集电极电流I_C与集电极-发射极间的电压U_{CE}之间不是线性关系。可利用晶体管的输出特性曲线，采用作图的方法求放大电路的静态值，此静态值表现为输出特性曲线上的一个点，称为放大电路的静态工作点。通过图解法能够直观地分析并了解静态工作点对放大电路工作的影响。

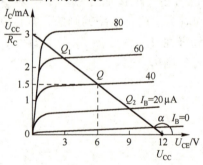

图2-4 用图解法确定放大电路的静态工作点

在图2-3所示的直流通路中，若晶体管的输出特性曲线如图2-4所示，则晶体管的I_C与U_{CE}之间必须满足该输出特性曲线。

另一方面，从图2-3所示的直流通路中可知，I_C与U_{CE}之间必须满足基尔霍夫电压定律（此即结构约束），即

$$U_{CC} = I_C R_C + U_{CE}$$

$$\text{或} \quad I_C = -\frac{1}{R_C}U_{CE} + \frac{U_{CC}}{R_C} \qquad (2-5)$$

因此，I_C与U_{CE}必须同时满足式（2-3）和式（2-5）。将两式联立求解，即可求出I_C和U_{CE}的值。

式（2-5）是一个直线方程，其斜率$\tan\alpha = -\frac{1}{R_C}$，在横轴上的截距为$U_{CC}$，在纵轴上的截距为$\frac{U_{CC}}{R_C}$。可很容易地在图2-4中绘制出该直线。由于这条直线的方程是由直流通路得出的，其斜率由集电极负载电阻R_C值决定，所以称其为直流负载线。

由图 2-4 可知，若基极电流 I_B 的大小不同，直流负载线与输出特性曲线的交点（即工作点）将不同，如果 I_B 较大，则工作点会在直流负载线的左上方（如 Q_1 点），此时 I_C 较大，U_{CE} 较小；若 I_B 较小，则工作点会在直流负载线的右下方（如 Q_2 点），此时 I_C 较小，U_{CE} 较大。为了得到合适的静态工作点，可通过调节基极偏流电阻 R_B 的值来改变 I_B 的大小。

2.2.2 放大电路的动态分析

当放大电路的输入端接上需要进行放大的交流信号时，电路中的各个电流与电压是在静态（直流）的基础上，叠加上一个动态（交流）量。为了将这些不同的量加以区分，规定它们分别用以下不同的符号表示。

- ☺ 静态值（即直流分量），一律用大写字母加上大写的下标来表示，如 I_B、I_C、I_E、U_{BE}、U_{CE} 等。
- ☺ 由交流信号产生的交流分量，其瞬时值一律用小写字母加上小写的下标表示，如 i_b、i_c、i_e、u_{be}、u_{ce}、u_i、u_o 等。其有效值一律用大写的字母加上小写的下标表示，如 I_b、I_c、I_e、U_{be}、U_{ce}、U_i、U_o 等。
- ☺ 由交流分量和直流分量叠加后的总电压和总电流，一律用小写字母加上大写的下标表示，如 i_B、i_C、i_E、u_{BE}、u_{CE} 等。

放大电路动态分析的两种基本方法是图解法和微变等效电路法。

1. 图解法

下面用图解法分析不带负载时交流放大电路的动态情况。

在图 2-5 所示的交流放大电路中，各元器件参数均已在图中标出，晶体管的输入和输出特性曲线如图 2-6 所示。若放大电路的输入信号 $u_i = 0.02\sin\omega t$，则晶体管基极和发射极间的电压 u_{BE} 就是在原有直流分量 U_{BE} 的基础上叠加了一个交流分量 u_i，即

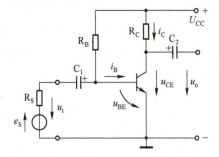

图 2-5 不带负载的交流放大电路

$$u_{BE} = U_{BE} + u_i$$

由于 u_{BE} 随着输入信号变化，所以基极电流 i_B 也会发生变化。从输入特性曲线上可相应绘制出 i_B 的波形，它是在直流分量 I_B 的基础上叠加了一个交流信号，即

$$i_B = I_B + i_b$$

由图 2-6 中 i_B 的波形可知，i_B 在 20 ~ 60μA 内变动。

因为要分析的是不带负载的简单情况，所以对放大电路的输出回路而言，其交流通路与直流通路没有本质上的区别，因此可用直流负载线来讨论交流信号放大的情况。

从图 2-6 所示输出特性曲线可知，静态时直流负载线与 $I_B = 40\mu A$ 的那条输出特性曲线的交点为 Q，相应的静态值为

$$I_B = 40\mu A, I_C = 1.5mA, U_{CE} = 6V$$

由于输入信号使 i_B 在 $20\sim60\mu A$ 内变化，相应的工作点会沿着直流负载线在 $Q_2\sim Q_1$ 内来回移动。因此，可相应地绘制出 i_C 和 u_{CE} 的波形，如图 2-6 所示。

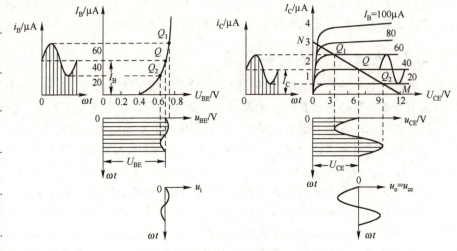

图 2-6　用图解法分析放大电路的动态

$$i_C = I_C + i_c$$
$$u_{CE} = U_{CE} + u_{ce} = U_{CE} + u_o$$

由于电容器 C_2 的隔直作用，在放大器的输出端可以得到一个不含直流成分的交流输出电压 u_o，很显然，输出的交流电压 u_o 就等于晶体管集电极-发射极间电压的交流分量 u_{ce}，即

$$u_o = u_{ce}$$

由以上图解分析可得出如下结论。

(1) 当放大器有交流信号输入时，晶体管各极的电流和电压都是在原静态（直流）的基础上叠加了一个由交流输入信号产生的交流分量，即

$$i_B = I_B + i_b$$
$$u_{BE} = U_{BE} + u_i = U_{BE} + u_{be} \quad (u_{be} = u_i)$$
$$i_C = I_C + i_c$$
$$u_{CE} = U_{CE} + u_o = U_{CE} + u_{ce} \quad (u_o = u_{ce})$$

(2) 若无失真，电路中各处电流与电压的交流分量，如 i_b、u_{be}、i_c、u_{ce} 与 u_o，都是与输入信号 u_i 频率相同的正弦量。

(3) 在共发射极接法的交流放大电路中，输出电压与输入电压相位相反。这是因为在输入信号的正半周时，基极电流 i_B 在原来静态值的基础上增大，i_C 也随之增大，由

$$u_{CE} = U_{CC} - i_C R_C$$

可知，u_{CE} 会在原来静态的基础上减小。因此，当 u_i 为正半周（正值）时，$u_o = u_{ce}$ 为负半周（负值）；当 u_i 为负半周时，$u_o = u_{ce}$ 为正半周。这种现象称为放大器的倒相作用。

从图 2-6 中可以计算出放大电路的电压放大倍数 A_u，因输入电压的幅值为 0.02V，从图中可量出输出电压的幅值为 3V，则

$$|A_u| = \frac{U_o}{U_i} = \frac{3/\sqrt{2}}{0.02/\sqrt{2}} = 150$$

一个放大器除了要有一定的电压放大倍数外,还需要使所放大的信号不失真,即输入信号是一个正弦波时,输出信号也应是一个放大了的正弦波,否则就是出现了失真。造成失真的主要原因是静态工作点设置偏高(接近饱和区)或偏低(接近截止区)。如图 2-7 所示,如果静态时基极电流 I_B 太大,工作点偏高(Q_1 点),就会造成饱和失真,使输出电压的负半周被削平;如果静态时基极电流太小,工作点偏低(Q_2 点),就会造成截止失真,使输出电压的正半周被削平。所以,要使放大器能对信号进行不失真的放大,必须给放大器设置合适的静态工作点。

2. 微变等效电路法

用图解法分析放大电路的动态,能形象直观地反映出电路中各处电压和电流的变化情况。若能对工作点的正确设置及饱和失真、截止失真的情况加深认识,则有利于对放大电路工作原理的认识。但作图过程烦琐,容易出现误差,且不适用于较为复杂的电路。所以一般情况下都采用微变等效电路的方法来分析放大电路的动态。这种方法既简便,又适用于较为复杂的电路。

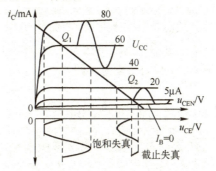

图 2-7 工作点不合适而引起的波形失真

微变等效电路法的实质是在小信号(微变量)的情况下,将非线性晶体管线性化,即把晶体管等效为一个线性电路,这样就可以采用计算线性电路的方法来计算放大电路的输入电阻、输出电阻及电压放大倍数等。

1) 晶体管的微变等效电路

从图 2-8(a)所示的晶体管电路的输入端看,i_b 与 u_{be} 之间应该遵循晶体管的输入特性曲线,是非线性的。但当输入信号很小时,在静态工作点 Q 附近的工作段可认为是直线,如图 2-9 所示。因此,在这一小段直线范围内,ΔU_{BE} 与 ΔI_B 之比为常数,称为晶体管的输入电阻,用 r_{be} 表示,即

$$r_{be} = \frac{\Delta U_{BE}}{\Delta I_B} = \frac{u_{be}}{i_b}$$

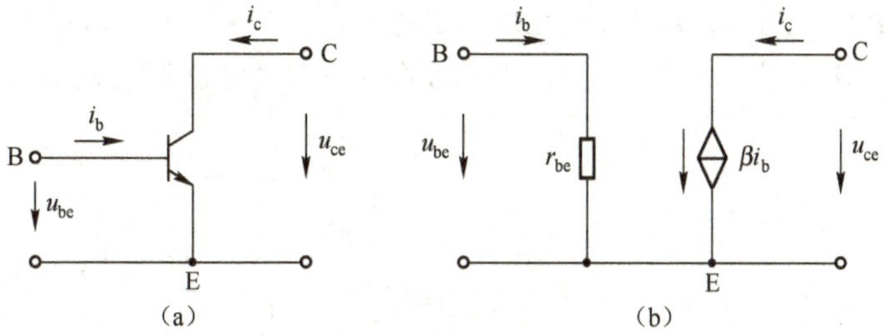

图 2-8 晶体管及其微变等效电路

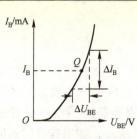

图2-9 从输入特性曲线求 r_{be}

因此,在小信号的情况下,晶体管的输入电路可用电阻 r_{be} 来代替,如图2-8(b)所示。低频小功率晶体管的输入电阻常用下式估算。

$$r_{be} = 300(\Omega) + (1+\beta)\frac{26(\text{mV})}{I_E(\text{mA})} \quad (2-6)$$

式中,I_E 是发射极电流的静态值。r_{be} 一般为几百欧到几千欧。

【注意】r_{be} 是晶体管输入电路对交流(动态)信号所呈现的一个动态电阻,它不等于静态值 U_{BE} 与 I_B 的比值,即 $r_{be} \neq \dfrac{U_{BE}}{I_B}$。

从晶体管的输出特性曲线可以看出,当晶体管工作在放大区时,如图2-6所示,输出特性为一组近似与横轴平行的直线,因此 u_{ce} 对 i_c 的影响不大,i_c 只由 i_b 决定,即

$$i_c = \beta i_b$$

所以,晶体管的输出电路可用一个电流源 $i_c = \beta i_b$ 等效,如图2-8(b)所示。

【注意】电流源 i_c 是受基极电流 i_b 控制的,这就体现了晶体管的电流控制作用。当 $i_b = 0$ 时,$i_c = \beta i_b$ 也不复存在。

由以上分析可知,在小信号的情况下,一个晶体管可用图2-8(b)所示的电路去代替,这样就将含有非线性晶体管的电路变成了一个线性电路。

2)放大电路的微变等效电路

在进行放大电路的分析计算时,通常采用的方法是将放大电路的静态计算与动态计算分开进行。在进行静态分析时,先绘制出放大电流的直流通路,利用直流通路采用估算法或图解法求静态值(静态工作点)。进行动态分析时,先绘制出放大电路的交流通路。图2-10(a)所示的是图2-2(b)所示基本交流放大电路的交流通路。对于交流信号而言,电容 C_1 和 C_2 可视作短路;因一般直流电源的内阻很小,交流信号在电源内阻上的压降可以忽略不计,所以对交流而言,直流电源也可认为是短路的。根据以上原则就可以绘制出放大电路的交流通路。然后,再将交流通路中的晶体管用其微变等效电路代替,就得到了放大电路的微变等效电路,如图2-10(b)所示。

【注意】交流通路或微变等效电路只能用于分析计算放大电路的交流量,图中所示的各电量均为交流量的参考正方向(可用瞬时值或有效值表示)。

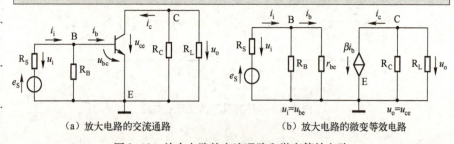

(a)放大电路的交流通路　　　　(b)放大电路的微变等效电路

图2-10 放大电路的交流通路和微变等效电路

3）电压放大倍数、输入电阻和输出电阻的计算

利用放大电路的微变等效电路，可以很方便地计算其电压放大倍数 A_u、输入电阻 r_i 和输出电阻 r_o。设输入的是正弦信号，则微变等效电路中的电压和电流均可用相量表示，如图 2-11 所示。

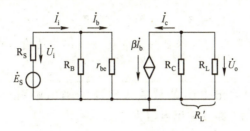

图 2-11 微变等效电路

由图 2-11 可得

$$\dot{U}_i = \dot{U}_{be} = \dot{I}_b r_{be}$$

$$\dot{U}_o = -\dot{I}_C R'_L = -\beta \dot{I}_b R'_L$$

式中，$R'_L = R_C \mathbin{/\mkern-5mu/} R_L$，是放大器总的等效交流负载。故放大电路的电压放大倍数为

$$A_u = \frac{\dot{U}_o}{\dot{U}_i} = -\frac{\beta \dot{I}_b R'_L}{\dot{I}_b r_{be}} = -\beta \frac{R'_L}{r_{be}} \qquad (2-7)$$

式中，负号表示输出电压与输入电压相位相反。

当放大电路不接负载（输出端开路）时，

$$A_u = -\beta \frac{R_C}{r_{be}} \qquad (2-8)$$

可见接上负载 R_L 后，电压放大倍数下降。

放大电路的输入电阻是从放大电路的输入端看进去的等效电阻，其表达式为

$$r_i = \frac{\dot{U}_i}{\dot{I}_i} \qquad (2-9)$$

放大电路的输入电阻就是信号源的负载电阻，如图 2-12 所示。由图可知，如果放大电路的输入电阻较小，则将对电路产生以下影响。

- ☺ 信号源输出的电流 $\dot{I}_i = \dfrac{\dot{E}_S}{R_S + r_i}$ 将较大，这就相应增加了信号源的负担。
- ☺ 实际加在放大器输入端的电压 $\dot{U}_i = \dot{E}_S - \dot{I}_i R_S$ 将较小，在放大器放大倍数不变的情况下，其输出电压 $\dot{U}_o$ 将变小。
- ☺ 在多级放大电路中，后一级的输入电阻就是前一级的负载电阻，这样会降低前一级的电压放大倍数。

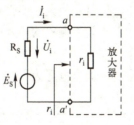

图 2-12 放大器的输入电阻

因此，总是希望放大电路的输入电阻大一些好。

图 2-12 所示放大电路的输入电阻为

$$r_i = R_B // r_{be} \approx r_{be} \tag{2-10}$$

因 $R_B \gg r_{be}$，所以这种放大器的输入电阻不高。

【注意】式（2-10）中只表示 r_i 的值约等于 r_{be}，但 r_i 和 r_{be} 的意义是不同的，r_i 是指放大电路的输入电阻，r_{be} 是指晶体管的输入电阻，二者不能混淆。

放大电路的输出电阻是从放大电路的输出端看进去的一个电阻。图 2-2（b）所示电路的输出电阻为

$$r_o = R_C \tag{2-11}$$

这表明共发射极接法的放大电路的输出电阻等于集电极负载电阻 R_C，一般为几千欧到十几千欧，比较大。通常希望放大电路的输出电阻小一点较好，这样可提高放大器带负载的能力。

【例 2-2】 在图 2-2（b）所示放大电路中，已知 $U_{CC} = 12V$，$R_C = 4kΩ$，$R_B = 300kΩ$，$R_L = 4kΩ$，$β = 37.5$，试求不带负载与带负载两种情况下的电压放大倍数，以及放大电路的输入电阻和输出电阻。

解：在例 2-1 中已求出

$$I_C = 1.5 \text{mA} \approx I_E$$

则晶体管的输入电阻为

$$r_{be} = 300 + (1 + β)\frac{26\text{mV}}{I_E} = 300 + (1 + 37.5)\frac{26}{1.5} \approx 967Ω = 0.967kΩ$$

不带负载时的电压放大倍数为

$$A_u = -β\frac{R_C}{r_{be}} = -37.5 \times \frac{4}{0.967} \approx -155$$

带负载时，等效负载电阻为

$$R'_L = R_C // R_L = 4 // 4 = 2kΩ$$

电压放大倍数为

$$A_u = -β\frac{R'_L}{r_{be}} = -37.5 \times \frac{2}{0.967} \approx -77.6$$

可见放大电路带负载后，其电压放大倍数降低了。

放大电路的输入电阻为

$$r_i = R_B // r_{be} \approx r_{be} = 0.967kΩ$$

输出电阻为

$$r_o = R_C = 4kΩ$$

2.3 放大器静态工作点的稳定

根据前面的分析可知，要使放大器正常工作，就必须有一个合适的静态工作点。当电源 U_{CC} 和集电极电阻 R_C 确定后，静态工作点的位置就取决

于静态基极电流 I_B，称 I_B 为基极偏流，提供基极偏流的电路称为偏置电路。图2-2（b）所示的放大电路，偏置电路只由电阻 R_B 组成，当 U_{CC} 和 R_B 一经确定后，$I_B \approx U_{CC}/R_B$ 是固定不变的，所以称这种偏置电路为固定偏置电路。固定偏置电路虽然具有结构比较简单的优点，但其静态工作点不稳定，当外界条件发生变化时，电路的静态工作点会发生变化。影响工作点变动的因素很多，如温度的变化，晶体管、电阻、电容元件的老化，电源电压的波动等，其中以温度的变化影响最大。

在固定偏置电路中，因基极偏流是固定不变的，故当温度升高时，晶体管的穿透电流 I_{CEO} 会随之增大，这就导致晶体管的整个输出特性曲线向上平移，如图2-13中的虚线所示。在 I_B 不变的情况下，所对应的 I_C 都增大了，工作点由原来的 Q 点移到了 Q' 点，严重时会使原来设置合适的工作点移到饱和区，使放大电路不能正常

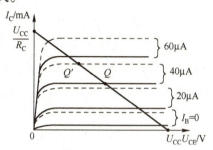

图2-13 温度对静态工作点的影响

工作。为此，必须对这种固定偏置电路进行改进。由于温度升高的结果会导致 I_C 增大，所以改进后的偏置电路就应具有如下功能：只要 I_C 增大，基极偏流 I_B 就自动减小，用 I_B 的减小去抑制 I_C 的增大，以保持工作点基本稳定。

分压式偏置电路能自动稳定工作点，其电路如图2-14（a）所示，其中 R_{B1} 和 R_{B2} 构成偏置电路。图2-14（b）所示为其直流通路。该电路是通过如下两个环节来自动稳定静态工作点的。

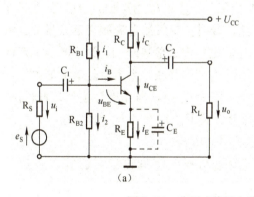
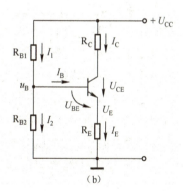

图2-14 分压式偏置电路及其直流通路

（1）由电阻 R_{B1} 和 R_{B2} 分压，为晶体管提供一个固定的基极电位 U_B。由图2-14（b）可知

$$I_1 = I_2 + I_B$$

若使 $I_2 \gg I_B$，则

$$I_1 \approx I_2 \approx \frac{U_{CC}}{R_{B1} + R_{B2}}$$

基极电位

$$U_B = I_2 R_{B2} \approx \frac{R_{B2}}{R_{B1} + R_{B2}} U_{CC} \tag{2-12}$$

可见 U_B 与晶体管的参数无关，不受温度的影响，仅由 R_{B1} 和 R_{B2} 构成的分压电路决定。

为了使 U_B 恒定不变，且基本上不受 I_B 变化的影响，应使 I_2 远远大于 I_B，这就要使 R_{B1} 和 R_{B2} 值取得较小。但若 R_{B1} 和 R_{B2} 值过小，会有两个后果，其一是这两个电阻消耗的直流功率会较大，其二是会减小放大电路的输入电阻。因此要统筹兼顾，通常按下式来确定 I_2，即

$$I_2 = (5 \sim 10)I_B$$

（2）发射极电阻 R_E 的采样作用。因流过发射极电阻 R_E 的电流为 $I_E = I_B + I_C \approx I_C$，所以如果温度升高导致 I_C 增大，那么晶体管发射极的电位 $U_E = I_E R_E \approx I_C R_E$ 就会相应升高。在基极电位 U_B 固定不变的情况下，$U_{BE} = U_B - U_E$ 将会减小，从而使 I_B 减小，这就抑制了 I_C 的增大。该自动调节过程可表示为

$$温度升高 \rightarrow I_C\uparrow \rightarrow U_E\uparrow \rightarrow U_{BE}\downarrow$$
$$I_C\downarrow \leftarrow I_B\downarrow \;\;\;\;\;\;\;\;\;\;\;\;\;\;\;$$

为了提高自动调节的灵敏度，采样电阻 R_E 越大越好，这样，只要 I_C 发生一点微小的变化，就会使 U_E 发生明显的变化。但 R_E 太大会使其上的静态压降增大，在电源电压一定的情况下，晶体管的静态压降 U_{CE} 就会相应减小，从而减小了放大电路输出电压的变化范围。因此 R_E 不能取得过大，要统筹兼顾，通常按下式来选择 U_E，即

$$U_E = (5 \sim 10)U_{BE} \tag{2-13}$$

发射极电阻 R_E 的接入，一方面通过 R_E 采样 I_C，起到自动稳定静态工作点的作用；另一方面，在放大交流信号时，发射极电流的交流分量 i_e 会流过 R_E 而产生交流压降，使放大电路的电压放大倍数降低。为了既能稳定静态工作点，又不降低放大倍数，可在 R_E 两端并联一个容量足够大的电容器 C_E，如图 2-14（a）中的虚线所示，因为 C_E 一般为几十微法到几百微法，对交流信号而言可视为短路，交流分量就不会在 R_E 上产生压降了，而直流分量必须流过 R_E，故 C_E 称为发射极旁路电容。

关于分压式偏置电路静态与动态分析计算的方法与公式，将通过例 2-3 给出。

【例 2-3】 在图 2-14（a）所示的放大电路中，已知 $U_{CC} = 12V$，$R_{B1} = 20k\Omega$，$R_{B2} = 10k\Omega$，$R_C = 2k\Omega$，$R_E = 2k\Omega$，$R_L = 3k\Omega$，$\beta = 40$，C_1、C_2 和 C_E 对交流信号而言均可视作短路。

（1）用估算法求静态值。

（2）求有旁路电容和无旁路电容两种情况下的电压放大倍数 A_u，以及输入电阻 r_i 和输出电阻 r_o。

（3）当信号源电动势 $e_s = 0.02\sin\omega t V$，内阻 $R_s = 0.5k\Omega$ 时，求有旁路电容时的输出电压 U_o。

解：（1）利用图 2-14（b）所示的直流通路估算静态值。

$$U_B = \frac{R_{B2}}{R_{B1}+R_{B2}}U_{CC} = \frac{10}{20+10}\times 12 = 4\text{V}$$

发射极电流为

$$I_E = \frac{U_B - U_{BE}}{R_E} = \frac{4-0.7}{2} = 1.65\text{mA}$$

$$I_C \approx I_E = 1.65\text{mA}$$

$$I_B = \frac{I_C}{\beta} = \frac{1.65}{40} \approx 0.04\text{mA} = 40\mu\text{A}$$

晶体管的静态压降为

$$U_{CE} \approx U_{CC} - I_C(R_C + R_E) = 12 - 1.65\times(2+2) = 5.4\text{V}$$

（2）有旁路电容 C_E 时，该放大电路的微变等效电路如图 2-15 所示。

$$r_{be} = 300 + (1+\beta)\frac{26(\text{mV})}{I_E(\text{mA})} = 300 + (1+40)\times\frac{26}{1.65} \approx 946\Omega = 0.946\text{k}\Omega$$

$$R'_L = R_C /\!/ R_L = \frac{2\times 3}{2+3} = 1.2\text{k}\Omega$$

$$A_u = -\beta\frac{R'_L}{r_{be}} = -40\times\frac{1.2}{0.946} \approx -51, \quad r_i = R_{B1} /\!/ R_{B2} /\!/ r_{be} \approx r_{be}$$

$$= 0.946\text{k}\Omega, \quad r_o = R_C = 2\text{k}\Omega$$

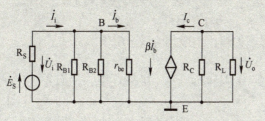

图 2-15　有旁路电容 C_E 时的微变等效电路

无旁路电容 C_E 时，该放大电路的微变等效电路如图 2-16 所示。由图可知

$$\dot{U}_i = \dot{I}_b r_{be} + \dot{I}_e R_E = \dot{I}_b[r_{be} + (1+\beta)R_E]$$

$$\dot{U}_o = -\dot{I}_c R'_L = -\beta\dot{I}_b R'_L$$

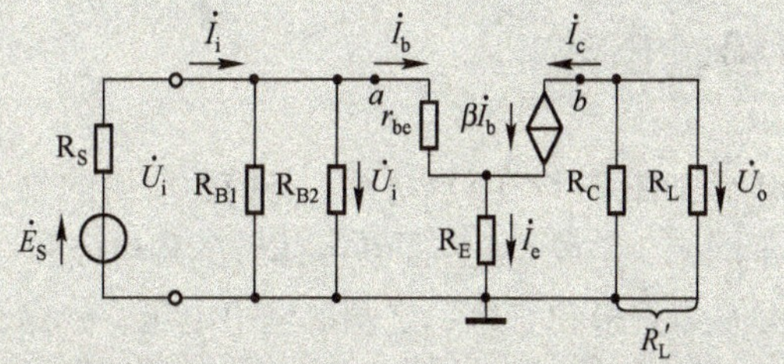

图 2-16　无旁路电容 C_E 时的微变等效电路

电压放大倍数为

$$A_u = \frac{\dot{U}_o}{\dot{U}_i} = \frac{-\beta \dot{I}_b R'_L}{\dot{I}_b[r_{be}+(1+\beta)R_E]}$$

$$= -\beta \frac{R'_L}{r_{be}+(1+\beta)R_E}$$

可见不接旁路电容时，电压放大倍数会明显降低。代入有关数据后可得

$$A_u = -40 \times \frac{1.2}{0.946+41\times2} \approx -0.58$$

求放大电路的输入电阻。先求有旁路电容 C_E 时的输入电阻，由图 2-15 可知

$$r_i = R_{B1} // R_{B2} // r_{be} \approx r_{be} = 0.946\text{k}\Omega$$

再求无旁路电容 C_E 时的输入电阻。首先求从图 2-16 中 ab 两端往左看进去的等效电阻 r'_i，很显然

$$r'_i = \frac{\dot{U}_i}{\dot{I}_b} = \frac{\dot{I}_b r_{be} + \dot{I}_e R_E}{\dot{I}_b} = \frac{\dot{I}_b[r_{be}+(1+\beta)R_E]}{\dot{I}_b}$$

$$= r_{be} + (1+\beta)R_E$$

则此种情况的输入电阻为

$$r_i = R_{B1} // R_{B2} // r'_i = R_{B1} // R_{B2} // [r_{be}+(1+\beta)R_E]$$

$$= 20 // 10 // (0.946+41\times2)$$

$$\approx 6.17(\text{k}\Omega)$$

两种情况下的输出电阻均为 $r_o = R_C = 2\text{k}\Omega$。

(3) 当 $e_S = 0.02\sin\omega t$，$R_S = 0.5\text{k}\Omega$ 时，从图 2-15 可知 $\dot{I}_i = \frac{\dot{E}_S}{R_S+r_i}$，

则

$$\dot{U}_i = \dot{I}_i r_i = \frac{r_i}{R_S+r_i}\dot{E}_S$$

所以

$$\dot{U}_i = \frac{0.946}{0.5+0.946} \times \frac{0.02}{\sqrt{2}} \approx 0.00925(\text{V})$$

因有旁路电容时的电压放大倍数 $A_u = -51$，所以

$$U_o = 0.00925 \times 51 \approx 0.472(\text{V})$$

2.4 射极输出器

射极输出器电路如图 2-17（a）所示。与前面所讲的放大电路相比，在电路结构上有两点不同，一是放大电路是从晶体管的集电极和"地"之间取输出电压，而本电路是从发射极和"地"之间取输出电压，故称为射极输出器；二是放大电路为共发射极接法，而从图 2-17（b）所示的射极输出器的微变等效电路中可以看出，集电极 C 对于交流信号而言是接"地"的，这样，集电极就成了输入电路与输出电路的公共端。所以射极输出器为共集电极电路。

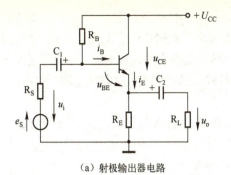
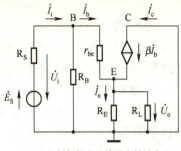

(a) 射极输出器电路　　　　　(b) 射极输出器的微变等效电路

图 2-17　射极输出器及其微变等效电路

2.4.1　静态分析

利用射极输出器的直流通路可求出各静态值。因

$$U_{CC} = I_B R_B + U_{BE} + I_E R_E$$
$$= I_B R_B + U_{BE} + (1+\beta) I_B R_E$$

所以

$$I_B = \frac{U_{CC} - U_{BE}}{R_B + (1+\beta) R_E}$$

$$I_E = I_C = \beta I_B$$

$$U_{CE} = U_{CC} - I_E R_E$$

2.4.2　动态分析

1. 电压放大倍数

由图 2-17 (b) 所示的微变等效电路可得

$$\dot{U}_o = \dot{I}_e R'_L = (1+\beta) \dot{I}_b R'_L \tag{2-14}$$

式中，$R'_L = R_E // R_L$。

$$\dot{U}_i = \dot{I}_b r_{be} + \dot{I}_e R'_L = \dot{I}_b r_{be} + (1+\beta) \dot{I}_b R'_L$$

则

$$A_u = \frac{\dot{U}_o}{\dot{U}_i} = \frac{(1+\beta) \dot{I}_b R'_L}{\dot{I}_b r_{be} + (1+\beta) \dot{I}_b R'_L} = \frac{(1+\beta) R'_L}{r_{be} + (1+\beta) R'_L} \tag{2-15}$$

由式 (2-15) 可知：

☺ 因为 $r_{be} \ll (1+\beta) R'_L$，所以射极输出器的电压放大倍数接近于 1，但恒小于 1。故射极输出器无电压放大作用。由于 $I_e = (1+\beta) I_b$，故有电流放大和功率放大作用。

☺ 输出电压与输入电压同相，且大小近似相等，即 $\dot{U}_o \approx \dot{U}_i$。也就是说，射极输出器有跟随作用（即输出电压跟着输入电压的变化而变化），故射极输出器又称为射极跟随器。

2. 输入电阻

从图 2-17 (b) 所示的微变等效电路的输入端看进去，射极输出器的输入电阻为

$$r_i = R_B /\!/ [r_{be} + (1+\beta)R_L'] \tag{2-16}$$

由式（2-16）可知，因 R_B 值一般为几十欧到几百千欧，$[r_{be} + (1+\beta)R_L']$ 一般也有几十千欧以上，所以射极输出器具有很高的输入电阻，一般可达几十千欧到几百千欧，比前面所讲的共发射极接法的放大电路的输入电阻大得多。

3. 输出电阻

从图 2-17（b）所示的微变等效电路的输出端看进去，射极输出器的输出电阻为

$$r_o \approx \frac{r_{be} + R_S'}{\beta} \tag{2-17}$$

式中，$R_S' = R_S /\!/ R_B$。

例如，$\beta = 40$，$r_{be} = 0.8\text{k}\Omega$，$R_S = 50\Omega$，$R_B = 120\text{k}\Omega$，则

$$R_S' = R_S /\!/ R_B = 50 /\!/ 120 \times 10^3 \approx 50\Omega$$

$$r_o \approx \frac{r_{be} + R_S'}{\beta} = \frac{800 + 50}{40} = 21.25\Omega$$

由此可见，射极输出器具有很小的输出电阻（比共发射极放大电路的输出电阻小得多），一般在几十欧到几百欧之间，这一点也正说明了射极输出器带负载能力强，具有恒压输出的特点。

由于射极输出器具有电压放大倍数接近于 1 的电压跟随作用，且输入电阻高，输出电阻低，带负载能力强，所以其应用十分广泛。利用它输入电阻高的特点，常用做多级放大电路的输入级；利用它输出电阻低、带负载能力强的特点，常用做多级放大电路的输出级。有时还将射极输出器接在两级共发射极放大电路之间，以提高整个放大器的电压放大倍数。

【例 2-4】 在图 2-17（a）所示的射极输出器中，已知 $U_{CC} = 12\text{V}$，$\beta = 50$，$R_B = 200\text{k}\Omega$，$R_E = 2\text{k}\Omega$，$R_L = 2\text{k}\Omega$，信号源内阻 $R_S = 0.5\text{k}\Omega$。试求：①静态值；②A_u、r_i 和 r_o。

解： ①

$$I_B = \frac{U_{CC} - U_{BE}}{R_B + (1+\beta)R_E} = \frac{12 - 0.7}{200 + (1+50)\times 2} = \frac{11.3}{302} \approx 0.037\text{mA}$$

$$I_E \approx I_C = \beta I_B = 50 \times 0.037 = 1.85\text{mA}$$

$$U_{CE} = U_{CC} - I_E R_E = 12 - 1.85 \times 2 = 8.3\text{V}$$

② $r_{be} = 300 + (1+\beta)\dfrac{26(\text{mV})}{I_E(\text{mV})} = 300 + (1+50)\dfrac{26}{1.85} \approx 1017\Omega = 1.017\text{k}\Omega$

$$R_L' = R_E /\!/ R_L = 2 /\!/ 2 \approx 1\text{k}\Omega$$

则

$$A_u = \frac{(1+\beta)R_L'}{r_{be} + (1+\beta)R_L'} = \frac{(1+50)\times 1}{1.017 + (1+50)\times 1} \approx 0.98$$

$$r_i = R_B /\!/ [r_{be} + (1+\beta)R_L'] = \frac{200 \times 52.017}{200 + 52.017} \approx 41.3\text{k}\Omega$$

$$R_S' = R_S /\!/ R_B = \frac{0.5 \times 200}{0.5 + 200} \approx 0.499\text{k}\Omega$$

$$r_o = \frac{r_{be} + R_S'}{\beta} = \frac{1.017 + 0.499}{50} \approx 0.030\text{k}\Omega = 30\Omega$$

2.5 多级放大电路及功率放大电路

由于实际待放大的信号一般都在毫伏或微伏级,非常微弱,所以要把这些微弱的信号放大到足以推动负载(如扬声器、显像管、指示仪表等)工作,单靠一级放大器常常不能满足要求,这就需要将两个或两个以上的基本单元放大电路连接起来组成多级放大器,使信号逐级放大到所需要的程度。其中,每个基本单元放大电路为多级放大器的一级。级与级之间的连接方式称为耦合方式。常用的耦合方式有阻容耦合、直接耦合和变压器耦合,本节只介绍阻容耦合多级放大器;关于直接耦合方式将在后文中介绍;由于变压器耦合在放大电路中的应用已逐渐减少,所以本书不予讨论。

2.5.1 阻容耦合多级放大电路

图 2-18 所示为两级阻容耦合放大电路。两级之间通过电容 C_2 和下一级的输入电阻连接,故称为阻容耦合。由于电容有隔直作用,所以阻容耦合放大器中各级的静态工作点互不影响,可分别单独设置。由于电容具有传递交流的作用,所以只要耦合电容的容量足够大(一般为几微法到几十微法),对交流信号所呈现的容抗就可忽略不计。这样,前一级的输出信号就无损失地传送到后一级继续放大。

多级放大器的第一级称为输入级,最后一级称为输出级。多级放大器的输入电阻,就是第一级的输入电阻;多级放大器的输出电阻,就是最后一级放大电路的输出电阻。多级放大器总的电压放大倍数等于各级电压放大倍数的乘积,即

$$A_u = A_{u1} \cdot A_{u2} \cdots A_{un}$$

因为每一级共发射极接法的放大电路对所放大的交流信号都有一次倒相作用,因此,在图 2-18 所示的两级阻容耦合放大电路中,其输出电压 $\dot{U}_o$ 与输入电压 $\dot{U}_i$ 同相。

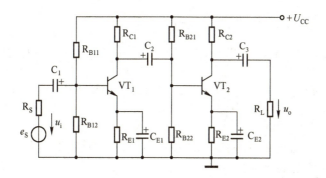

图 2-18 两级阻容耦合放大电路

关于阻容耦合多级放大电路的静态与动态的分析方法,将通过下面的例题予以介绍。

【例 2-5】 在图 2-18 所示的两级阻容耦合放大电路中，已知 $U_{CC} = 12V$，$R_{B11} = 30k\Omega$，$R_{B12} = 15k\Omega$，$R_{C1} = 3k\Omega$，$R_{E1} = 3k\Omega$，$R_{B21} = 20k\Omega$，$R_{B22} = 10k\Omega$，$R_{C2} = 2.5k\Omega$，$R_{E2} = 2k\Omega$，$R_L = 5k\Omega$，$\beta_1 = \beta_2 = 40$，$C_1 = C_2 = C_3 = 50\mu F$，$C_{E1} = C_{E2} = 100\mu F$。试求：① 各级的静态值；② 总电压放大倍数、输入电阻和输出电阻。

解： ① 用估算法分别计算各级的静态值。

第一级
$$U_{B1} = \frac{R_{B12}}{R_{B11} + R_{B12}} U_{CC} = \frac{15}{30+15} \times 12 = 4(V)$$

$$I_{C1} \approx I_{E1} = \frac{U_{B1} - U_{BE1}}{R_{E1}} = \frac{4 - 0.7}{3} = 1.1(mA)$$

$$I_{B1} = \frac{I_{C1}}{\beta} = \frac{1.1}{40} = 0.0275(mA)$$

$$U_{CE1} \approx U_{CC} - I_{C1}(R_{C1} + R_{E1}) = 12 - 1.1 \times (3+3) = 5.4(V)$$

第二级
$$U_{B2} = \frac{R_{B22}}{R_{B21} + R_{B22}} U_{CC} = \frac{10}{20+10} \times 12 = 4(V)$$

$$I_{C2} \approx I_{E2} = \frac{U_{B2} - U_{BE2}}{R_{E2}} = \frac{4 - 0.7}{2} = 1.65(mA)$$

$$I_{B2} = \frac{I_{C2}}{\beta_2} = \frac{1.65}{40} \approx 0.0413(mA)$$

$$U_{CE2} \approx U_{CC} - I_{C2}(R_{C2} + R_{E2}) = 12 - 1.65 \times (2.5+2) \approx 4.6(V)$$

② 绘制出图 2-18 所示电路的微变等效电路，如图 2-19 所示。

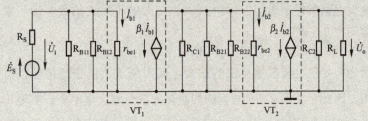

图 2-19 图 2-18 电路的微变等效电路

晶体管 VT_1 和 VT_2 的输入电阻分别为

$$r_{be1} = 300 + (1+\beta_1)\frac{26}{I_{E1}} = 300 + (1+40) \times \frac{26}{1.1} \approx 1269\Omega = 1.269(k\Omega)$$

$$r_{be2} = 300 + (1+\beta_2)\frac{26}{I_{E2}} = 300 + (1+40) \times \frac{26}{1.65} \approx 946\Omega = 0.946(k\Omega)$$

第二级的输入电阻为

$$r_{i2} = R_{B21} // R_{B22} // r_{be2} = 20 // 10 // 0.946 \approx 0.83(k\Omega)$$

第一级的等效负载为

$$R'_{L1} = R_{C1} // r_{i2} = 3 // 0.83 \approx 0.65(k\Omega)$$

第一级的电压放大倍数为

$$A_{u1} = -\beta_1 \frac{R'_{L1}}{r_{be1}} = -40 \times \frac{0.65}{1.269} \approx -20$$

第二级的等效负载为
$$R'_{L2} = R_{C2} // R_L = 2.5 // 5 \approx 1.7(\text{k}\Omega)$$
第二级的电压放大倍数为
$$A_{u2} = -\beta_2 \frac{R'_{L2}}{r_{be2}} = -40 \times \frac{1.7}{0.946} \approx -72$$
总电压放大倍数为
$$A_u = A_{u1} \cdot A_{u2} = (-20) \times (-72) = 1440$$
多级放大器的输入电阻就是第一级的输入电阻,即
$$r_i = r_{i1} = R_{B11} // R_{B12} // r_{be1} = 30 // 15 // 1.269 \approx 1.13(\text{k}\Omega)$$
多级放大器的输出电阻就是最后一级的输出电阻,即
$$r_o = r_{o2} = R_{C2} = 2.5 \text{k}\Omega$$

在由分立元器件组成的多级交流放大电路中,阻容耦合得到了广泛的应用。但在集成电路中,由于难于制造较大容量的电容器,因而基本上不采用阻容耦合,而采用直接耦合。

下面再简单地介绍一下放大电路的通频带的概念。

在阻容耦合放大电路中,由于存在级间耦合电容、发射极旁路电容及晶体管的结电容(因 PN 结的两边带有等量异号的电荷,相当于一个电容器,故称为结电容),所以它们的容抗将随频率而变化,这就会使放大器在放大不同频率的信号时,电压放大倍数不同。放大倍数与频率的关系称为幅频特性。图 2-20 所示的是单级阻容耦合放大电路的幅频特性曲线。

在某一段频率范围内(称为中频段),放大电路的电压放大倍数 A_u 与频率无关,是一个常数。但在偏离这段频率范围以外的高频段或低频段,电压放大倍数都要下降。引起高频段电压放大倍数下降的主要是晶体管的结电容,引起低频段电压放大倍数下降的主要是级间耦合电容与发射极旁路电容。电压放

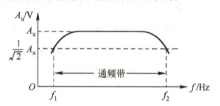

图 2-20 单级阻容耦合放大电路的幅频特性曲线

大倍数下降到中频段放大倍数的 $1/\sqrt{2}$ 时所对应的频率 f_2 和 f_1 分别称为上限频率和下限频率。在 f_2 和 f_1 之间的频率范围,就是该放大电路的通频带。每一个放大电路都有自己的通频带,且只能对通频带内的交流信号进行有效放大。如晶体管收音机中的音频放大电路,就只能对 20Hz~20kHz 范围的音频信号进行有效的放大。

【说明】前面各节讨论的电压放大倍数与计算公式,都是指信号频率在放大电路通频带内的情况。今后在要求计算放大电路的电压放大倍数时,都是指通频带内的电压放大倍数。

2.5.2 互补对称式功率放大电路

一个多级放大电路通常由输入级、中间级和输出级组成,如图 2-21 所示。输入级以解决与信号源的匹配及抑制零漂为主;中间级又称为电压放大

级,负责将微弱的输入信号电压放大到足够的幅度;输出级的任务是向负载提供足够大的输出功率,去推动负载工作,如使扬声器发声,使仪表指针偏转,使继电器动作,使电动机旋转等。所以,输出级又称为功率放大级。因此,功率放大电路的基本功能是把直流电能高效率地转换为按输入信号变化的交流电能。对于功率放大电路而言,电压放大仍然是需要的,但更重要的是电流放大。由于功率放大电路通常都工作在高电压、大电流的情况下,因此其电路形式、工作状态及元器件的选择与普通电压放大器不一样。

图 2-21 多级放大电路

1. 对功率放大器的基本要求

(1)输出功率尽可能大。为了获得较大的功率,晶体管一般都工作在高电压、大电流的极限情况下,但不得超过晶体管的极限参数 P_{CM}、I_{CM} 和 $U_{(BR)CE}$。

(2)效率要高。由于功率放大器的输出功率大,因而直流电源所提供的功率也大。这就要求功率放大器在将直流功率转变为按输入信号变化的交流功率时,尽可能提高效率。功率放大器的效率 η 等于其输出的交流功率 P_o 与直流电源提供的直流功率 P_E 的比值,即

$$\eta = \frac{P_o}{P_E} \times 100\% \tag{2-18}$$

由式(2-18)可知,要想提高效率,必须从两方面着手,一是尽量使放大电路的动态工作范围加大,以此来增大输出交流电压和电流的幅度,从而增大输出功率;二是减小电源供给的直流功率。在 U_{CC} 一定的情况下,电源供给的直流功率为

$$P_E = U_{CC} I_C \tag{2-19}$$

式中,I_C 是集电极电流的平均值。为了减小 P_E,可将静态工作点 Q 沿负载线下移,使静态电流 I_C 减小。

在前面所讲的电压放大电路中,静态工作点一般都设在负载线的中点,如图 2-22(a)所示,此为甲类工作状态。甲类工作状态时的最高效率也只能达到 50%。图 2-22(b)所示为乙类工作状态,此时的工作点位于截止区,静态电流 $I_C \approx 0$,晶体管的损耗最小,工作在乙类状态的最高效率可达到 78.5%。图 2-22(c)所示为甲乙类工作状态,工作点介于甲类与乙类工作状态之间。

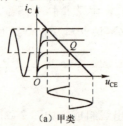
(a)甲类

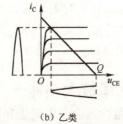
(b)乙类

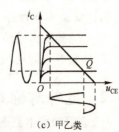
(c)甲乙类

图 2-22 放大电路的工作状态

由图 2-22 可知,乙类和甲乙类两种工作状态虽然提高了效率,但出现了严重的失真。为了提高效率,减小信号的失真,一般采用下面将要介绍的互补对称式功率放大电路。

(3) 非线性失真要小。功率放大器是大信号运行,其工作点移动范围很大,接近于晶体管的截止区和饱和区,而且晶体管是一种非线性器件,使得波形产生较大的非线性失真。虽然功率放大器的输出波形不可能完全不失真,但是要使失真限制在规定的允许范围内。

2. 互补对称式功率放大电路

1) OCL 乙类互补对称放大电路

图 2-23 所示的是 OCL 乙类互补对称放大电路,图中 $E_{C1} = E_{C2}$,晶体管 VT_1 是 NPN 型,VT_2 是 PNP 型,VT_1 和 VT_2 的性能基本一致。两个晶体管的基极和发射极彼此分别连接在一起,信号由基极输入,从发射极传送到负载上去。所以该电路实际上是由两个射极输出器组成的。静态时,由于基极回路没有偏流,两个晶体管都处于截止状态,静态集电极电流 $I_{C1} = I_{C2} \approx 0$,所以电路工作在乙类状态。

有输入信号时,在信号的正半周,VT_1 导通,VT_2 截止,电流 i_{C1} 按图中所示的方向流经负载 R_L,在负载上产生输出电压的正半周。在信号的负半周,VT_1 截止,VT_2 导通,电流 i_{C2} 按图中所示的方向流经负载 R_L,在 R_L 上产生输出电压的负半周。在信号的一个周期内,VT_1 和 VT_2 轮流导通,i_{C1} 和 i_{C2} 分别从相反的方向流经 R_L,因此在 R_L 上合成为一个完整的波形,因此称为互补对称式功率放大电路,如图 2-24 所示。由于这种电路的输出端没有耦合电容,所以又称为无输出电容电路,简称 OCL 电路。

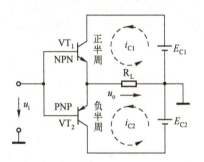

图 2-23　OCL 乙类互补对称放大电路

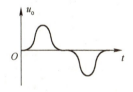

图 2-24　交越失真

从图 2-24 可见,虽然在负载上得到了一个完整的波形,但这个波形是失真的,失真发生在正半周与负半周的交接处,称为交越失真。产生交越失真的原因是由于静态时 VT_1 和 VT_2 均处于截止状态。无论正半周的输入信号还是负半周的输入信号,只有当输入电压高于晶体管的阈值电压后,晶体管才会从截止状态进入放大状态,因此就导致了交越失真的产生。

2) OCL 甲乙类互补对称放大电路

为了克服交越失真,应设置偏置电路,给 VT_1 和 VT_2 提供很小的基极偏流,使放大电路工作在甲乙类状态。图 2-25 所示的是一种工作在甲乙类状态下的 OCL 互补对称放大电路。图中二极管 VD_1 和 VD_2 串联后接在 VT_1 和

VT_2 的基极之间，静态时，VD_1 和 VD_2 的正向压降可使 VT_1 和 VT_2 处于微导通状态，因此电路的静态工作点较低，处于甲乙类工作状态。因两个晶体管的特性基本一致，电路是对称的，使得两个晶体管的发射极电位 $U_E = 0$，所以静态时负载上没有电流。

当有输入信号时，因二极管 VD_1 和 VD_2 的动态电阻很小，所以对于交流信号而言，VD_1 和 VD_2 相当于短路。在输入信号的正半周，两个晶体管的基极电位升高，使得 VT_1 由微导通变为导通，VT_2 截止，负载 R_L 上流过 i_{C1} 而获得输出电压的正半周；在输入信号的负半周，两个晶体管的基极电位降低，使得 VT_1 截止而 VT_2 由微导通变为导通，负载 R_L 上反向流过 i_{C2} 而获得输出电压的负半周。

【注意】这种放大电路在设置静态工作点时，应尽可能接近乙类状态，否则会影响效率的提高。

3) OTL 互补对称放大电路

上述的 OCL 电路需要两个电源，为了省去一个电源，可采用图 2-26 所示的无输出变压器的互补对称放大电路，简称 OTL 电路。该电路用一个容量较大的耦合电容 C 代替了图 2-23 中 E_{C2} 的作用。静态时，由于两个晶体管的基极均无偏流，所以 VT_1 和 VT_2 均处于截止状态，电路工作于乙类。由于电路的对称性，两个晶体管发射极的静态电位 $U_E = \frac{1}{2}E_C$，电容器上的直流电压也等于 $\frac{1}{2}E_C$。

在输入信号的正半周，VT_1 导通、VT_2 截止，由电源 E_C 提供的集电极电流 i_{C1} 正向流过负载 R_L；在输入信号的负半周，VT_1 截止，VT_2 导通，此时代替电源的电容器 C 通过导通的 VT_2 放电，集电极电流 i_{C2} 反向流过负载 R_L。

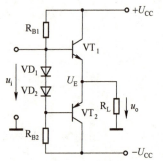

图 2-25 放大电路工作在甲乙类状态

图 2-26 OTL 互补对称放大电路

由图 2-26 可知，当 VT_1 导通时，电容 C 被充电，其电压为 $\frac{1}{2}E_C$。当 VT_2 导通时，C 代替电源通过 VT_2 放电。但是，要使输出波形对称，即要求 $i_{C1} = i_{C2}$（大小相等，方向相反），必须保持 C 上的电压为 $\frac{1}{2}E_C$。在 C 放电过程中，其电压不能下降过多，因此 C 的容量必须足够大。

上述互补对称电路要求有一对特性相同的 NPN 型和 PNP 型的输出功率管。在输出功率较小时，比较容易选配这对晶体管，但在要求输出功率较大时,就难于配对,因此采用复合管。图 2-27 列举了两种类型的复合管。

首先以图 2-27(a)所示的复合管为例,讨论复合管的电流放大系数。因

$$i_C = i_{C1} + i_{C2} = \beta_1 i_{b1} + \beta_2 i_{b2} = \beta_1 i_{b1} + \beta_2 i_{e1} = \beta_1 i_{b1} + \beta_2(1+\beta_1)i_{b1} \approx \beta_1\beta_2 i_{b1}$$

可得复合管的电流放大系数为

$$\beta = \frac{i_c}{i_b} = \frac{i_c}{i_{b1}} \approx \beta_1\beta_2 \tag{2-20}$$

其次,从图 2-27(b)可以看出,复合管的类型与第一个晶体管 VT_1 相同,而与后接的晶体管 VT_2 的类型无关。

图 2-28 所示的是一个由复合管组成的 OTL 互补对称放大电路。将复合管分别看成一个 NPN 型和一个 PNP 型晶体管后,该电路与图 2-26 所示电路完全相同。

显然,图 2-26 和图 2-28 所示的电路都工作在乙类状态,若要避免交越失真,也应设置适当的偏置电路。

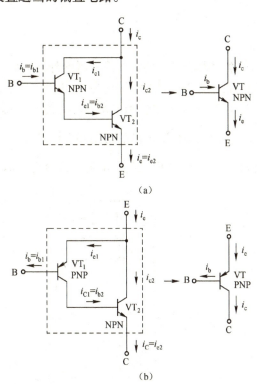

图 2-27 复合管

3. 集成功率放大器简介

目前国内已能生产多种型号的集成功率放大器,现以 5G37 为例,简单介绍其有关性能及使用方法。

5G37 的内部是由两级直接耦合电路组成的 OTL 功率放大电路。它具有工作电源范围大(可在 6~18V 的直流电源下正常工作)、使用灵活等优点,并具有足够的输出功率(在 18V 的直流电源下,可向 8Ω 负载提供 2~3W 的不失真功率),主要用于彩色、黑白电视机的伴音功率放大或用做其他音频设备中的功

率放大器。5G37 的引脚排列顶视图如图 2-29 所示,各引脚的功能如下所述。

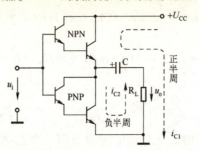

图 2-28　由复合管组成的 OTL 互补对称放大电路　　图 2-29　5G37 的引脚排列顶视图

- 1——闭环增益控制;
- 2——输入端;
- 3、4——防止自激振荡;
- 5——接地端;
- 6——输出端;
- 7——接电源端;
- 8——自举端。

在使用集成功率放大器时,都要加接适当的外围电路。5G37 在用做音频功率放大时的电路如图 2-30 所示。图中 R_1 和 R_2 是电路的主要偏置电阻,为保证最大输出功率,应调整 R_1(22kΩ),使输出端(6 脚)保持静态电压等于 $\frac{1}{2}U_{CC}$。调节电阻 R_4 可以改变闭环电压增益(即放大倍数)。如有自激振荡,可适当加大 3、4 引脚间的电容,但电容值不宜超过 250pF。

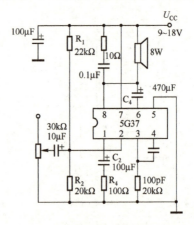

图 2-30　5G37 用做音频功率放大时的外围电路

各种不同型号的集成功率放大器的性能及引脚分布不同,在选择与使用时请查阅相关资料。

2.6　负反馈放大电路

将输出的一部分或全部通过某种电路(称为反馈网络)引回到输入端的过程称为反馈。反馈有正、负之分,在放大电路中主要引入负反馈,它可使放大电路的性能得到显著改善，所以负反馈放大电路得到了广泛应用。利用负反馈技术，用集成运算放大器可构成各种运算电路。根据外接线性反馈元件的不同，可构成比例、加法、减法、微分、积分等运算电路。

2.6.1 反馈的基本概念及作用

1. 反馈的基本概念

在电子电路中，将放大电路输出信号（输出电压或输出电流）的一部分或全部通过一定的电路形式送回到输入回路，从而影响输入量（输入电压或输入电流），这个过程称为反馈。若引回的反馈信号使净输入信号减小、放大倍数降低，则称为负反馈；若反馈信号增强了输入信号，使放大倍数提高，则称为正反馈。在放大电路中，一般都引入负反馈以改善放大器的性能。

本节只讨论负反馈，关于正反馈的问题将在正弦波振荡电路中详细介绍。

图 2-31 所示为反馈放大电路方框图，它由无反馈的基本放大电路 A 和反馈电路 F 组成，反馈电路可以是电阻、电容、电感、变压器、二极管等单个元器件及其组合，也可以是较为复杂的电路。它与基本放大电路构成闭环放大电路（如图 2-31 中虚框所围的电路）。

在图 2-31 中，X_i 是放大电路的输入信号，X_o 为输出信号，X_f 为反馈信号，X_d 为真正输入基本放大电路的净输入信号。这些信号可以是电压信号也可以是电流信号，故用 X 表示。

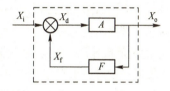

图 2-31 反馈放大电路方框图

若反馈信号 X_f 使外加输入信号 X_i 的作用削弱，使净输入信号 X_d 减小，从而使电压放大倍数降低，则是负反馈，即 $X_d = X_i - X_f < X_i$。

负反馈虽使净输入信号减小、电压放大倍数降低，但却可以改善放大电路的性能，使系统稳定。

反馈放大电路有以下 3 个基本关系式。

☺ 基本放大电路的放大倍数 A 称为开环放大倍数，定义为 $A = \dfrac{X_o}{X_d}$。

☺ 反馈网络的输出信号与输入信号之比称为反馈系数 F，它表明了反馈的强弱，定义为

$$F = \frac{X_f}{X_o}$$

☺ 反馈放大电路的放大倍数（又称为闭环放大倍数）A_f，定义为 $A_f = \dfrac{X_o}{X_i}$。

A、A_f、F 三者之间的关系为

$$A_f = \frac{X_o}{X_d + X_f} = \frac{X_o/X_d}{X_d/X_d + X_f/X_d} = \frac{A}{1 + AF} \qquad (2\text{-}21)$$

其中，$1 + AF$ 称为反馈深度，它反映了负反馈的程度。

2. 反馈的分类和判别方法

1）正反馈和负反馈

根据反馈信号对输入信号的影响，反馈有正、负之分。

对于负反馈，有 $X_d = X_i - X_f < X_i$。例如，在分压偏置放大电路中，反馈电阻 R_{E1} 的引入，使得电路的电压放大倍数降低了，R_{E1}、R_{E2} 就是负反馈元件。但有了 R_{E1}、R_{E2} 后，放大电路的静态工作点稳定了，放大电路的输出信号性能得到改善了。因此，在放大电路中，负反馈被广泛采用。

如果反馈信号是使外加输入信号 X_i 的作用加强，使净输入信号 X_d 增加，从而使电压放大倍数增加，则是正反馈，即 $X_d = X_i + X_f > X_i$。正反馈虽使净输入信号 X_d 增大，电压放大倍数提高，但很容易破坏放大电路的稳定性而引起自激振荡。因此，在一般放大器中不使用正反馈，正反馈只用于信号发生器的振荡电路中。

2）直流反馈和交流反馈

图2-32所示的分压式偏置电路，实际上是一个具有负反馈的放大电路。此电路中反馈的作用有两个方面：一方面是对直流，即发射极电阻 R_{E1} 和 R_{E2} 对直流（即静态工作点）具有负反馈作用，当集电极电流 I_C 增加时，发射极电流 I_E 增加，因而电阻 R_{E1} 和 R_{E2} 上的电压降增加，使发射极电位 V_E 抬高，从而使 U_{BE} 减小，基极电流 I_B 减小，放大 β 倍的集电极电流 I_C 相应就减小，故电阻 R_{E1} 和 R_{E2} 起负反馈作用，能够稳定静态工作点，在交流电压放大电路中，直流负反馈主要起稳定静态工作点的作用；另一方面，对于交流信号，则只有电阻 R_{E1} 具有负反馈的作用，电阻 R_{E2} 被旁路电容C短路（C_E 对交流信号相当于短路）。

3）串联反馈和并联反馈（从输入端看）

【串联反馈】如果反馈信号与输入信号相串联（或反馈电路的输出端与放大电路的输入端串联），就是串联反馈。凡是串联反馈，反馈信号在放大电路的输入端总是以电压的形式出现的，如分压偏置放大电路中的由反馈电阻 R_E 构成的反馈支路，它的反馈信号就是 V_E，以电压形式出现，故为串联反馈。对串联反馈而言，信号源的内阻越小，则反馈效果越好，因为对反馈电压来讲，信号源的内阻与 R_{be} 是串联的，当 R_S 较小时，反馈电压被它分去的部分也较小，反馈效果当然就好，当 $R_S = 0$ 时，反馈效果最好。

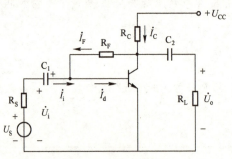

图2-32 电压并联负反馈

【并联反馈】如果反馈信号与输入信号并联（或反馈电路的输出端与放大电路的输入端并联），就是并联反馈。凡是并联反馈，反馈信号在放大电路的输入端总是以电流的形式出现的，如图2-32所示的电路中，反馈电阻 R_F 构成反馈支路，它的输出端与放大电路的输入端并联，以电流的形式出现，故为并联反馈。对于并联反馈，信号源的内阻 R_S 越大，则反馈效果越好。因为对反馈电流来讲，R_S 与 r_{be} 并联，当 R_S 较大时，反馈电流被它所在的支路分去的部分也较小，I_E 的变化就大了，即反馈效果好。

4）电流反馈与电压反馈（从输出端看）

【**电流反馈**】如果反馈信号取自输出电流，并与之成正比，如从图2-33上看，R_{E1}中流过电流为输出电流I_C，并与之成正比，则是电流反馈。不论输入端是串联反馈或并联反馈，电流反馈具有稳定输出电流的作用。

【**电压反馈**】如果反馈信号取自输出电压，并与之成正比，如从图2-32上看，反馈电路的输入端与放大电路的输出端并联，直接接在输出端上，则是电压反馈。电压反馈具有稳定输出电压的作用。

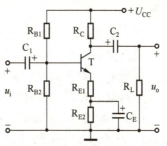

图2-33 带R_{E1}的放大电路

由上述分类可见，反馈的判别共分为4个方面，对电路需逐一进行判断。

【**例2-6**】 判断图2-34中反馈元件R_E的反馈类型。

解：在图2-34中，R_E流过的电流为输出电流I_C，而其两端的电压U_E却对输入电压有影响，故为反馈元件。

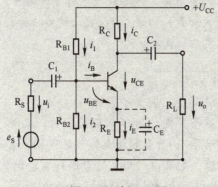

图2-34 例2-6图

因当输出电流I_C增大时，反馈的结果是U_{BE}减小→I_C减小，故为负反馈。从输入端看，反馈信号为U_E（电压），故为串联反馈；从输出端看，反馈信号取自输出电流，故为电流反馈；由于R_E的两端并联一个电容C_E，故对交流信号而言R_E似乎不存在，故为直流反馈。

结论：R_E是直流、电流、串联负反馈。

【**例2-7**】 判断图2-32中反馈元件R_F的反馈类型。

解：图2-32中R_F接在电压输出端上，而其中的电流却与信号电流i_i并连接在晶体管的输入端，故为反馈元件。

因当信号电流增大时，输出电流i_C增大，输出电压反而降低，在U_{BE}近似不变时，i_F会减小，故晶体管的实际输入电流i_d（信号电流i_i与反馈电流i_F之和）几乎保持不变，故为负反馈；从输入端看，反馈信号为电流，故为并联反馈；从输出端看，反馈信号取自输出电压，故为电压反馈；该电路中交、直流均能通过，故为交直流反馈。

结论：R_F是交直流、电压、并联负反馈。

综上所述，反馈电路的判别方法如下所述。

（1）判断正、负反馈采用瞬时极性法。假定在输入端加上一个正信号

电压 $V_B>0$（以地为参考点），标为"+"，按 V_C 与 V_B 反相、V_E 与 V_B 同相、线性元器件不改变相位的原则，逐一标出"+"或"-"。

若反馈到输入回路后的极性与输入信号极性相同，则为正反馈，否则为负反馈。

(2) 电压反馈、电流反馈的判别。假设放大电路的输出信号为零，此时若反馈信号消失，则为电压反馈；若反馈信号仍存在，则为电流反馈。

[**特例**] 对于共发射极放大电路，反馈电路取自 C 极的为电压反馈；反馈电路取自 E 极的为电流反馈。

(3) 串联反馈、并联反馈的判别。假定放大电路的输入端短路（即输入端接地），反馈信号变为零，则为并联反馈；反馈信号不等于零，则为串联反馈。

[**特例**] 对于共发射极放大电路，反馈信号直接接到 B 极的为并联反馈；反馈信号直接接到 E 极的为串联反馈。

(4) 交流、直流、交直流的判别。反馈元器件（或反馈电路）两端并接电容的为直流反馈元器件，反馈元器件与电容串联构成的反馈电路为交流反馈，此外为交直流反馈。

3. 负反馈对放大电路的影响

【**降低放大倍数**】 由图 2-31 所示的带有负反馈的放大电路方框图可见，未引入负反馈时的放大倍数（称开环放大倍数）为 A。引入负反馈后的放大倍数（即包含负反馈电路在内的整个放大电路的放大倍数）为 A_f，则

$$A_f = \frac{A}{1+AF}$$

反馈系数 F 越大，闭环放大倍数 A_f 越小，甚至小于1。

【**提高放大倍数的稳定性**】 当外界条件变化时（如温度变化、晶体管老化、元器件参数变化、电源电压波动等），会引起放大倍数的变化，甚至引起输出信号的失真。而引入负反馈后，则可以利用反馈量进行自我调节，提高放大倍数的稳定性，这是牺牲了一定的放大倍数而获得的好处。

【**对输入电阻的影响**】 放大电路的负反馈会改变电路的输入电阻。以图 2-33 所示电路为例，在没有反馈电阻 R_{E1} 时，晶体管的输入电阻为 r_{be}。有反馈电阻 R_{E1} 后的晶体管输入电阻 $r'_i = r_{be} + (1+\beta)R_{E1}$。因为反馈电路是以 $(1+\beta)R_{E1}$ 的电阻形式与 r_{be} 串联的，所以提高了输入电阻。

结论：串联反馈可以增大总的输入电阻。

而在图 2-32 所示电路中，在没有反馈支路时的输入电阻为基本放大电路的输入电阻；有反馈时，则在输入端多并一条支路，显然电阻是越并越小。

结论：并联反馈可以减小总的输入电阻。

【**对输出电阻的影响**】 电压负反馈具有稳定输出电压的作用，即具有恒压输出的特点，相当于一个内阻很小的恒压源，这个内阻就是放大电路的输出电阻，所以电压负反馈放大电路的输出电阻是很小的。

结论：电压负反馈使输出电阻减小。

电流负反馈具有稳定输出电流的作用，即在负载改变时，可维持电流不变，所以放大电路对负载来讲相当于一个内阻很大的恒流源，所以电流负反馈放大电路提高了输出电阻。

结论：电流负反馈使输出电阻增加。

【扩展通频带宽度】负反馈电路能扩展放大电路的通频带宽度，使放大电路具有更好的通频特性。

*2.6.2 负反馈放大电路应用中的几个问题

负反馈放大电路在应用中常遇到下面 3 个问题：① 如何根据使用要求选择合适的负反馈类型？② 如何估算深度负反馈放大电路的性能？③ 如何防止负反馈放大电路产生自激振荡，以保证放大电路工作的稳定性。以下对上述 3 个问题分别加以讨论。

1. 放大电路负反馈引入的一般原则

根据不同形式负反馈对放大电路的影响，为了改善放大电路的性能，引入负反馈时一般考虑以下 3 点。

（1）要稳定放大电路的某个量，就采用某个量的负反馈方式。例如，要想稳定直流量，就应引入直流负反馈；要想稳定交流量，就应引入交流负反馈；要想稳定输出电压，就应引入电压负反馈；要想稳定输出电流，就应引入电流负反馈。

（2）根据对输入电阻、输出电阻的要求来选择反馈类型。放大电路引入负反馈后，不管反馈类型如何，都会使放大电路的增益稳定性提高、非线性失真减小、频带展宽，但不同类型的反馈对输入电阻、输出电阻的影响却不同，所以实际放大电路中引入负反馈时，主要根据对输入电阻、输出电阻的要求来确定反馈的类型。若要求减小输入电阻，则应引入并联负反馈；若要求提高输入电阻，则应引入串联负反馈；若要求高内阻输出，则应采用电流负反馈；若要求低内阻输出，则应采用电压负反馈。

（3）根据信号源及负载来确定反馈类型。若放大电路输入信号源已确定，则为了使反馈效果显著，就要根据输入信号源内阻的大小来确定输入端反馈类型。例如，当输入信号源为恒压源时，应采用串联负反馈；而当输入信号源为恒流源时，则应采用并联负反馈。当要求放大电路负载能力强时，应采用电压负反馈；而当要求恒流源输出时，则应采用电流负反馈。

2. 深度负反馈放大电路的特点及性能估算

1）深度负反馈放大电路的特点

$(1+AF) \gg 1$ 时的负反馈放大电路称为深度负反馈放大电路。由于 $(1+AF) \gg 1$，所以可得

$$A_f = \frac{A}{1+AF} \approx \frac{A}{AF} = \frac{1}{F} \quad (2-22)$$

由于

$$A_f = X_o/X_i, F = X_f/X_o$$

所以，深度负反馈放大电路中有

$$X_f \approx X_i \quad (2-23)$$

即

$$X_d \approx 0 \quad (2-24)$$

式（2-22）至式（2-24）说明，在深度负反馈放大电路中，闭环放

倍数由反馈网络决定；反馈信号 X_f 近似等于输入信号 X_i；净输入信号 X_d 近似为零。这是深度负反馈放大电路的重要特点。

此外，由于负反馈对输入电阻、输出电阻的影响，深度负反馈放大电路还有以下特点：串联反馈输入电阻 R_{if} 非常大，并联反馈输入电阻 R_{if} 非常小；电压反馈输出电阻 R_{of} 非常小，电流反馈输出电阻 R_{of} 非常大。进行工程估算时，常把深度负反馈放大电路的输入电阻和输出电阻理想化，即认为深度串联负反馈的输入电阻 R_{if} 趋近于无穷大；深度并联负反馈的输入电阻 R_{if} 趋近于 0；深度电压负反馈的输出电阻 R_{of} 趋近于 0；深度电流负反馈的输出电阻 R_{of} 趋近于无穷大。

根据深度负反馈放大电路的上述特点，对于深度串联负反馈，由图 2-35（a）可知：

- 净输入信号 u_{id} 近似为零，即基本放大电路两个输入端 P、N 电位近似相等，两输入端间似乎短路但并没有真的短路，称为"虚短"。
- 闭环输入电阻 R_{if} 趋近于无穷大，即闭环放大电路的输入电流近似为零，也即流过基本放大电路两个输入端 P、N 的电流 $i_p \approx i_n = 0$，两个输入端似乎开路但并没有真的开路，称为"虚断"。

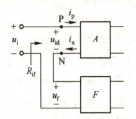
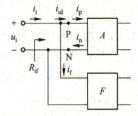

（a）深度串联负反馈放大电路简化框图　　　（b）深度并联负反馈放大电路简化框图

图 2-35　深度负反馈放大电路中的"虚短"与"虚断"

对深度并联负反馈，由图 2-35（b）可知：

- 净输入信号 i_{id} 近似为零，即基本放大电路两个输入端"虚断"。
- 闭环输入电阻 $R_{if} = 0$，即放大电路两个输入端，也即基本放大电路两个输入端"虚短"。

因此，对深度负反馈放大电路可得出重要结论：基本放大电路的两个输入端满足"虚短"和"虚断"。

2）深度负反馈放大电路性能的估算

利用上述"虚短"和"虚断"的概念，可以方便地估算深度负反馈放大电路的性能。下面通过例题来说明估算方法。

【例 2-8】　估算图 2-36 所示负反馈放大电路的电压放大倍数 $A_{uf} = u_o / u_i$。

解：这是一个电流串联负反馈放大电路，反馈元件为 R_F，基本放大电路为集成运算放大器。由于集成运算放大器开环增益很大，故为深度负反馈。因此有 $u_f = u_i$，$i_n \approx i_o = 0$，所以可得

$$u_f = i_o R_F = \frac{u_o}{R_L} R_F$$

因此，可求得该放大电路的闭环电压放大倍数为

$$A_{uf} = \frac{u_o}{u_i} \approx \frac{u_o}{u_f} = \frac{R_L}{R_F}$$

【例2-9】 估算图2-37所示电路的电压放大倍数 $A_{uf} = u_o/u_i$。

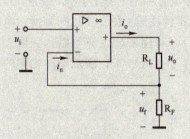

图2-36 电流串联负反馈放大　　　图2-37 电流并联负反馈放大
电路增益的估算　　　　　　　电路增益的估算

解： 这是一个电流并联负反馈放大电路，反馈元件为 R_3、R_F，基本放大电路为集成运算放大器。由于集成运算放大器开环增益很大，故为深度负反馈。

根据深度负反馈时基本放大电路输入端"虚断"，可得 $i_p \approx i_n = 0$，故同相端电位为 $u_p \approx 0$。

根据深度负反馈时基本放大电路输入端"虚短"，可得 $u_n \approx u_p$，故反相端电位 $u_n \approx 0$。因此，由图2-37可得

$$i_i = \frac{u_i - u_n}{R_1} \approx \frac{u_i}{R_1}$$

$$i_f \approx \frac{R_3}{R_F + R_3} i_o = \frac{R_3}{R_F + R_3} \cdot \frac{-u_o}{R_L}$$

在深度并联负反馈放大电路中有 $i_i \approx i_f$，所以可得

$$\frac{u_i}{R_1} = \frac{R_3}{R_F + R_3} \cdot \frac{-u_o}{R_L}$$

故该放大电路的闭环电压放大倍数为

$$A_{uf} = \frac{u_o}{u_i} \approx -\frac{R_L}{R_1} \cdot \frac{R_F + R_3}{R_3}$$

3）负反馈放大电路的稳定性

负反馈可改善放大电路的性能，改善程度与反馈深度 $(1+AF)$ 有关，$(1+AF)$ 越大，反馈越深，改善程度越显著。但是，反馈深度太大时，可能产生自激振荡（指放大电路在无外加输入信号时也能输出一定频率和幅度信号的现象），使放大电路工作不稳定。原因如下：在负反馈放大电路中，基本放大电路在高频段要产生附加相移，若在某些频率上附加相移达到180°，则在这些频率上的反馈信号将与中频时反相而变成正反馈，当正反馈量足够大时就会产生自激振荡。另外，电路中的分布参数也会形成正

反馈而自激。由于深度负反馈放大电路开环增益很大，因此在高频段很容易因附加相移变成正反馈而产生高频自激。

消除高频自激的基本方法是，在基本放大电路中插入相位补偿网络（也称消振电路），以改变基本放大电路高频段的频率特性，从而破坏自激振荡条件，使其不能振荡。图 2-38 所示为 3 种补偿网络的接法。图 2-38（a）所示电路中，在级间接入电容 C，称电容滞后补偿；图 2-38（b）所示电路中，在级间接入 R 和 C，称为 RC 滞后补偿；图 2-38（c）所示电路中，接入较小的电容 C（或 RC 串联网络），利用密勒效应可以达到增大电容（或增大 RC）的作用，获得与图 2-38（a）和（b）所示电路相同的补偿效果，称为密勒效应补偿。

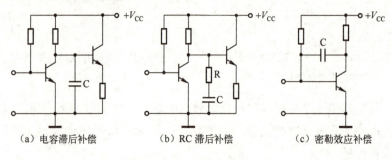

（a）电容滞后补偿　　　　（b）RC 滞后补偿　　　　（c）密勒效应补偿

图 2-38　高频补偿网络

目前，不少集成运算放大器已在内部接有补偿网络，使用中无须再外接补偿网络，而有些集成运算放大器留有外接补偿网络端，应根据需要接入 C 或 RC 补偿网络。

另外，放大电路也有可能产生低频自激振荡。低频自激一般由直流电源耦合引起，由于直流电源对各级供电，各级的交流电流在电源内阻上产生的压降就会通过电源而相互影响，因此电源内阻的交流耦合作用可能使级间形成正反馈而产生自激。

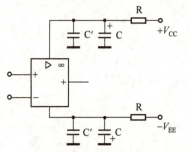

图 2-39　电源去耦电路

消除这种自激的方法有两种：一是采用低内阻（零点几欧以下）的稳压电源；二是在电路的电源进线处加去耦电路，如图 2-39 所示，图中 R 一般选几百至几千欧的电阻；C 选几十至几百微法的电解电容，用以滤除低频；C′选小容量的无感电容，用以滤除高频。

2.7　差动放大电路及集成运算放大器

2.7.1　直接耦合放大电路的主要特点

在自动测量和控制系统中，有许多转换来的电信号随时间变化是极缓慢的（即频率低于交流放大电路所能处理的最低频率）或是变化的直流量

（通称为直流信号），不能用前述的阻容耦合的交流放大电路来放大。因为阻容耦合电路具有隔直流的作用，所以要放大直流信号必须采用直接耦合的直流放大电路。而且直流放大电路也可以用于放大交流信号，所以它在电子技术领域中有着极其广泛的应用。所谓直接耦合，就是将前一级的输出端直接接到后一级的输入端，如图 2-40 所示。

直接耦合放大电路与阻容耦合放大电路相比，具有以下特点。

☺ 电路中只有晶体管和电阻，没有大电容，级与级之间是直接连接，便于集成化。

☺ 由于级间采用直接耦合，所以电路对于低频信号甚至直流信号都能放大。

☺ 前后级的静态工作点互不独立，相互影响。由图 2-40 可见，前级的集电极电位恒等于后级的基极电位，前级的集电极电阻 R_{C1} 同时又是后级的基极偏流电阻，以致造成前后级的工作点互相影响，互相牵制。

☺ 存在零点漂移现象。零点漂移是直接耦合放大电路存在的一个特殊问题。输入电压为零（$u_i = 0$）而输出电压（$u_o = 0$）不为零，且缓慢地、无规则地变化的现象，称为零点漂移现象（简称"零漂"），如图 2-41 所示。

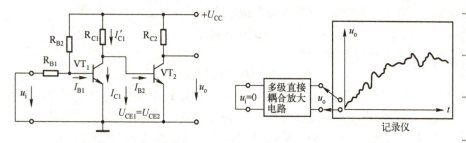

图 2-40　直接耦合两级放大电路　　图 2-41　零点漂移现象

存在零点漂移现象的直接耦合放大电路中，漂移电压和有效信号电压混杂在一起被逐级放大，当漂移电压的大小可以和有效信号电压相比时，是很难在输出端分辨出有效信号电压的；在漂移现象严重的情况下，往往会使有效信号被"淹没"，使放大电路不能正常工作。因此，必须找出产生零点漂移的原因和抑制零点漂移的方法。

在放大电路中，任何参数的变化，如电源电压的波动、元器件的老化、元器件参数随温度的变化等都将产生零点漂移。而在多级直接耦合放大电路中，又以第一级的漂移影响最大，因为第一级的漂移会被后面各级逐级放大。因此，抑制零点漂移要着重于第一级。在产生零点漂移的诸多原因中，以温度的影响最为严重。

为了抑制直接耦合放大电路的零点漂移，常采用差动放大电路。从电路结构上说，差动放大电路由两个完全对称的单管放大电路组成，由于具有许多突出优点，因而成为集成运算放大器的基本组成单元。

2.7.2 差动放大电路的工作原理

最简单的差动放大电路如图 2-42 所示,它由两个完全对称的单管放大电路拼接而成。在该电路中,晶体管 VT_1、VT_2 型号一样、特性相同,R_{B1} 为输入回路限流电阻,R_{B2} 为基极偏流电阻,R_C 为集电极负载电阻。输入

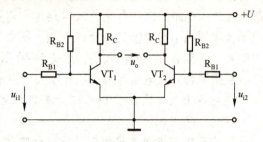

图 2-42 最简单的差动放大电路

信号电压由两个晶体管的基极输入,输出电压从两个晶体管的集电极之间提取(也称双端输出),由于电路的对称性,在理想情况下,它们的静态工作点必然一一对应相等。

1. 抑制零点漂移

在输入电压为零($u_{i1} = u_{i2} = 0$)的情况下,由于电路对称,存在 $I_{C1} = I_{C2}$,所以两个晶体管的集电极电位相等,即 $U_{C1} = U_{C2}$,故

$$u_o = U_{C1} - U_{C2} = 0$$

当温度升高引起晶体管集电极电流增加时,由于电路对称,存在 $\Delta I_{C1} = \Delta I_{C2}$,导致两个晶体管集电极电位的下降量必然相等,即

$$\Delta U_{C1} = \Delta U_{C2}$$

所以输出电压仍为零,即

$$u_o = \Delta U_{C1} - \Delta U_{C2} = 0$$

由以上分析可知,在理想情况下,由于电路的对称性,输出信号电压采用从两个晶体管集电极间提取的双端输出方式,对于无论什么原因引起的零点漂移,均能有效地抑制。抑制零点漂移是差动放大电路最突出的优点。

【注意】在这种最简单的差动放大电路中,每个晶体管的漂移仍然存在。

2. 典型差动放大电路

典型差动放大电路如图 2-43 所示,与最简单的差动放大电路相比,该电路增加了调零电位器 R_P、发射极公共电阻 R_E 和负电源 E_E。

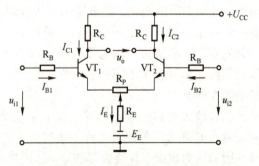

图 2-43 典型差动放大电路

下面分析该电路抑制零点漂移的原理,以及发射极公共电阻 R_E(可以认为调零电位器 R_P 是 R_E 的一部分)和负电源 E_E 的作用。

由于电路的对称性,所以无论温度的变化还是电源电压的波动,都会引起两个晶体管集电极电流和电压的相同变化,即 $\Delta U_{C1} = \Delta U_{C2}$ 或 $\Delta U_{o1} = \Delta U_{o2}$,因此,其中相同的变化量互相抵消,使输出电压不变,从而抑制了零点漂移。当然,实际情况是,为了克服电路不完全对称引起的零点漂移及减小每个晶体管集电极对地的漂移电压,电路中增加了发射极公共电阻 R_E,它具有电流负反馈作用,可以稳定静态工作点。例如,温度升高时,VT_1 和 VT_2 的集电极电流 I_{C1} 和 I_{C2} 都要增大,它们的发射极电流 I_{E1} 和 I_{E2} 增大,流过发射极公共电阻的电流 $I_E = I_{E1} + I_{E2}$ 也会增大,R_E 上的电压增大,VT_1 和 VT_2 的发射极电位升高,使 U_{BE1} 和 U_{BE2} 减小,则 I_{B1} 和 I_{B2} 减小,从而抑制了 I_{C1} 和 I_{C2} 的增加。这样,由于温度变化引起的每个晶体管的漂移,通过 R_E 的作用得到了一定程度的抑制。抑制零点漂移的过程如图 2-44 所示。由温度变化造成的每个晶体管输出电压的漂移都得到了

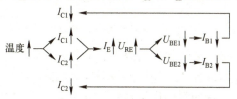

图 2-44 抑制零点漂移的过程

一定程度的抑制,且 R_E 的电阻值越大,抑制零漂的作用就会越强。

由于差模信号使两个晶体管的集电极电流一增一减,所以只要电路的对称性足够好,其变化量的大小相等,流过 R_E 的电流就等于静态值不变,因此 R_E 对差模信号的放大作用基本上不产生影响。

既然 R_E 不影响差模信号的放大作用,为了使 R_E 抑制零点漂移的作用显著一些,其电阻值可以取得大一些。但是,在 U_{CC} 一定的情况下,过大的 R_E 会使晶体管压降 U_{CE} 变小,静态工作点下移,集电极电流减小,电压放大倍数下降。为此,接入负电源 E_E 来补偿 R_E 上的静态压降(一般使 $E_E = U_{R_E}$),从而保证两个晶体管有合适的静态工作点。

在输入信号电压为零时,因电路不会完全对称,故输出电压不等于零。这时可调节电位器 R_P 使输出电压为零,所以 R_P 称为调零电位器。但因 R_P 会使电压放大倍数降低,所以其电阻值不宜过大,一般为几十欧到几百欧。

由以上分析可知,典型差动放大电路既可利用电路的对称性、采用双端输出的方式抑制零点漂移;又可利用发射极公共电阻 R_E 的作用抑制每个晶体管的零点漂移,稳定静态工作点。因此,典型差动放大电路即使采用单端输出,其零点漂移也能得到有效的抑制。所以这种电路得到了广泛的应用。

2.7.3 集成运算放大器

集成电路是一种由元器件和电路融合成一体的集成组件。它在一小块硅单晶上制成多个二极管、晶体管、电阻等元器件,并将它们连接成能够完成一定功能的电子线路。集成电路具有体积小、质量轻、功耗低、性能好、可靠性高、价格便宜等优点,已被广泛应用于电子技术的各个领域。在大多数情况下,集成电路已取代了分立元器件电路。就其集成度而言,

集成电路有小规模、中规模、大规模和超大规模之分，目前的超大规模集成电路的生产技术可以实现在面积只有几十平方毫米的芯片上制造上百万个元器件。就其功能而言，有模拟集成电路和数字集成电路之分。模拟集成电路又包括集成运算放大器、集成功率放大器和集成稳压电源等。这里只简单介绍集成运算放大器。

1) 电路结构

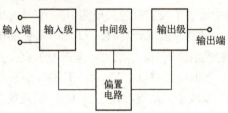

图 2-45　集成运算放大器方框图

集成运算放大器是一个直接耦合的多级放大电路，由输入级、中间级、输出级和偏置电路 4 个基本部分构成，其方框图如图 2-45 所示。

输入级又称前置级，是提高集成运算放大器质量的关键部分，要求输入电阻高、抑制共模信号能力强、差模放大倍数大。一般采用双端输入的高性能差动放大电路。

中间级的作用是使集成运算放大器具有较强的放大能力，因此要求它的电压放大倍数高。中间级一般由共发射极放大电路组成。

输出级与负载相接，要求输出电阻小、带负载能力强、输出功率大，一般由互补对称放大电路或射极输出器构成。

偏置电路用于设置集成运算放大器各级电路的静态工作点。

在使用集成运算放大器时，只需知道它的几个引脚的用途和主要参数即可，至于其内部电路的结构如何一般无须知道。

2) 主要参数

为了能正确地选择并使用集成运算放大器，必须了解集成运算放大器的有关性能参数。

【**最大输出电压 U_{OPP}**】它是指在不失真情况下的最大输出电压值。

【**开环电压放大倍数 A_{uo}**】它是指在无外接反馈电路时所测出的差模电压放大倍数。A_{uo} 越高，所构成的运算放大电路越稳定，精度也越高。A_{uo} 一般约为 $10^4 \sim 10^7$。

【**输入失调电压 U_{io}**】理想的集成运算放大器在输入电压为零时，输出电压也为零。实际上，在制造时很难保证电路中的元器件参数完全对称，因此在输入信号 $u_{i1} = u_{i2} = 0$（即将两个输入端同地短接）时，输出电压 $u_o \neq 0$。反过来，如果要使 $u_o = 0$，就必须在输入端加一个很小的补偿电压。在室温及标准电源电压下，当输入电压为零时，为使集成运算放大器输出电压为零，需在输入端加一个补偿电压，所加补偿电压称为输入失调电压。U_{io} 越小越好，一般为几毫伏。

【**输入失调电流 I_{io}**】它是指输出信号为零时，流入放大器两个输入端的静态基极电流之差，即 $I_{io} = |I_{B1} - I_{B2}|$。$I_{io}$ 越小越好，一般为零点几微安。

【**输入偏置电流 I_{iB}**】它是指在输出电压为零时，两个输入端静态基极电流的平均值，即 $I_{iB} = \dfrac{I_{B1} + I_{B2}}{2}$。$I_{iB}$ 越小越好，一般为零点几微安。

【最大共模输入电压 U_{ICM}】。集成运算放大器对共模信号具有抑制作用,但这种作用要在规定的共模电压范围内才有效,U_{ICM} 就是规定的范围。如果超出该范围,集成运算放大器抑制共模信号的能力会大大下降,严重时会造成器件的损坏。

总之,集成运算放大器具有开环电压放大倍数高、输入电阻大(约几百千欧)、输出电阻小(约几百欧)、带负载能力强、零点漂移小、可靠性高等优点,因此被广泛应用于各个技术领域,已成为一种通用型器件。

3) 需要注意的问题

在分析集成运算放大器的工作原理时,要注意以下两个问题。

(1) 在大多数情况下,可将集成运算放大器看做一个理想运算放大器。所谓理想运算放大器就是将其各项技术指标理想化:

☺ 开环电压放大倍数 $A_{uo} = \infty$;

☺ 输入电阻 $r_{id} = \infty$;

☺ 输出电阻 $r_o = 0$;

☺ 对共模信号的放大倍数为零。

理想运算放大器的图形符号如图 2-46 所示。它有两个输入端和一个输出端。它们对地的电压(即各端的电位)分别用 u_-、u_+ 和 u_o 表示。表示输出电压与输入电压之间关系的特性曲线称为传输特性曲线,从运算放大器的传输特性曲线(如图 2-47 所示,实线部分为理想运算放大器特性曲线,虚线部分为实际运算放大器特性曲线)看,可分为线性区和非线性区。

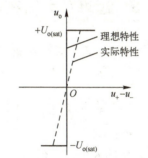

图 2-46 理想运算放大器的图形符号　　图 2-47 运算放大器的传输特性

由于实际运算放大器的技术指标比较接近理想化的条件,因此在分析运算放大器的各种应用电路时,用理想运算放大器代替实际的运算放大器所带来的误差并不严重,在工程上是允许的。在后面分析运算放大器的各种应用时,都将其理想化。

(2) 在分析由运算放大器组成的各种应用电路时,要分析集成运算放大器是工作在线性区,还是工作在非线性区。

当运算放大器工作在线性区时,其输出电压 u_o 和输入电压 u_-、u_+ 之间必须满足:

$$u_o = A_{uo}(u_+ - u_-) \tag{2-25}$$

由于 u_o 为有限值,对于理想运算放大器 $A_{uo} = \infty$,即使输入毫伏级以下的信号,也足以使输出电压达到正向饱和电压 U_{o+} 或负向饱和电压 U_{o-}。所以,为了使运算放大器工作在线性区,需要引入深度负反馈(即通过引入负反馈使 $u_+ - u_-$ 较小)。

理想运算放大器工作在线性区时,有下面两条重要结论。

☺ 运算放大器同相输入端和反相输入端的电位近似相等,即 $u_+ \approx u_-$,又称为"虚短"。

如果同相输入端接地,即 $u_+ = 0$,则由式(2-25)可知,反相输入端的电位 $u_- \approx 0$,即反相输入端也相当于接地,是一个不接地的地电位端,通常称为"虚地"。

☺ 运算放大器的净输入电流约等于零,即 $I_{id} \approx 0$,又称为"虚断"。

因为理想运算放大器的输入电阻 $r_{id} = \infty$,所以可以认为两个输入端没有电流流入运算放大器。

当集成运算放大器的工作范围超出线性区,工作在非线性区时,输出电压与输入电压之间不再满足式(2-25),这时输出电压只有两种可能:或等于正向饱和电压 U_{o+},或等于负向饱和电压 U_{o-}。U_{o+} 和 U_{o-} 在数值上接近于正、负电源的电压值。

理想运算放大器工作在非线性区时,有以下两条结论:

☺ 当 $u_+ > u_-$ 时,$u_o = U_{o+}$(为正向饱和电压);当 $u_+ < u_-$ 时,$u_o = U_{o-}$(为负向饱和电压)。

☺ 运算放大器的输入电流仍为零。

2.8 运算放大器在电路中的应用

运算放大器能完成模拟量的多种数学运算,如比例运算、加减运算、微分与积分运算等。

2.8.1 运算放大器在信号运算方面的应用

1. 比例运算

1)反相输入比例运算

反相输入比例运算电路如图2-48所示。输入电压 u_i 通过电阻 R_1 作用于集成运算放大器的反相输入端,同相输入端经电阻 R_2 接地,R_2 为补偿电阻(一般取值为 $R_2 = R_1 /\!/ R_F$);集成运算放大器的开环电压放大倍数很高,为了使集成运算放大器工作在线性区,必须引入深度负反馈(即很强的负反馈)。跨接在集成运算放大器输出端和反相输入端之间的电阻 R_F 就是反馈电阻,它引入了电压并联负反馈。

在电路中,信号从反相输入端加入,所以输出电压 u_o 与输入电压 u_i 反相。若 u_i 为正值,则 u_o 为负值。

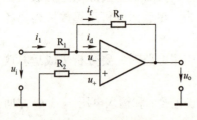

图2-48 反相输入比例运算电路

由于理想运算放大器的净输入电压和净输入电流均为零,而同相输入

端经电阻 R_2 接地,所以同相输入端的电位为零,即 $u_+ = 0$。根据"虚地"原理,反相输入端的电位 $u_- = 0$。由基尔霍夫电流定律可得

$$i_d = 0$$
$$i_d = i_1 - i_f \tag{2-26}$$

式中,i_d 为流入运算放大器反相输入端的电流,称为净输入电流。

$i_1 = \dfrac{u_i - u_-}{R_1} = \dfrac{u_i}{R_1}$,是由输入电压 u_i 产生的电流,称为输入电流。

$i_f = \dfrac{u_- - u_o}{R_F} = -\dfrac{u_o}{R_F}$,是流过反馈电路的电流,称为反馈电流。

当 u_i 为正值时,u_o 为负值,则以上 3 个电流均为正值,说明这 3 个电流的实际方向与图中所示的参考正方向相同。由式(2-26)可见,反馈电流 i_f 使净输入电流 i_d 减小了(与断开 R_F 支路,不加反馈时 $i_d = i_1$ 的情况相比),可见该电路引入的是负反馈;由于反馈电流 $i_F = -\dfrac{u_o}{R_F}$ 取自输出电压,且与输出电压 u_o 成比例,所以是电压负反馈;又因反馈信号以电流 i_f 的形式出现在输入端,影响净输入电流,所以是电压并联负反馈。根据运算放大器工作在线性区的第 2 条重要结论,流进集成运算放大器的电流 $i_d = 0$,则 $i_f = i_1$,即反馈量等于输入量,是一种深度的负反馈。

下面分析该电路的运算关系。

因 $i_f = i_1$,且 $i_f = -\dfrac{u_o}{R_F}$,$i_1 = \dfrac{u_i}{R_1}$,得 $-\dfrac{u_o}{R_F} = \dfrac{u_i}{R_1}$。整理后可得

$$u_o = -\dfrac{R_F}{R_1} u_i \tag{2-27}$$

式(2-27)说明,u_o 与 u_i 成比例关系,比例因数为 $-R_F/R_1$,负号表示 u_o 与 u_i 反向。所以引入电压并联负反馈后的闭环电压放大倍数为

$$A_{uf} = \dfrac{u_o}{u_i} = -\dfrac{R_F}{R_1} \tag{2-28}$$

式(2-28)表明,输出电压与输入电压是比例运算关系。只要 R_1 和 R_F 的阻值足够精确,且集成运算放大器的开环电压放大倍数很高,就可认为 u_o 与 u_i 的关系只由 R_F 和 R_1 的比例决定,而与集成运算放大器本身的参数无关。这就保证了比例运算的精度与稳定性。式(2-28)中的负号表示 u_o 与 u_i 反相。所以该电路可以实现输出电压 u_o 与输入电压 u_i 之间的任意反相比例运算关系。

特殊情况下,当 $R_F = R_1$ 时,有

$$A_{uf} = \dfrac{u_o}{u_i} = -1 \tag{2-29}$$

这时该电路就是一个反相器。

【例 2-10】 在图 2-48 中,若 $R_1 = 20\text{k}\Omega$,$R_F = 60\text{k}\Omega$,$u_i = 0.5\text{V}$,求 A_{uf} 和 u_o。

解:$A_{uf} = -\dfrac{R_F}{R_1} = -\dfrac{60}{20} = -3$,$u_o = A_{uf} \cdot u_i = -3 \times 0.5 = -1.5\text{V}$。

2) 同相输入比例运算

同相输入比例运算电路如图 2-49 所示。输入信号加在同相输入端,反相输入端经电阻 R_1 接地,反馈电阻 R_F 仍然跨接在输出端和反相输入端之间。下面首先判断该电路引入的反馈类型。

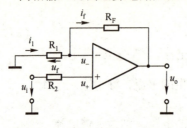

图 2-49 同相输入比例运算电路

由于理想运算放大器的净输入电压和净输入电流均为零,所以 R_2 上无压降,$u_+ = u_i$。当引入反馈后,R_F 和 R_1 接在输出端和地之间,因 $i_d = 0$,故

$$i_1 = i_f = \frac{0 - u_o}{R_1 + R_F} = -\frac{u_o}{R_1 + R_F}$$

反相输入端的电位为

$$u_- = u_f = -i_1 R_1 = \frac{R_1}{R_1 + R_F} u_o$$

此时净输入电压为

$$u_d = u_+ - u_- = u_i - u_f \tag{2-30}$$

因是同相输入方式,所以当 u_i 为正时,u_o 为正,从 R_1 上所得到的反馈电压 u_f 也为正。由式 (2-30) 可知,引入反馈后,净输入信号 u_d 减小了,所以是负反馈;又因反馈电压 $u_f = \frac{R_1}{R_1 + R_F} u_o$ 取自输出电压(可看成 R_F 与 R_1 串联构成分压器后,输出电压在 R_1 上的压降),且与 u_o 成正比,所以是电压负反馈;因反馈信号在输入端以电压 u_f 的形式出现,影响净输入电压,所以该电路引入的是电压串联负反馈。

根据运算放大器工作在线性区的两条重要结论,并应用基尔霍夫电流定律可得

$$u_- \approx u_+ = u_i$$
$$i_1 = i_f$$

因

$$u_- = u_f = -i_1 R_1 = \frac{R_1}{R_1 + R_F} u_o$$

故

$$u_- \approx u_+ = u_i = \frac{R_1}{R_1 + R_F} u_o$$

整理后得

$$u_o = \left(1 + \frac{R_F}{R_1}\right) u_i \tag{2-31}$$

因此引入深度串联电压负反馈后的闭环电压放大倍数为

$$A_{uf} = \frac{u_o}{u_i} = 1 + \frac{R_F}{R_1} \tag{2-32}$$

可见 u_o 与 u_i 之间的比例关系由 R_1 和 R_F 决定,与集成运算放大器本身的参数无关,其精度与稳定性都很高。与反相输入比例运算的不同之处是 A_{uf} 为正值,表明 u_o 与 u_i 同相,且 A_{uf} 恒大于或等于 1。

为了使两个输入端平衡,应取 $R_2 = R_1 /\!/ R_F$。

特殊情况下,当 $R_1 = \infty$(断开)或 $R_F = 0$(短接)时,则

$$A_{uf} = \frac{u_o}{u_i} = 1$$

该电路就成为电压跟随器。图2-50所示的就是一种$R_1=\infty$且$R_F=0$的电压跟随器。

综上所述,对于单一信号的运算电路,在分析运算关系时,首先应根据基尔霍夫电流定律列出关键节点的电流方程(关键节点如集成运算放大器的同相端、反相端),然后根据"虚短"、"虚断"的原则进行整理,即可得出输出电压和输入电压的运算关系,进而求出电压放大倍数。

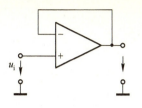

图2-50 电压跟随器

【例2-11】 在图2-49中,设$R_1=20\mathrm{k}\Omega$,$R_F=60\mathrm{k}\Omega$,$u_i=0.5\mathrm{V}$。试求A_{uf}和u_o。

解:$A_{uf}=1+\dfrac{R_F}{R_1}=1+\dfrac{60}{20}=4$,$u_o=A_{uf}\cdot u_i=4\times 0.5=2\mathrm{V}$

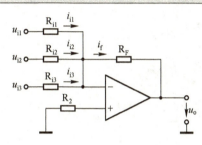

图2-51 反相输入加法运算电路

2. 加法运算

反相输入加法运算电路如图2-51所示。该电路引入了深度电压并联负反馈,其运算关系如下所述。

根据"虚短"、"虚断"原则,由基尔霍夫电流定律列出电流方程如下。

$$i_f = i_{i1} + i_{i2} + i_{i3}$$

而 $i_{i1}=\dfrac{u_{i1}}{R_{i1}}$,$i_{i2}=\dfrac{u_{i2}}{R_{i2}}$,$i_{i3}=\dfrac{u_{i3}}{R_{i3}}$,$i_f=-\dfrac{u_o}{R_F}$

得

$$-\dfrac{u_o}{R_F}=\dfrac{u_{i1}}{R_{i1}}+\dfrac{u_{i2}}{R_{i2}}+\dfrac{u_{i3}}{R_{i3}}$$

整理后得

$$u_o = -\left(\dfrac{R_F}{R_{i1}}u_{i1}+\dfrac{R_F}{R_{i2}}u_{i2}+\dfrac{R_F}{R_{i3}}u_{i3}\right) \tag{2-33}$$

当$R_{i1}=R_{i2}=R_{i3}=R_1$时,式(2-33)变为

$$u_o = -\dfrac{R_F}{R_1}(u_{i1}+u_{i2}+u_{i3}) \tag{2-34}$$

当$R_1=R_F$时,式(2-34)变为

$$u_o = -(u_{i1}+u_{i2}+u_{i3}) \tag{2-35}$$

平衡电阻$R_2=R_{i1}\mathbin{/\mkern-6mu/}R_{i2}\mathbin{/\mkern-6mu/}R_{i3}\mathbin{/\mkern-6mu/}R_F$。

还可运用叠加原理求解出反相输入加法运算电路的运算关系。

设u_{i1}单独作用,此时$u_{i2}=0$和$u_{i3}=0$接地,由于电阻R_{i2}、R_{i3}的一端接地,另一端接虚地,所以流经R_{i2}、R_{i3}的电流为零。电路等效为反相比例运算电路,所以有

$$u_{o1} = -\dfrac{R_F}{R_{i1}}u_{i1}$$

同理,可分别求出u_{i2}和u_{i3}单独作用时的输出电压u_{o2}和u_{o3},即

$$u_{o2} = -\dfrac{R_F}{R_{i2}}u_{i2},\quad u_{o3} = -\dfrac{R_F}{R_{i3}}u_{i3}$$

当 u_{i1}、u_{i2}、u_{i3} 同时作用时,应用叠加原理,有

$$u_o = u_{o1} + u_{o2} + u_{o3}$$

$$= -\frac{R_F}{R_{i1}}u_{i1} - \frac{R_F}{R_{i2}}u_{i2} - \frac{R_F}{R_{i3}}u_{i3}$$

$$= -\left(\frac{R_F}{R_{i1}}u_{i1} + \frac{R_F}{R_{i2}}u_{i2} + \frac{R_F}{R_{i3}}u_{i3}\right)$$

结果和式(2-33)相同。

【例 2-12】 在图 2-51 中,要使输出电压和 3 个输入电压之间满足 $u_o = -(4u_{i1} + 2u_{i2} + 0.5u_{i3})$,若 $R_F = 100\text{k}\Omega$。试求各输入端的电阻和平衡电阻 R_2。

解:由式(2-34)可得

$$R_{i1} = \frac{R_F}{4} = \frac{100}{4} = 25\text{k}\Omega$$

$$R_{i2} = \frac{R_F}{2} = \frac{100}{2} = 50\text{k}\Omega$$

$$R_{i3} = \frac{R_F}{0.5} = \frac{100}{0.5} = 200\Omega$$

$$R_2 = R_{i1} // R_{i2} // R_{i3} // R_F \approx 13.3\text{k}\Omega$$

3. 差分减法运算

差分减法运算电路如图 2-52 所示。从电路结构上看,它是反相比例运算和同相比例运算相结合的放大电路,电路中引入了深度电压串联负反馈。分析运算关系如下。

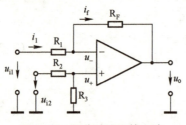

图 2-52 差分减法运算电路

根据"虚短"、"虚断"原则,由基尔霍夫电流定律列出电流方程

$$\frac{u_{i1} - u_-}{R_1} = \frac{u_- - u_o}{R_F}$$

$$\frac{u_{i2} - u_+}{R_2} = \frac{u_+}{R_3}$$

$$u_- \approx u_+$$

解上述方程组,即可得

$$u_o = \left(1 + \frac{R_F}{R_1}\right)\frac{R_3}{R_2 + R_3}u_{i2} - \frac{R_F}{R_1}u_{i1} \qquad (2\text{-}36)$$

当 $R_1 = R_2$、$R_F = R_3$ 时,式(2-36)变为

$$u_o = \frac{R_F}{R_1}(u_{i2} - u_{i1}) \qquad (2\text{-}37)$$

当 $R_F = R_1$ 时,则得

$$u_o = u_{i2} - u_{i1} \qquad (2\text{-}38)$$

同样,也可运用叠加原理求解出差分减法电路的运算关系。

设 u_{i1} 单独作用,此时 $u_{i2} = 0$ 接地,电阻 R_2 与 R_3 并联,流经电阻 R_2 与 R_3 的电流为零,电路等效为反相比例运算电路。所以有

$$u_{o1} = -\frac{R_F}{R_1}u_{i1}$$

同理，u_{i2} 单独作用时，电路等效为同相比例运算电路，产生输出电压 u_{o2}

$$u_{o2} = \left(1 + \frac{R_F}{R_1}\right)u_+$$

而 $u_+ = \frac{R_3}{R_2 + R_3}u_{i2}$，解得 $\quad u_{o2} = \left(1 + \frac{R_F}{R_1}\right)\frac{R_3}{R_2 + R_3}u_{i2}$

所以 $\quad u_o = -\frac{R_F}{R_1}u_{i1} + \left(1 + \frac{R_F}{R_1}\right)\frac{R_3}{R_2 + R_3}u_{i2}$

4. 积分运算 *

积分运算电路如图 2-53 所示。与反相输入比例运算电路相比，该电路用 C_F 代替 R_F 作为反馈元件，引入了深度电压并联负反馈。

由于采用反相输入方式，同相输入端经电阻 R_2 接地，所以根据"虚短"、"虚断"原则，有 $u_- \approx u_+ = 0$，$i_1 = i_f = \frac{u_i - u_-}{R_1} = \frac{u_i}{R_1}$。

因 $\quad i_f = C_F \frac{du_C}{dt}$

则 $\quad u_C = \frac{1}{C_F}\int i_f dt$

所以 $\quad u_o = -u_C = -\frac{1}{C_F}\int i_f dt = -\frac{1}{R_1 C_F}\int u_i dt \quad (2-39)$

式（2-39）表明输出电压 u_o 是输入电压 u_i 对时间的积分，式中的负号表示 u_o 与 u_i 在相位上反相。$R_1 C_F$ 称为积分时间常数。

5. 微分运算 *

微分运算电路如图 2-54 所示。将积分运算电路中电阻 R_1 和电容 C_F 的位置互换即可得到微分运算电路，该电路引入的仍是深度电压并联负反馈。

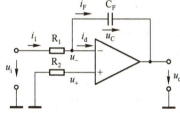

图 2-53 积分运算电路　　　　图 2-54 微分运算电路

设 $t = 0$ 时，电容器 C_1 的初始电压 $u_{C1} = 0$。根据"虚短"、"虚断"原则，$u_- \approx u_+ = 0$。

$$u_{C1} = u_i - u_- = u_i$$

$$i_1 = C_1 \frac{du_{C1}}{dt} = C_1 \frac{du_i}{dt}$$

因 $\quad i_1 = i_f = \frac{u_- - u_o}{R_F} = -\frac{u_o}{R_F}$

所以 $\quad u_o = -i_f R_F = -i_1 R = -R_F C_1 \frac{du_i}{dt} \quad (2-40)$

式（2-40）表明输出电压与输入电压的微分成正比，负号表明 u_o 与 u_i 反相。

总之，从上述电路可以看出含运算放大器电路的负反馈类型判别方法如下所述。

（1）反馈电路直接从输出端引出的，是电压反馈；从负载电阻 R_L 的靠近"地"端引出的，是电流反馈。

（2）输入信号和反馈信号分别加在两个输入端（同相和反相）上的，是串联反馈；加在同一个输入端（同相和反相）上的，是并联反馈。

（3）反馈信号使净输入信号减少的，是负反馈。

2.8.2 运算放大器在信号处理方面的应用

在自动控制电路中，经常需要进行信号处理，如信号的滤波、信号的采样和保持、信号幅度的比较等，下面分别进行简要介绍。

1. 有源滤波器

对信号的频率具有选择性的电路称为滤波电路。滤波电路使指定频段的信号能顺利通过，而对于其他频段的信号进行很大的衰减甚至抑制。仅由无源元件电阻、电容或电感组成的滤波器，称为无源滤波器。由 RC 电路和运算放大器组成的滤波器称为有源滤波器。有源滤波器具有体积小、效率高、频率特性好、具有放大作用等优点，因而得到广泛应用。

通常以滤波器的工作频率范围来命名。例如，低通滤波器能通过低频信号而抑制高频信号；与之相反的则称为高通滤波器；带通滤波器是只能通过特定频带范围内信号的滤波器；带阻滤波器是特定频率范围内的信号不能通过的滤波器。本节只介绍简单的低通有源滤波器。

图 2-55（a）所示的是一个有源低通滤波器。设 u_i 为一个正弦电压，其有效值为 U 保持不变，但其角频率 ω 可从零变到无穷大。下面分析该电路对此正弦输入电压的放大倍数。

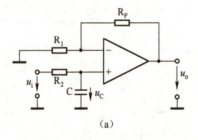 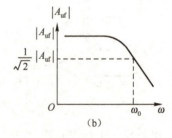

(a)   (b)

图 2-55 有源低通滤波电路及其幅频特性

运算放大器同相输入端的电位为

$$\dot{U}_+ = \dot{U}_C = \frac{\dot{U}_i}{R_2 + \frac{1}{j\omega C}} \cdot \frac{1}{j\omega C} = \frac{\dot{U}_i}{1 + j\omega R_2 C}$$

即

$$\dot{U}_i = (1 + j\omega R_2 C)\dot{U}_+$$

运算放大器反相输入端的电位为

$$\dot{U}_- = \frac{\dot{U}_o}{R_1 + R_F} R_1$$

因 $\dot{U}_- \approx \dot{U}_+$，所以上式可变为

$$\dot{U}_+ = \frac{\dot{U}_o}{R_1 + R_F} R_1$$

即

$$\dot{U}_o = \frac{R_1 + R_F}{R_1} \dot{U}_+ = \left(1 + \frac{R_F}{R_1}\right) \dot{U}_+$$

故

$$A_{uf} = \frac{\dot{U}_o}{\dot{U}_i} = \frac{1 + \dfrac{R_F}{R_1}}{1 + j\omega R_2 C} = \frac{1 + \dfrac{R_F}{R_1}}{1 + j\dfrac{\omega}{\omega_0}} \quad (2\text{-}41)$$

式中，$\omega_0 = \dfrac{1}{R_2 C}$ 或 $f_0 = \dfrac{1}{2\pi R_2 C}$。

电压放大倍数的模（即大小）为

$$|A_{ufo}| = 1 + \frac{R_F}{R_1} \quad (2\text{-}42)$$

当 $\omega = 0$ 时，$|A_{ufo}| = 1 + \dfrac{R_F}{R_1}$；

当 $\omega = \omega_0$ 时，$|A_{ufo}| = \dfrac{1 + \dfrac{R_F}{R_1}}{\sqrt{2}} = \dfrac{|A_{ufo}|}{\sqrt{2}}$。

从以上分析可知，当频率由零逐渐加快时，放大倍数 $|A_{uf}|$ 会逐渐下降，但刚开始时下降不大，只是当 ω 接近 ω_0 时，$|A_{uf}|$ 开始下降较快。放大倍数下降到 $|A_{ufo}|$ 的 $\dfrac{1}{\sqrt{2}}$ 时，其对应的频率 $\omega = \omega_0$，称 ω_0 为截止角频率。该电路放大倍数的幅值与频率的关系曲线，称为幅频特性曲线，如图 2-55（b）所示。所以，凡是频率为 $0 \sim \omega_0$ 的信号都能通过该放大器，因此称之为低通滤波器。

2. 信号幅度的采样保持

采样保持电路常用于输入信号变化较快，或者具有多路信号的数据采集系统中，也可用于其他一切要求对信号进行瞬时采样和存储的场合。其简单电路和输入电压波形如图 2-56 所示。电路的工作过程分为"采样"与"保持"两个周期，由外部控制信号来决定其工作过程。图中，S 是一个模拟开关，一般由场效应管构成。当控制信号为高电平时，开关 S 闭合（即场效应管导通），电路处于采样周期。这时 u_i 对存储电容 C 充电，由于运算放大器接成电压跟随器，所以 $u_o = u_C = u_i$。当控制电压变为低电平时，开关 S 断开（即场效应管截止），电路处于保持周期，由于电容 C 无放电回路，所以输出信号能保持上次采样结束时的状态，即 $u_o = u_C$。采样保持电路的输出电压波形如图 2-56（b）所示。

3. 电压比较器

电压比较器的功能是将输入信号电压 u_i 与参考电压 U_R 进行比较，当输入电压大于或小于参考电压时，比较器的输出将是两种截然不同的状态（高电平或低电平）。电压比较器是组成非正弦波发生电路的基本单元，可

将任意波形转换为矩形波，在测量电路和控制电路中的应用相当广泛。

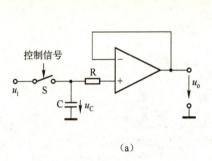
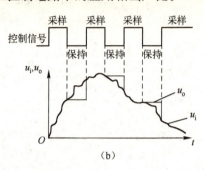

图 2-56　采样保持电路及其输入/输出电压波形

图 2-57（a）所示的是一种电压比较器电路。参考电压 U_R 加在同相输入端，输入电压 u_i 加在反相输入端。运算放大器工作在开环状态，没有引入负反馈，由于开环电压放大倍数很高，即使 u_i 与 U_R 出现极微小的差值，也会使输出电压达到饱和值。因此，运算放大器工作在非线性区。当 $u_i < U_R$ 时，$u_o = U_{o+}$；当 $u_i > U_R$ 时，$u_o = U_{o-}$。该电压比较器的传输特性如图 2-57（b）所示。当参考电压 $U_R = 0$ 时，就是过零比较器，其电路和传输特性如图 2-58（a）、（b）所示。当 u_i 为正弦电压时，u_o 为矩形波电压，如图 2-58（c）所示，实现了对输入信号电压波形变换的作用。

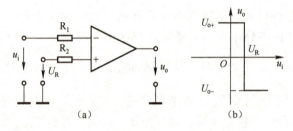

图 2-57　电压比较器及其传输特性

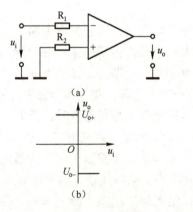
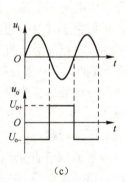

图 2-58　过零比较器及其传输特性和波形变换作用

综上所述，电压比较器有如下特点。
☺ 集成运算放大器工作在开环（或正反馈）状态；
☺ 比较器输出与输入不呈线性关系；
☺ 比较器具有开关特性。

4. 迟滞比较器

上面所介绍的电压比较器工作时，如果输入电压在门限附近有微小的干扰，就会导致状态翻转，使比较器输出电压不稳定而出现错误阶跃。为了克服这一缺点，常将比较器的输出电压通过反馈网络加到同相输入端，形成正反馈，将待比较电压 u_i 加到反相输入端，参考电压 U_{REF} 通过 R_2 接到运算放大器的同相端，如图 2-59 所示。通常将图 2-59（a）所示电路称为反相输入迟滞比较器，也称为反相输入施密特触发器。

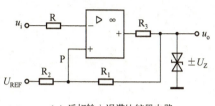
（a）反相输入迟滞比较器电路

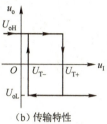
（b）传输特性

图 2-59 迟滞比较器

当 u_i 足够小时，比较器输出高电平 $U_{oH} = +U_Z$，此时同相端电压用 U_{T+} 表示，利用叠加原理可求得

$$U_{T+} = \frac{R_1 U_{REF}}{R_1 + R_2} + \frac{R_2 U_{oH}}{R_1 + R_2} \qquad (2-43)$$

随着 u_i 的不断增大，当 $u_i > U_{T+}$ 时，比较器输出由高电平变为低电平 $U_{oL} = -U_Z$，此时的同相端电压用 U_{T-} 表示，其大小变为

$$U_{T-} = \frac{R_1 U_{REF}}{R_1 + R_2} + \frac{R_2 U_{oL}}{R_1 + R_2} \qquad (2-44)$$

显然，$U_{T-} < U_{T+}$，因此，当 u_i 再增大时，比较器将维持输出低电平 U_{oL}。

反之，当 u_i 由大变小时，比较器先输出低电平 U_{oL}，同相端电压为 U_{T-}。只有当 u_i 减小到 $u_i < U_{T-}$ 时，比较器的输出才由低电平 U_{oL} 又跳变到高电平 U_{oH}，此时同相端电压又变为 U_{T+}，u_i 继续减小，比较器维持输出高电平 U_{oH}。所以，可得迟滞比较器的传输特性如图 2-59（b）所示。可见，它有两个门限电压 U_{T+} 和 U_{T-}，分别称为上门限电压和下门限电压，二者的差称为门限宽度或回差电压。

$$\Delta U = U_{T+} - U_{T-} = \frac{R_2}{R_1 + R_2}(U_{oH} - U_{oL}) \qquad (2-45)$$

调节 R_1 和 R_2，可改变 ΔU。ΔU 越大，比较器抗干扰的能力越强，但分辨度越差。

【例 2-13】 图 2-59（a）所示反相输入迟滞比较器中，已知 $R_1 = 40\text{k}\Omega$，$R_2 = 10\text{k}\Omega$，$R = 8\text{k}\Omega$，$U_Z = 6\text{V}$，$U_{REF} = 3\text{V}$，试绘制出其传输特性；当输入电压 u_i 的波形如图 2-60（b）所示时，试绘制出输出电压 u_O 的波形。

解： 由式（2-43）和式（2-44）求得迟滞比较器的两个门限电压分别为

$$U_{T+} = \frac{40\text{k}\Omega \times 3\text{V}}{40\text{k}\Omega + 10\text{k}\Omega} + \frac{10\text{k}\Omega \times 6\text{V}}{40\text{k}\Omega + 10\text{k}\Omega} = 3.6\text{V}$$

$$U_{T-} = \frac{40k\Omega \times 3V}{40k\Omega + 10k\Omega} - \frac{10k\Omega \times 6V}{40k\Omega + 10k\Omega} = 1.2V$$

因此，可以绘制出电压传输特性，如图 2-60（a）所示。

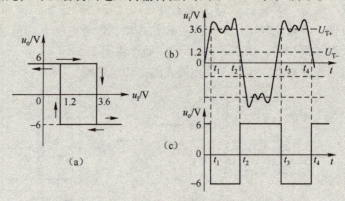

图 2-60 迟滞比较器用于波形整形

根据图 2-60（a）、（b）可绘制出输出电压 u_o 的波形，如图 2-60（c）所示。当 $t=0$ 时，$u_i < U_{T-}$（1.2V），所以 $u_o = 6V$，$U_P = U_{T+} = 3.6V$，此后只要 u_i 在 1.2～3.6V 范围内变化，输出电压保持 6V 不变；当 $t=t_1$ 时，$u_I > 3.6V$，u_o 由 6V 下跳到 -6V，此时 U_P 由 U_{T+}（6V）变为 U_{T-}（1.2V），此后只要 $u_i > 1.2V$，u_o 始终保持为 -6V 不变；当 $t=t_2$ 时，$u_I < 1.2V$，u_o 又由 -6V 上跳到 6V，U_P 由 U_{T-}（1.2V）变为 U_{T+}（3.6V），此后只要 $u_i < 1.2V$，u_o 始终保持 6V 不变。其余以此类推。由图 2-60（c）可见，输入电压 u_i 经迟滞比较器后被整形为矩形波。

5. 方波产生电路

用迟滞比较器构成的方波产生电路如图 2-61（a）所示，图中 R 和 C

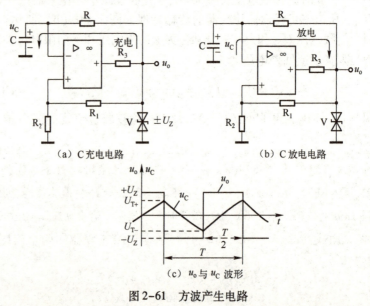

图 2-61 方波产生电路

为定时元件，构成积分电路。由于方波包含极丰富的谐波，因此方波产生电路又称为多谐振荡器。由于图 2-61（a）中参考电压 $U_{REF}=0$，所以，迟滞比较器的两个门限电压分别为

$$U_{T+} = \frac{R_2}{R_1+R_2}U_{oH} = \frac{R_2}{R_1+R_2}U_Z \tag{2-46}$$

$$U_{T-} = \frac{R_2}{R_1+R_2}U_{oL} = \frac{R_2}{R_1+R_2}(-U_Z) \tag{2-47}$$

当电路的振荡达到稳定后，电容 C 就交替充电和放电。当 $u_o=U_{oH}$ 时，电容 C 充电，电流流向如图 2-61（a）所示，电容两端电压 u_C 不断上升，而此时同相端电压为上门限电压 U_{T+}；当 $u_C>U_{T+}$ 时，输出电压变为低电平 $u_o=U_{oL}=-U_Z$，使同相端电压变为下门限电压 U_{T-}，随后电容 C 开始放电，电流流向如图 2-61（b）所示，电容上的电压不断降低；当 u_C 降低到 $u_C<U_{T-}$ 时，u_o 又变为高电平 U_{oH}，电容又开始充电，重复上述过程，由此可得一方波电压输出，如图 2-61（c）所示，图中也绘制出了电容两端电压波形。可以证明，振荡周期和频率分别为

$$T = 2RC\ln\left(1+\frac{2R_2}{R_1}\right)$$

$$f = \frac{1}{T}$$

图 2-61 所示电路用于产生固定的低频频率的方波信号，是一种较好的振荡电路，但是输出方波的前/后沿陡度取决于集成运算放大器的转换速率 S_R，所以当振荡频率较高时，为了获得前/后沿较陡的方波，必须选用 S_R 较大的集成运算放大器。

小结

1. 在晶体管电路中，只研究直流电源作用下，电路中各直流量大小的称为静态分析，由此而确定的各级直流电压和电流称为静态工作点参数。当外电路接入交流信号后，为了确定叠加在静态工作点上各交流量而进行的分析称为动态分析。在工程应用中，通常令晶体管的导通电压 $U_{BE(on)}\approx 0.7\text{V}$（指硅管，锗管的令 $U_{BE(on)}\approx 0.2\text{V}$）来进行静态工作点的计算，既准确又十分简便。小信号交流分析时采用晶体管的小信号等效电路模型，它是将晶体管的非线性特性局部线性化后得到的线性等效电路。

2. 放大电路的性能指标主要有放大倍数、输入电阻和输出电阻等。放大倍数是衡量放大能力的指标，输入电阻是衡量放大电路对信号源影响的指标，输出电阻则是反映放大电路带负载能力的指标。放大电路有共发射极、共集电极和共基极 3 种基本组态。共发射极放大电路输出电压与输入电压反相，输入电阻和输出电阻大小适中。由于其电压、电流、功率放大倍数都比较大，所以适用于一般放大或多级放大电路的中间级。共集电极放大电路的输出电压与输入电压同相，电压放大倍数小于 1 而近似等于 1，它具有输入电阻高、输出电阻低的特点，多用于多级放大电路的输入级或

输出级。共基极放大电路输出电压与输入电压同相,电压放大倍数较高,输入电阻很小而输出电阻比较大,适用于高频或宽带放大。放大电路性能指标的分析主要采用微变等效电路。

3. 主要用于向负载提供功率的放大电路称为功率放大电路。在功率放大电路中,提高效率是十分重要的,这不仅可以减小电源的能量消耗,同时对降低功率管管耗、提高功率放大电路工作的可靠性是十分有效的。因此,低频功率放大电路常采用乙类(或甲乙类)工作状态来降低管耗,提高输出功率和效率。甲乙类互补对称功率放大电路由于其电路简单、输出功率大、效率高、频率特性好和适于集成化等优点,而被广泛应用。

4. 多级放大电路级与级之间的连接方式有直接耦合和电容耦合等,电容耦合由于电容隔断了级间的直流通路,所以只能用于放大交流信号,但各级静态工作点彼此独立。直接耦合可以放大直流信号,也能放大交流信号,适于集成化。但直接耦合存在各级静态工作点互相影响和零点漂移问题。多级放大电路的放大倍数等于各级放大倍数的乘积,但在计算每一级放大倍数时,要考虑前、后级之间的影响。

5. 把输出信号的一部分或全部通过一定的方式引回到输入端的过程称为反馈。反馈放大电路由基本放大电路和反馈网络组成,其基本关系式为 $A_f = A/(1 + AF)$。判断一个电路有无反馈,只需看它有无反馈网络。反馈网络是指将输出回路与输入回路联系起来的电路,构成反馈网络的元器件称为反馈元器件。反馈有正、负之分,可采用瞬时极性法加以判断:先假设输入信号的瞬时极性,然后顺着信号传输方向逐步推出有关量的瞬时极性,最后得到反馈信号的瞬时极性。若反馈信号削弱净输入信号,则为负反馈;若加强净输入信号,则为正反馈。反馈还有直流反馈和交流反馈之分。若反馈信号为直流量,则称为直流反馈,直流负反馈影响放大电路的直流性能,常用于稳定静态工作点。若反馈信号为交流量,则称为交流反馈,交流负反馈用于改善放大电路的交流性能。

6. 负反馈放大电路有4种基本类型,即电压串联负反馈、电流串联负反馈、电压并联负反馈和电流并联负反馈。反馈信号取样于输出电压的,称为电压反馈;取样于输出电流的,则称为电流反馈。若反馈网络与信号源、基本放大电路串联连接,则称为串联反馈,其反馈信号为 u_f,比较式为 $u_{id} = u_i - u_f$,此时信号源内阻越小,反馈效果越好;若反馈网络与信号源、基本放大电路并联连接,则称为并联反馈,其反馈信号为 i_f,比较式为 $i_{id} = i_i - i_f$,此时信号源内阻越大,反馈效果越好。

7. 交流负反馈虽然降低了放大电路的放大倍数,但可稳定放大倍数、减小非线性失真、展宽通频带。电压负反馈可以减小输出电阻、稳定输出电压,从而提高带负载能力;电流负反馈可以增大输出电阻、稳定输出电流。串联负反馈可以增大输入电阻,并联负反馈可以减小输入电阻。应用中常根据欲稳定的量、对输入/输出电阻的要求和信号源及负载情况等选择反馈类型。

8. 负反馈放大电路性能的改善与反馈深度$(1 + AF)$的大小有关,其值越大,性能改善越显著。当$(1 + AF) \gg 1$时,称为深度负反馈。深度串联负反馈的输入电阻很大,深度并联负反馈的输入电阻很小,深度电压负反馈的输出电阻很小,深度电流负反馈的输出电阻很大。在深度负反馈放大电路中,$X_i \approx X_f$,即 $X_{id} \approx 0$,因此可引出两个重要概念,即深度负反馈放大电路中基本放大电路的两个输入端可以近似看做短路和短路,称为"虚短"和"虚断",可以很方便地求得深度负反馈放大电路的闭环电压放大倍数。

9. 放大电路在某些条件下会形成正反馈,产生自激振荡,干扰电路正常工作,这是实际应用中应该加以注意的问题。在负反馈放大电路中,为了防止产生自激振荡、提高电路工作的稳定性,通常在电路中接入相位补偿网络。

10. 差分放大电路也是广泛使用的基本单元电路,它对差模信号具有较大的放大能力,对共模信号具有很强的抑制作用,即差分放大电路可以消除由温度变化、电源波动、外界干扰等具有共模特征的信号引起的输出误差电压。差分放大电路的主要性能指标有差模电压放大倍数、差模输入/输出电阻、共模抑制比等。差分放大电路的输入、输出连接方式有4种,可根据输入信号源和负载电路灵活应用。单端输入和双端输入方式虽然接法不同,但性能指标相同。单端输出差分放大电路的性能比双端输出差,差模电压放大倍数仅为双端输出的50%,共模抑制比下降。根据单端输出电压取出位置的不同,有同相输出和反相输出之分。

11. 集成电路是利用半导体制造工艺将整个电路中的元器件制作在一块基片上的器件,目前应用最为广泛的模拟集成电路是集成运算放大器。集成运算放大器实质上是一个高增益的直接耦合的多级放大电路。它一般由输入级、中间级、输出级和偏置电路等组成。其输入级常采用差分放大电路,故有两个输入端,输出级采用互补对称放大电路,偏置电路采用电流源电路。目前使用的集成运算放大器,其开环差模电压增益可达80~140dB,差模输入电阻很高而输出电阻很小。因而应用中常把集成运算放大器特性理想化,即认为 $A_{ud} \to \infty$,$R_{id} \to \infty$,$R_o \to 0$,$K_{CMR} \to \infty$。

12. 利用负反馈技术,根据外接线性反馈元器件的不同,可用集成运算放大器构成比例、加法/减法、微分、积分等运算电路。基本运算电路有同相输入和反相输入两种连接方式,反相输入运算电路的特点是,运算放大器共模输入信号为零,但输入电阻较低,其值决定于反相输入端所接元器件。同相输入运算电路的特点是,运算放大器两个输入端对地电压等于输入电压,故有较大的共模输入信号,但其输入电阻可趋于无穷大。基本运算电路中反馈电路都必须接到反相输入端以构成负反馈,使运算放大器工作在线性状态。本章介绍的基本运算电路的功能及分析方法应熟练掌握,它可用于分析各种由集成运算放大器构成的处于线性工作状态下的应用电路。

13. 电压比较器处于大信号运用状态,受非线性特性的限制,输出只有高电平和低电平两种状态,其值接近于直流供电电源电压(不用稳压二极管限定输出电平时),其间相差约2~3V。电压比较器可用于对两个输入电压进行比较,并根据比较结果输出高电平或低电平,它广泛应用于信号产生、信号处理和检测电路中。

电压比较器的工作状态在门限电压处翻转,此时 $u_- \approx u_+$。单限电压比较器中运算放大器通常工作在开环状态，只有一个门限电压。加有正反馈的比较器称为迟滞比较器，又称为施密特触发器，它有上、下两个门限电压，二者之差称为回差电压。

14. 非正弦波产生电路通常由比较器、积分电路和反馈电路等组成，其状态的翻转依靠电路中定时电容能量的变化，改变定时电容的充、放电电流的大小，就可以调节振荡周期。利用电压控制的电流源提供定时电容的充、放电电流，可以得到理想的振荡波形，同时振荡频率的调节也很方便。

习题

2-1 测得某放大电路中 BJT 的 3 个电极 A、B、C 的对地电位分别为 $U_A = -9V$，$U_B = -6V$，$U_C = 6.2V$，试分析 A、B、C 中哪个是基极 B、发射极 E、集电极 C？并说明此 BJT 是 NPN 管还是 PNP 管。

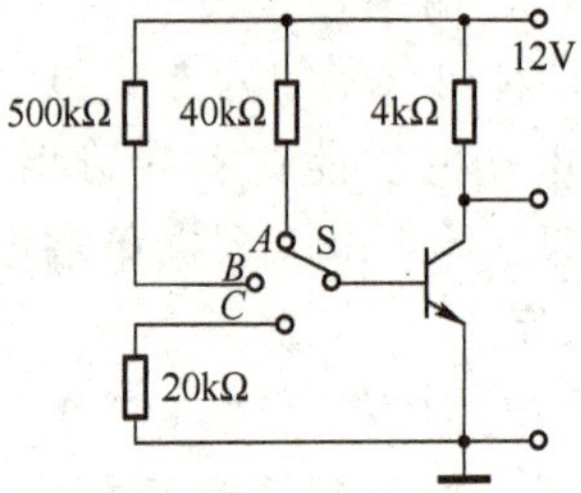

2-2 电路如图 2-62 所示，设半导体晶体管的 $\beta = 80$，试分析当开关 S 分别接通 A、B、C 三个位置时，晶体管分别工作在输出特性曲线的哪个区域？并求出相应的集电极电流 I_C。

图 2-62 习题 2-2 的图

2-3 试说明图 2-63 中各电路对交流信号能否放大？

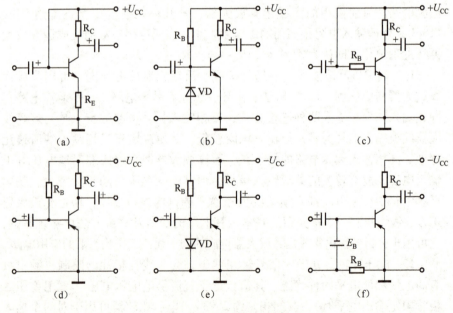

图 2-63 习题 2-3 的图

2-4 图 2-64 给出的是某固定偏流放大电路中 BJT 的输出特性及交流、直流负载线，试求：(1) 电源电压 U_{CC}，静态电流 I_B、I_C 和管压降 U_{CE} 的值;(2) R_B、R_C 的电阻值;(3) 输出电压的最大不失真幅度;(4) 要使该电路能不失真地放大,基极正弦电流的最大幅值是多少?

2-5 固定偏置放大电路如图 2-65 所示,已知 $U_{CC}=20V$,$U_{BE}=0.7V$,晶体管的电流放大系数 $\beta=100$,欲满足 $I_C=2mA$、$U_{CE}=4V$ 的要求,试求 R_B、R_C。

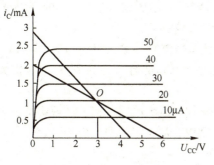

图 2-64 习题 2-4 的图

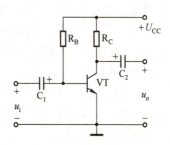

图 2-65 习题 2-5 的图

2-6 电路如图 2-66 所示,晶体管的 $\beta=60$,$r_{bb'}=100\ \Omega$。(1) 求电路的 Q 点、$\dot{A}_u$、r_i 和 r_o;(2) 设 $U_S=10mV$(有效值),试求 U_i、U_o 分别为多少?若 C_3 开路,则 U_i、U_o 又为多少? $r_{be}=r_{bb'}+(1+\beta)\dfrac{26(mV)}{I_E(mA)}$。

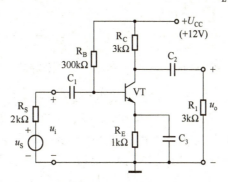

图 2-66 习题 2-6 的图

2-7 电路如图 2-67 所示,已知晶体管的 $\beta=100$,$U_{BE}=-0.7V$。

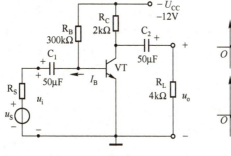

图 2-67 习题 2-7 的图

(1) 试计算该电路的 Q 点;
(2) 绘制出微变等效电路;

(3) 求该电路的电压增益 A_u、输入电阻 r_i、输出电阻 r_o。

(4) 若 u_o 中的交流成分出现如图 2-67 右半部分所示的失真现象，请问，它是截止失真还是饱和失真？为消除此失真，应调节电路中的哪个元件？如何调整？

2-8　电压放大倍数是放大电路的一个重要性能指标，是否可以通过选用电流放大系数 β 较高的晶体管来获得较高的电压放大倍数？如果增大晶体管的静态工作电流，能否提高电压放大倍数？

2-9　放大电路如图 2-68 所示，已知晶体管的 $\beta = 100$，$R_C = 2.4\text{k}\Omega$，$R_E = 1.5\text{k}\Omega$，$U_{CC} = 12\text{V}$，忽略 U_{BE}。若要使 U_{CE} 的静态值达到 4.2V，估算 R_{B1}、R_{B2} 的阻值。

2-10　图 2-69 所示是集电极-基极偏置放大电路。(1) 试说明其稳定静态工作点的物理过程。(2) 设 $U_{CC} = 20\text{V}$，$R_B = 330\text{k}\Omega$，$R_C = 10\text{k}\Omega$，$\beta = 50$，试求其静态值。

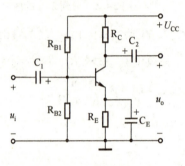
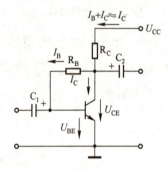

图 2-68　习题 2-9 的图　　　　图 2-69　习题 2-10 的图

2-11　在图 2-70 所示的分压式偏置放大电路中，已知：$U_{CC} = 12\text{V}$，$R_C = 3.3\text{k}\Omega$，$R_{B1} = 33\text{k}\Omega$，$R_{B2} = 10\text{k}\Omega$，$R_{E1} = 200\Omega$，$R_{E2} = 1.3\text{k}\Omega$，$R_L = 5.1\text{k}\Omega$，$R_S = 600\Omega$，晶体管为 PNP 型锗管。试计算该电路：

(1) $\beta = 50$ 时的静态值、电压放大倍数、输入电阻和输出电阻；

(2) 换用 $\beta = 100$ 的晶体管后的静态值和电压放大倍数。

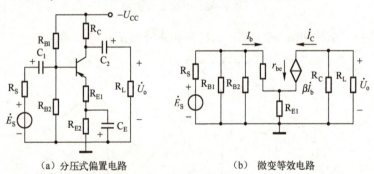

(a) 分压式偏置电路　　　　(b) 微变等效电路

图 2-70　习题 2-11 的图

2-12　在图 2-71 所示电路中，设晶体管的 $\beta = 100$，$r_{be} = 1\text{k}\Omega$，静态时 $U_{CE} = 5.5\text{V}$。试求：(1) 输入电阻 r_i；(2) 若 $R_S = 3\text{k}\Omega$，求 A_{us}、r_o；(3) 若 $R_S = 30\text{k}\Omega$，求 A_{us}、r_o；(4) 将上述 (1)、(2)、(3) 的结果对比，说明射极输出器有什么特点？

2-13 两级阻容耦合放大电路如图 2-72 所示，晶体管的 β 均为 50，$U_{BE}=0.6V$，要求：（1）用估算法计算第二级的静态工作点；（2）绘制出该两级放大电路的微变等效电路；（3）写出整个电路的电压放大倍数 A_u、输入电阻 r_i 和输出电阻 r_o 的表达式。

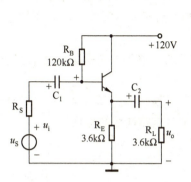

图 2-71 习题 2-12 的图

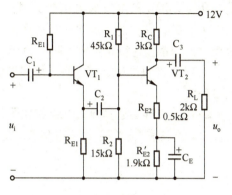

图 2-72 习题 2-13 的图

2-14 图 2-73 所示的各电路的静态工作点均合适，分别绘制出它们的交流等效电路，并计算放大电路的电压放大倍数 $\dot{A}_u$、输入电阻 r_i 和输出电阻 r_o 的表达式。

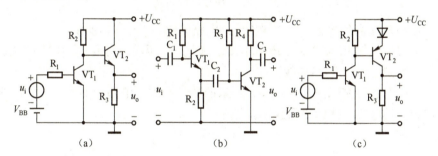

图 2-73 习题 2-14 的图

2-15 电路如图 2-74 所示。已知电压放大倍数为 -100，输入电压 u_i 为正弦波，VT_2 和 VT_3 的饱和压降 $|U_{CES}|=1V$。试问：

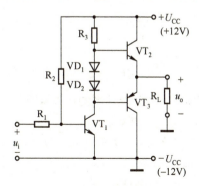

图 2-74 习题 2-15 的图

（1）在不失真的情况下，输入电压最大有效值则 U_{imax} 为多少？
（2）若 $U_i=10\ mV$（有效值），则 U_o 为多少？若此时 R_3 开路，则 U_o 为

多少？若 R_3 短路，则 U_o 为多少？

2-16　什么是零点漂移？产生零点漂移的主要原因是什么？为什么在直接耦合放大电路中零点漂移可能产生严重后果？

2-17　有甲、乙两个直接耦合放大电路，其输出端的零点漂移电压都是 400mV，但甲的电压放大倍数为 $A_{u1} = 2.5 \times 10^4$，乙的电压放大倍数为 $A_{u2} = 3 \times 10^4$，它们的零点漂移指标是否一样？对于 $u_i = 0.4\text{mV}$ 的电压信号，两个放大器都能进行正常放大吗？为什么？

2-18　典型差动放大电路是如何抑制零点漂移的？它是如何放大差模信号的？

2-19　由理想运算放大器组成如图 2-75 所示电路。要求：（1）试导出 U_o 和 U_i 的关系式；（2）说明电阻 R_1 的大小对电路性能的影响。

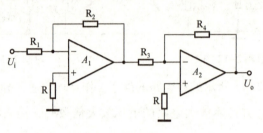

图 2-75　习题 2-19 的图

2-20　由理想运算放大器构成的电路如图 2-76（a）所示。

（1）已知 $R_1 = 20\text{k}\Omega$，$R_2 = 50\text{k}\Omega$，$\pm U_Z = \pm 10\text{V}$，写出 U_o 和 U_i 的关系式，绘制出 $u_o = f(u_i)$ 曲线。

（2）若要实现图 2-76（b）所示的特性曲线，电路应如何修改？绘制出相应的电路，并标明元器件参数值。

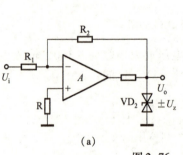 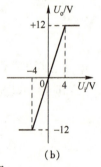

图 2-76　习题 2-20 的图

2-21　绘制出能实现下列运算关系的运算电路，并计算电路的各电阻值。

（1）$u_o = -1.5u_i$（设 $R_F = 30\text{k}\Omega$）。

（2）$u_o = -2(u_{i1} + 0.5u_{i2})$（设 $R_F = 40\text{k}\Omega$）。

（3）$u_o = 5u_i$（设 $R_F = 20\text{k}\Omega$）。

（4）$u_o = 0.5u_i$（设 $R_F = 10\text{k}\Omega$）。

2-22　在信号处理电路中，当有用信号频率低于 10Hz 时，可选用_____滤波器；当有用信号频率高于 10kHz 时，可选用_____滤波器；希望抑制 50Hz 的交流电源干扰时，可选用_____滤波器；有用信号频率为某一固定频率，可选用_____滤波器。

2-23　电路如图 2-77 所示，电阻 R_E 引入的反馈为（　　）。
（A）串联电压负反馈　　　　　　（B）串联电流负反馈
（C）并联电压负反馈　　　　　　（D）串联电压正反馈

2-24　理想运算放大器的两个输入端的输入电流等于零，其原因是（　　）。
（A）同相端和反相端的输入电流相等而相位相反
（B）运算放大器的差模输入电阻接近无穷大
（C）运算放大器的开环电压放大倍数接近无穷大

2-25　电路如图 2-78 所示，运算放大器的电源电压为 ±12V，稳压管的稳定电压为 8V，正向压降为 0.6V，当输入电压 $u_i = -1V$ 时，则输出电压 u_o 等于（　　）。
（A）−12V　　　　　　（B）0.7V　　　　　　（C）−8V

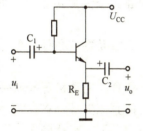

图 2-77　习题 2-23 的图

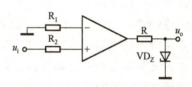

图 2-78　习题 2-25 的图

2-26　理想运算放大器组成如图 2-79 所示电路，要求：（1）说明电路的功能；（2）绘制出电压传输特性曲线，并标明有关参数。设 VD_Z 的稳压值 $+U_Z = +6V$，正向导通压降为 0.7V。

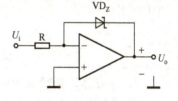

图 2-79　习题 2-26 的图

2-27　理想运算放大器组成如图 2-80 所示电路，要求：（1）说明运算放大器输入端二极管 VD_1、VD_2 的作用；（2）绘制出 $u_o = f(u_i)$ 曲线，并标明有关参数。

2-28　理想运算放大器组成如图 2-81 所示的增益可调的反相比例运算电路。已知电路最大的输出 $U_{omax} = ±15V$，$R_1 = 100kΩ$，$R_2 = 200kΩ$，$R_W = 5kΩ$，$U_1 = 2V$，求在下述 3 种情况下，U_o 各为多少？
（1）R_W 滑动头在顶部位置；（2）R_W 滑动头在正中部位置；（3）R_W 滑动头在底部位置。

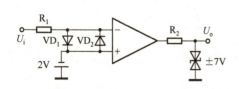

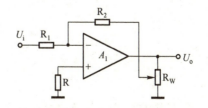

图 2-80　习题 2-27 的图　　　　　图 2-81　习题 2-28 的图

第3章 模拟电子电路的工程应用

本章是本课程的重点内容之一,主要介绍半导体二极管的应用及两种常见的模拟电子电路:正弦波振荡电路和直流稳压电源。半导体二极管是最基本的电子器件,掌握其应用方法是学习模拟电子技术及后续数字电子技术必需的条件。

正弦波自激振荡电路是一种基本的模拟电子电路,这种电路不需要外加激励就能将直流电转换成按正弦规律变化的交流电。实验中使用的低频信号发生器就是一种由正弦波自激振荡电路组成的振荡器,在通信、自动控制、测量等领域得到广泛应用。

本章主要介绍正弦波自激振荡电路的组成及振荡条件,RC振荡电路、LC振荡电路及振荡原理,分析振荡过程。

工业生产中的电解、电镀、电池充电和直流电动机等都需要直流电源供电,电子线路和设备中也往往需要稳定的直流电源,本章将介绍如何将交流电变换为所需要的直流稳定电源的各个环节。本章要求学生了解各种整流、滤波和稳压电路的基本工作原理,三端集成稳压电源的应用;了解晶闸管的工作原理和触发电路分析,以及它在晶闸管整流电路中的应用。

✓ 3.1 半导体二极管的应用

1. 半导体二极管应用常识

☺ 根据需要正确地选择型号。
☺ 选好二极管的种类。
☺ 二极管的参数应满足电路的要求。
☺ 应避免靠近发热元器件,并保证散热良好。

2. 半导体二极管应用举例

【整流】整流就是将交流电变换为单方向的脉动电流,如图3-1所示。

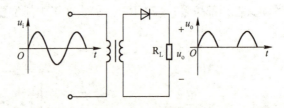

图3-1 整流电路

【检波】检波就是将载波信号上的低频信号取出,如图3-2所示。

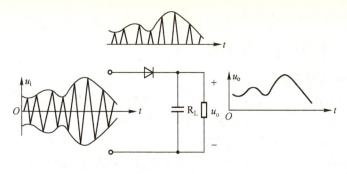

图 3-2　检波电路

【限幅】限幅就是限制输出电压幅度，也称为削波。图 3-3 所示的是外加偏置的并联二极管上限幅电路。

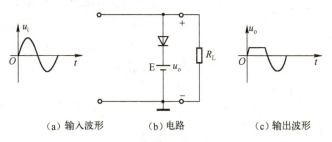

（a）输入波形　　　（b）电路　　　（c）输出波形

图 3-3　外加偏置的并联二极管上限幅电路

设 u_i 为正弦波，$U_m > E$。当 $U_m < E$ 时，二极管截止，$u_o \approx u_i$。当 $U_m > E$ 时，二极管导通，如果忽略二极管压降，则 $u_o = E$。该电路属于上限幅，把大于 E 以上的输出波形削去。

【钳位】二极管正向导通时，由于正向压降很小，故阴极与阳极的电位基本相等，称为二极管的钳位作用，如图 3-4 所示。

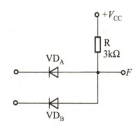

图 3-4　二极管钳位

3.2　正弦波振荡电路

3.2.1　自激振荡

前面讨论的各种类型的放大电路，其作用都是把输入信号的电压和功率进行放大，同时在输入信号的控制下，把直流电转换成按信号规律变化的交流电。自激振荡电路不需要外加信号就能将直流电转换为具有一定频率、一定波形和一定振幅的交流电。

振荡电路按输出信号波形的不同分为正弦波振荡电路和非正弦波振荡电路。正弦波振荡电路在信号传输中有广泛的应用，如在无线电通信、广播、电视的发射中用于产生载波，把音乐、语言、图像信号调制到载波上，以电磁波形式进行远距离传输。非正弦波振荡电路在脉冲和数字电子装置中有广泛的应用，如方波、矩形波、锯齿波等振荡电路，各种示波器及计算机中的时钟信号电路等。

3.2.2 自激振荡及条件

1. 自激振荡条件

在放大电路中,如果引入负反馈,则在一定条件下将产生自激振荡,使放大电路不能稳定工作,通常必须设法避免和消除这一现象。但有时可以利用自激振荡,把放大电路变成振荡电路,使之产生正弦波信号。为此在放大电路中有意引入正反馈,使之成为自激振荡器,产生振荡。

在具有正反馈的放大电路中,当反馈电路的反馈信号代替原放大电路中的输入信号,使电路在没有外加输入信号的情况下仍有一定频率和幅度的信号输出时,电路就产生了自激振荡。

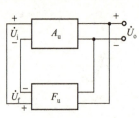

图 3-5 自激振荡的原理框图

正弦波振荡电路由正反馈网络 F_u 和放大电路 A_u 组成,如图 3-5 所示。放大电路的输入信号为 $\dot{U}_i$,输出信号为 $\dot{U}_o$,反馈信号为 $\dot{U}_f$,电路中的电压放大倍数为

$$\dot{A}_u = \frac{\dot{U}_o}{\dot{U}_i} \tag{3-1}$$

反馈系数为

$$\dot{F}_u = \frac{\dot{U}_f}{\dot{U}_o} \tag{3-2}$$

要使电路产生自激振荡,必须使 $\dot{U}_i = \dot{U}_f$,因此有

$$\dot{A}_u \dot{F}_u = 1 \tag{3-3}$$

式 (3-3) 为自激振荡条件。

设 $\dot{A}_u = A\underline{/\varphi_a}$,$\dot{F}_u = F\underline{/\varphi_f}$,代入式 (3-3) 可得

$$\dot{A}_u \dot{F}_u = AF\underline{/\varphi_a + \varphi_f} = 1$$

即

$$\left| \dot{A}_u \dot{F}_u \right| = AF = 1 \tag{3-4}$$

$$\varphi_a + \varphi_f = \pm 2n\pi (n = 0, 1, 2, \cdots) \tag{3-5}$$

式 (3-4) 称为振幅平衡条件,而式 (3-5) 称为相位平衡条件。

将式 (3-4) 与负反馈放大电路产生自激振荡的条件 $\dot{A}_u \dot{F}_u = 1$ 相比,发现它们之间相差一个负号,其原因是二者引入的反馈极性不同。在放大电路中,为了改善放大器的性能,引入的是负反馈,即反馈信号与输入信号的极性相反;当放大电路及反馈网络在高频或低频情况下所产生的附加相移使其在中频情况下的负反馈作用转变为正反馈时,电路产生振荡。而在振荡电路中,为了使电路产生振荡,刻意将反馈接成正反馈,这样反馈信号与输入信号的极性相同,从而导致相位条件不一致。

2. 自激振荡频率

振荡电路的振荡频率由相位平衡条件决定,要求电路只有一个频率满足振荡条件，产生单一频率的正弦波。为此，必须在 AF 环路中包含一个具有选频特性的网络（简称选频网络）。它可以设置在放大电路 A 中，也可以设置在反馈网络 F 中。在很多正弦波振荡电路中，选频网络和反馈网络结合在一起，即同一个网络既有选频作用，又有反馈作用。选频网络的类型比较多，正弦波振荡电路按其选频网络的类型不同可分为 RC 正弦波振荡电路、LC 正弦波振荡电路和石英晶体正弦波振荡电路。

3.2.3 起振和稳幅

电路的稳定振荡状态要有一个逐步建立的过程，该过程可通过电路的放大特性及反馈特性进行说明。

式（3-4）所示振幅平衡条件是对正弦波已经产生且电路已进入稳态而言的。由于在刚接通电源开始工作时，放大电路的输入信号、输出信号和反馈信号都等于零，如果 $\left|\dot{A}_\mathrm{u}\dot{F}_\mathrm{u}\right|=1$，那么这种信号为零的状态将维持不变。这时需要在输入端外加一个激励信号，电路才能正常振荡，而实际的振荡电路是不外加输入信号的，但由于电路中存在噪声或瞬态扰动，其频谱分布很广，其中必然包含振荡频率为 f_0 的微弱信号，所以可以利用选频网络将其从噪声或瞬态扰动中选出来，并把除 f_0 以外的其他频率的信号删除。这时只要电路满足 $\left|\dot{A}_\mathrm{u}\dot{F}_\mathrm{u}\right|>1$，频率为 f_0 的微弱信号经过放大后，就会使输出信号由小变大，电路开始振荡。所以正弦波振荡电路的起振条件是

$$\left|\dot{A}_\mathrm{u}\dot{F}_\mathrm{u}\right|>1 \tag{3-6}$$

图 3-6 所示为自激振荡建立过程的示意图，电路的放大特性为非线性的，图中用曲线表示；反馈特性为线性的，图中用直线表示。当电路刚接通电源时，电路中出现一个微小的冲击信号 U_i1 加至电路的输入端，经过放大得到输出电压 U_o1（图中点 1），经反馈得到反馈电压 U_f2，U_f2 即为新的输入电压 U_i2（图中点 2）。这样由放大→反馈→再放

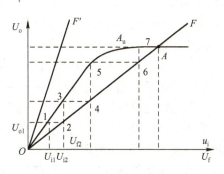

图 3-6 自激振荡的建立过程

大→再反馈的反复循环，使输出电压不断增大。如图中由点 1→2→3→4→5→6……最后到达两特性曲线的交点 A 时，振荡达到稳定。

电路起振后，正弦波振荡电路的输出信号会随着时间逐渐增大，致使放大器工作到非线性区域，输出波形产生严重的非线性失真，应该设法避免这种情况的发生。为此，在电路中还应设有一定的稳幅环节，以达到 $\left|\dot{A}_\mathrm{u}\dot{F}_\mathrm{u}\right|=1$，使电路进入稳定平衡状态，输出幅度稳定，波形不失真。

从图 3-6 中可以看出，在振荡的建立过程中，反馈特性为线性的，而放大倍数由大逐步到饱和变小，因此振荡的建立过程即为 $|\dot{A}_u \dot{F}_u| > 1$ 到 $|\dot{A}_u \dot{F}_u| = 1$ 的过程。如果改变反馈系数，反馈特性的斜率便会改变。若 F 下降，则 F 将会如图 3-6 中 F' 所示，此时该电路无法建立振荡。

3.2.4　正弦波振荡电路的基本组成

一个正弦波振荡电路包括如下 4 个基本组成环节。

【放大电路】放大电路是要取得一定幅度输出信号的必要环节，它可以是由晶体管分立元件构成的电压放大电路，也可以是由集成运算放大器构成的放大电路。

【反馈电路】要建立正常稳定的自激振荡，根据其相位条件，必须是正反馈电路，这是产生自激振荡的必要条件。

【选频网络】当某电路符合自激振荡条件时，它就会产生振荡，但对各种频率的信号都会有振荡输出信号。因此输出端的合成输出信号将是一个非正弦的输出信号。若要组成一个一定频率的正弦波振荡电路，则必须要有选频环节，选出所需频率的信号并产生正弦波的振荡输出，而将其他频率的信号进行限幅抑制。

【稳幅环节】稳幅环节稳定振荡幅值，改善输出波形。

3.2.5　正弦波振荡分析

由振荡电路的基本组成和振荡条件可知，分析正弦波振荡的方法和步骤如下所述。

（1）检查正弦波振荡电路是否具有放大电路、反馈网络、选频网络和稳幅环节这 4 个组成部分。

（2）检查放大电路的静态工作点是否能保证放大电路正常工作。

（3）分析电路是否满足振荡条件。首先判断电路是否满足相位平衡条件，利用瞬时极性法分析出放大电路输入信号与输出信号的相位差 φ_a，再由选频网络的特点得出与反馈信号的相位差 φ_f。如果在某一特定频率下满足 $\varphi_a + \varphi_f = \pm 2n\pi$，则电路可能产生振荡；否则，电路不能振荡。电路在满足相位平衡条件的情况下，还应满足振幅平衡条件和起振条件，一般比较容易满足振幅平衡条件，若不满足，可改变放大电路的放大倍数或反馈网络的反馈系数，使电路起振时 $|\dot{A}\dot{F}| > 1$，再利用稳幅环节使电路振荡稳定后满足 $|\dot{A}\dot{F}| = 1$。

3.2.6　RC 正弦波振荡电路

常见的 RC 正弦波振荡电路是 RC 串并联式正弦波振荡电路，又称文氏桥正弦波振荡电路。它选用 RC 串并联网络作为选频和反馈网络，包含正弦波振荡电路所必需的放大、正反馈及选频 3 个组成环节。

1. RC 正弦波振荡电路组成

RC 正弦波振荡电路如图 3-7 所示。

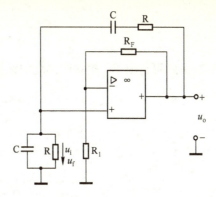

图 3-7 RC 振荡电路

【**选频环节**】选频环节由 RC 串并联电路来完成,如图 3-8(a)所示。在该环节中,当信号频率 f 很低时,电容 C 上的阻抗 $1/(\omega C)$ 很大,因此电路图可等效为图 3-8(b)。这时电压放大倍数 $|\dot{A}_u|$ 很小,即低频信号被抑制。当信号频率 f 很高时,电路图可等效为图 3-8(c),这时的电压放大倍数 $|\dot{A}_u|$ 也很小,即高频信号也被抑制。在该环节中,只有当频率 $f=f_0$ 时,电压放大倍数 $|\dot{A}_u|$ 最大,即频率 f_0 信号在众多的频率信号中被选出。

$$f_0 = \frac{1}{2\pi RC} \tag{3-7}$$

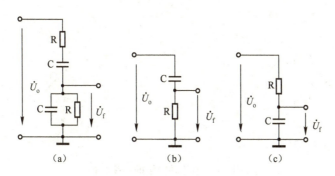

图 3-8 RC 串并联电路

该频率即为振荡电路的振荡频率,一般为 1Hz~1MHz。通过调节 R 或 C 的值,可取得所需要的振荡频率。

【**放大环节**】放大环节为由集成运算放大器构成的同相比例放大器。同相端电阻 R 上的输入信号 U_i 由反馈信号 U_f 来提供。

【**正反馈环节**】正反馈环节也是由 RC 串联电路来实现的,其反馈类型可分为并联、电压、交流及正反馈 4 种类型,反馈系数 F 则可通过正弦电路中串联阻抗的分压公式计算得到。

2. RC 串并联网络的选频特性

RC 串并联网络具有选频特性,见图 3-8(a)。

可以得出反馈系数

$$\dot{F}_u = \frac{\dot{U}_f}{\dot{U}_o} = \frac{R // \frac{1}{j\omega C}}{R + \frac{1}{j\omega C} + R // \frac{1}{j\omega C}} \tag{3-8}$$

将 $\omega_0 = \frac{1}{RC}$ 代入式(3-8),得

$$\dot{F}_\text{u} = \frac{1}{3 + j\left(\dfrac{\omega}{\omega_0} - \dfrac{\omega_0}{\omega}\right)} \tag{3-9}$$

由此可得出 RC 串并联网络的幅频特性方程和相频特性方程分别为

$$|\dot{F}_\text{u}| = \frac{1}{\sqrt{3^2 + \left(\dfrac{\omega}{\omega_0} - \dfrac{\omega_0}{\omega}\right)^2}} \tag{3-10}$$

$$\varphi_\text{f} = -\arctan\frac{\left(\dfrac{\omega}{\omega_0} - \dfrac{\omega_0}{\omega}\right)}{3} \tag{3-11}$$

当 $\omega = \omega_0$，即 $f = f_0$ 时，有

$$|\dot{F}_\text{u}| = \frac{1}{3}$$

$$\varphi_\text{f} = 0°$$

由式 (3-10)、式 (3-11) 可得到 RC 串并联网络的频率特性曲线，如图 3-9 所示。由图可以看出，只有当频率 $f = f_0$ 时，反馈系数最大，电压放大倍数最大，即该频率 f_0 信号在众多的频率信号中被选出。

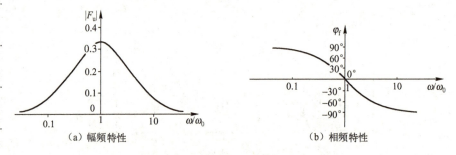

图 3-9 RC 串并联网络的频率特性曲线

3. RC 电路的振荡频率及起振条件

【振荡频率】 由以上分析已知，当 $\omega = \omega_0$，即 $f = f_0 = \dfrac{1}{2\pi RC}$ 时，$|\dot{A}_\text{u}| = 3$，$|\dot{F}_\text{u}| = \dfrac{1}{3}$，$|\dot{A}_\text{u}\dot{F}_\text{u}| = 1$，该电路满足自激振荡的条件，能实现稳定的振荡。频率 f_0 一般为 1Hz～1MHz，通过调节 R 或 C 的值，可取得所需要的振荡频率。

【起振条件】 为了能使电路振荡，还应满足起振振幅条件，即要求 $|\dot{A}\dot{F}| > 1$。由于 $\omega = \omega_0$ 时，$|\dot{F}_\text{u}| = \dfrac{1}{3}$，则要求 $\dot{A}_\text{u} = \dfrac{\dot{U}_\text{o}}{\dot{U}_\text{i}} = 1 + \dfrac{R_\text{F}}{R_1} > 3$，即 $R_\text{F} > 2R_1$，输出就能产生接近正弦波的波形。

振荡电路起振后，如果一直维持 A_u 的值大于 3，则因振幅的增长，致使放大器件工作到非线性区域，波形将会产生严重的非线性失真。为此必须设法使输出电压的幅值在增大的同时，让 $|\dot{A}\dot{F}|$ 适当减小，以维持输出电压的幅值基本不变。

【振荡的建立及稳幅】振荡的建立及稳定过程即从 $|\dot A_u \dot F_u|>1$ 到 $|\dot A_u \dot F_u|=1$ 过程。在该过程中,可通过调节电阻 R_F 的值,使电压放大倍数 A_u 由 $|\dot A_u|>3$ 变化到 $|\dot A_u|=3$。调节电阻 R_F 的方法如图 3-10 所示的两个途径。

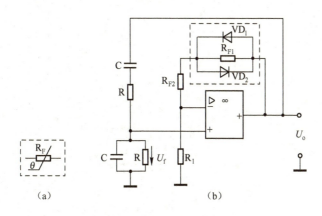

图 3-10 RC 振荡的建立及稳幅

(1) 在图 3-10(a)中的 R_F 为热敏电阻,具有负温度系数,当其温度上升时,电阻下降;反之,电阻上升。在振荡刚开始建立时,信号很小,流过电阻上的电流小,电阻 R_F 上的温度低,电阻值大,这时的电压放大倍数 $|\dot A_u|>3$。在信号逐渐增大后,则电压放大倍数逐步下降,最后达到预定的 R_F 值,使 $|\dot A_u|=3$。

(2) 如图 3-10(b)所示,R_F 电阻分为两部分,即 R_{F1} 和 R_{F2},而 R_{F2} 近似为 $2R_1$。在 R_{F1} 两端并联了二极管 VD_1 及 VD_2。在刚开始振荡时,信号很小,这时 VD_1 及 VD_2 都截止,则 $R_F=R_{F1}+R_{F2}$,所以,$R_F>2R_1$,$|\dot A_u|>3$。当信号逐步增大后,二极管 VD_1 或 VD_2 导通,则 R_{F1} 近似被短接,所以 $R_F\approx R_{F2}=2R_1$,$|\dot A_u|=3$,$|\dot A_u \dot F_u|=1$,实现了稳定振荡。

【例 3-1】 利用相位平衡条件判断图 3-11 所示电路是否能产生振荡?若不能产生振荡,请修改。

解:图 3-11 所示电路为 RC 桥式正弦波振荡电路,RC 串联电路既是反馈网络又是选频网络。一般情况下,讨论电路能否振荡,应首先利用瞬时极性法判断其是否满足相位平衡条件。

在图 3-11(a)所示电路中,在 VT_1 基极加入瞬时极性为(+)的信号,则 VT_1 发射极瞬时极性也为(+)。而 RC 串并联网络对频率为 f_0 的信号相移 $\varphi_f=0°$,故反馈到 VT_1 基极的信号极性为(+),引入的是正反馈,满足产生正弦波振荡所需要的相位平衡条件,有可能产生正弦波振荡。振荡频率 $f_0=\dfrac{1}{2\pi RC}$。

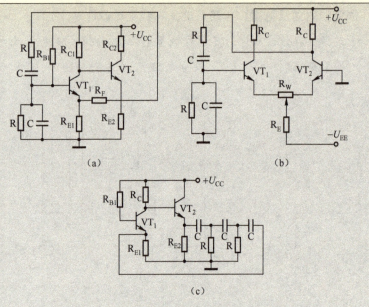

图3-11 例3-1的图

图3-11（b）所示电路由差分放大电路和RC串并联网络组成。VT_1基极输入瞬时极性为（+）的信号，由于VT_2集电极输出信号极性与VT_1管基极输入信号同相，故其瞬时极性也为（+），且RC串并联网络谐振时呈纯阻性，$\varphi_f = 0°$，故反馈到VT_1基极的信号极性也为（+），满足相位平衡条件，有可能产生正弦波振荡。

图3-11（c）所示电路由两级放大电路和RC移相网络组成。RC移相网络接在VT_2发射极和VT_1发射极之间，引入反馈。VT_1基极加一瞬时极性为（+）的信号，则VT_1集电极极性为负。由于VT_2为共集电极组态，输入与输出同相，故VT_2发射极瞬时极性为（-），由于一节RC移相网络可以移相0°~90°，所以三节RC移相网络的最大相移为270°，在特定频率f_0时会产生-180°的相移，反馈到VT_1发射极的信号极性为（+），形成负反馈，使电路不能振荡。

【修改】将反馈引回至VT_1基极即可以引入正反馈。

3.2.7 LC振荡电路

LC正弦波振荡电路主要用于产生高频正弦波信号，其振荡频率一般在1MHz以上。LC正弦波振荡电路一般由分立元件组成，以克服普通集成运算放大器频带较窄而高速集成运算放大器价格较贵的缺点。常见的LC正弦波振荡电路有变压器反馈式和三点式两种。它们的共同特点是用LC并联谐振回路作为选频网络，如图3-12所示。R和L分别是电感线圈的电阻和电感，电容器损耗较小，可看

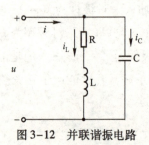

图3-12 并联谐振电路

做纯电容。

1. 变压器反馈式 LC 正弦波振荡电路

【电路组成】图 3-13 所示为变压器反馈式 LC 正弦波振荡电路，它采用 LC 并联谐振回路作为晶体管的集电极负载，起选频作用，反馈信号通过变压器二次绕组传输到晶体管的基极，因此称为变压器反馈式 LC 正弦波振荡电路。

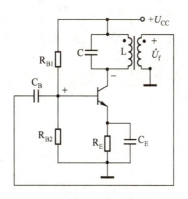

图 3-13　变压器反馈式 LC 正弦波振荡电路

【振荡及起振条件】当 Q 值较高时，变压器反馈式 LC 正弦波振荡电路的振荡频率基本上就等于 LC 谐振频率，即

$$f = f_0 \approx \frac{1}{2\pi\sqrt{LC}} \tag{3-12}$$

在 $f=f_0$ 的情况下，LC 回路呈纯电阻性质，并且阻抗数值最大，而电容通常足够大，可视为短路，这样，晶体管的集电极输出电压与基极输入电压将产生 180° 的相移，即 $\varphi_a = 180°$。同时由图中标出的变压器同名端符号"·"可知，二次绕组输出引入了 180° 的相移（设变压器二次侧的负载电阻很大），即 $\varphi_f = 180°$，则 $\varphi_a + \varphi_f = 360°$，满足相位平衡条件。

众所周知，振荡电路在满足相位平衡条件的同时，还应满足振荡的起振条件。对变压器反馈式振荡电路来说，只要变压器的变压比设计恰当，晶体管的电流放大系数 β 和变压器的一次绕组、二次绕组之间的互感等参数合适，就已满足起振条件。

【振荡的建立及稳幅】振荡的建立同样应该经过从 $|\dot{A}_u\dot{F}_u| > 1$ 到 $|\dot{A}_u\dot{F}_u| = 1$ 的过程。在该过程中，由于晶体管放大电路工作区域的变化而使 A_u 由大变小。刚开始振荡时，放大电路在小信号的线性区，电压放大倍数较大；而当信号逐渐增大到一定程度时，它就进入了饱和区，A_u 就下降，最后达到 $|\dot{A}_u\dot{F}_u| = 1$，振荡稳定下来。

LC 正弦波振荡电路的稳幅措施是利用放大器件的非线性来实现的。当振幅大到一定程度时，晶体管会进入截止或饱和状态，使集电极电流波形产生明显失真。但由于集电极的负载是 LC 并联谐振回路，它具有良好的选频作用，因此输出电压的波形一般失真不大。

【电路的优缺点】 LC 正弦波振荡电路通过变压器实现互感耦合和反馈，容易实现阻抗匹配，达到起振要求，效率高，调频范围较宽。但必须注意反馈线圈极性不能接反。

【例 3-2】 图 3-14 所示的是两种 LC 正弦波振荡电路，试分别判断它们能否振荡。若不能振荡，请修改电路。

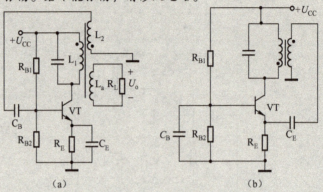

图 3-14　例 3-2 的图

解： 图 3-14（a）所示电路为变压器反馈式 LC 正弦波振荡电路。晶体管接成共发射极组态，在其基极加一瞬时极性为（+）的输入信号，则集电极极性为（−），L_1 上端接"地"，下端为（−），由同名端标志判断，反馈到基极的电压极性为（+），形成正反馈，有可能产生正弦波振荡。

图 3-14（b）所示电路中，晶体管接成了共基极组态，将信号反馈到 VT 的发射极。在发射极加一瞬时极性为（+）的信号，由于在共基极组态中集电极电压与发射极电压极性相同，也为（+），所以按照图中所标同名端，引回发射极的反馈信号极性也为（+），形成正反馈，电路有产生正弦波振荡的可能。

2. 电感三点式 LC 正弦波振荡电路

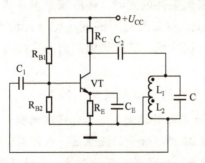

图 3-15　电感三点式振荡电路

电感三点式振荡电路又称哈特莱振荡电路，如图 3-15 所示。L 线圈由 L_1 及 L_2 组成，线圈的两端及中心抽头组成电感三点式。该电路中的放大环节为晶体管分压式反相放大器，反馈环节由 LC 串并联电路实现，反馈类型可分为并联、电压、交流及正反馈。选频环节为 LC 并联谐振选频电路，其振荡频率为

$$f_0 = \frac{1}{2\pi\sqrt{L'C}} = \frac{1}{2\pi\sqrt{(L_1+L_2+2M)C}} \qquad (3-13)$$

式中，L' 是振荡电路的等效电感；M 为互感。

调节 L 或 C 的参数值即可调节电路的振荡频率。在电感三点式 LC 正弦

波振荡电路中，通过改变电感线圈抽头匝数，既改变了谐振频率，又改变了反馈系数，以确保 $|\dot{A}_u \dot{F}_u| \geq 1$，使振荡能顺利产生并稳定。

电感三点式振荡电路不仅容易起振，而且可采用可变电容器，能在较大的范围内调节振荡频率，因此在需要经常改变频率的场合，如信号发生器、收音机电路中得到了广泛应用。但由于反馈电压取自电感 L_2，对高次谐波的阻抗较大，使得输出波形中含有较多高次谐波成分，所以波形较差。

3. 电容三点式振荡电路

电容三点式振荡电路又称为考毕兹振荡电路，如图 3-16 所示。电容 C_1、C_2 的两端及中心抽头组成电容三点式。该电路中放大环节同样为晶体管分压式反相放大器。反馈环节的类型同样可分为并联、电压、交流及正反馈。选频环节也是 LC 并联谐振电路，其振荡频率为

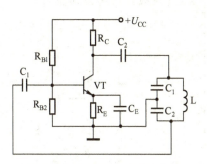

图 3-16 电容三点式振荡电路

$$f_0 = \frac{1}{2\pi\sqrt{LC'}} = \frac{1}{2\pi\sqrt{L\dfrac{C_1 C_2}{C_1 + C_2}}} \tag{3-14}$$

式中，C' 是振荡电路的等效电容。

由于电容三点式振荡电路的反馈电压取自于电容，对高次谐波的阻抗小，有滤波作用，因而反馈电压中谐波分量少，输出波形较好。

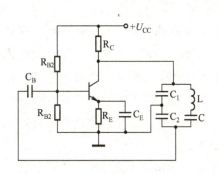

图 3-17 电容三点式改进型正弦波振荡电路

如果电路要求的振荡频率比较高，而电容 C_1、C_2 小到可与晶体管的极间电容比拟，则晶体管的极间电容是不容忽略的。晶体管的极间电容随温度等因素的变化而变化，对振荡频率造成显著影响，使振荡频率不稳定。为了克服这一缺点，可在电感 L 支路上串接一个电容 C，使振荡频率取决于 L 和 C，C_1、C_2 只起分压作用。改进后的电路如图 3-17 所示。

【例 3-3】 三点式振荡电路如图 3-18 所示，试判断电路能否振荡，并写出振荡频率表达式。

解：由电路理论知道，LC 并联谐振回路在谐振时，回路电流比流入或流出 LC 回路的电流大得多，因此可近似认为，中间抽头的瞬时电位一定在首尾两端点的瞬时电位之间，即：

☺ 中间抽头交流接地，则首端和尾端的交流信号电压相位相反。

☺ 首端或尾端交流接地，则其他两个端点的信号电压相位相同。

现分析图 3-18 所示电路的相位条件。

图 3-18（a）所示电路为电容三点式振荡电路，为共基极组态，发射极和集电极极性相同，由电容分压产生的反馈信号送至晶体管的发射极，其极性满足相位平衡条件。但是由于发射极耦合电容 C_E 反馈量 U_f 将被短接至"地"，因此该电路不能振荡。

【修改】去掉发射极与"地"之间的耦合电容 C_E。

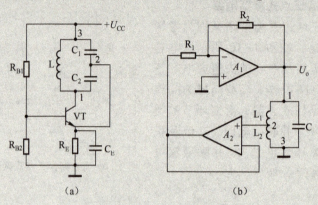

图 3-18 例 3-3 的图

振荡频率为

$$f_0 = \frac{1}{2\pi\sqrt{LC}} = \frac{1}{2\pi\sqrt{L\dfrac{C_1 C_2}{C_1 + C_2}}}$$

图 3-18（b）所示电路为电感三点式振荡电路。A_1 接成电压并联负反馈的形式，输出信号经电感 L_1、L_2 分压及 A_2 放大后送回 A_1 的反相输入端。用瞬时极性法判断反馈极性：在 A_1 反相输入端加一瞬时增量（+），U_{o1} 极性为（−），由于电感的"3"端接地，则"1"、"2"端同相位，即 A_2 同相端输入信号极性为（−），因此反馈到 A_1 反相端的电压极性为（−），形成负反馈，不能产生自激振荡。

【修改】将中间抽头"2"端接地，A_2 同相输入信号取自"3"端。

振荡频率为

$$f_0 = \frac{1}{2\pi\sqrt{LC}} = \frac{1}{2\pi\sqrt{(L_1 + L_2 + 2M)C}}$$

4. 石英晶体振荡电路

实际应用中，要求振荡电路产生的输出信号应具有一定的频率稳定度。频率稳定度一般用频率的相对变化量 $\Delta f/f_0$ 来表示（其中，$\Delta f = f - f_0$ 为频率偏移，f 为实际振荡频率，f_0 为标称振荡频率）。频率稳定度有时附有时间条件，如一小时或一日内的频率相对变化量。

RC 振荡电路的频率稳定度比较差，LC 振荡电路的频率稳定度比 RC 振荡电路好得多，但通常只能达到 10^{-3} 数量级。为了提高振荡电路的频率稳定度，可采用石英晶体振荡电路，其频率稳定度一般可达到 $10^{-6} \sim 10^{-8}$ 量级，有的可高达 $10^{-16} \sim 10^{-11}$。

1）石英晶体谐振器的阻抗特性

石英是一种各向异性的结晶体，其化学成分为 SiO_2。从一块晶体上按一定的方位角切下的薄片称为晶片，其形状可以是正方形、矩形或圆形等，然后在晶片的两个面上镀上银层作为电极，再用金属或玻璃外壳封装并引出电极，就成了石英晶体谐振器，通常简称为石英晶体。

石英晶体之所以能做成谐振器，是因为它具有压电效应。所谓压电效应，即当机械力作用于石英晶体使其发生机械变形时，晶片的对应面上会产生正、负电荷，形成电场；反之，在晶片对应面上加一电场时，石英晶片会发生机械变形。当给石英晶体外加交变电压时，石英晶体将按交变电压的频率发生机械振动，同时机械振动又会在两个电极上产生交变电荷，结果在外电路中形成交变电流。当外加交变电压的频率等于石英晶体的固有机械振动频率时，晶片发生共振，此时机械振动幅度最大，晶片两面的电荷量和电路中的交变电流也最大，产生了类似于回路的谐振现象，这种现象称为压电谐振。晶片的固有机械振动频率称为谐振频率，它只与晶片的几何尺寸有关，具有很高的稳定性，而且可以做得很精确，所以用石英晶体可以构成十分理想的谐振系统。

石英晶体的电路符号如图 3-19（a）所示，其等效电路如图 3-19（b）所示，图中 C_0 称为静态电容，其大小与晶片的几何尺寸和电极面积有关，一般在几皮法到几十皮法之间，L_q、C_q 分别为晶片振动时的动态电感和动态电容，r_q 为晶片振动时的等效摩擦损耗电阻。由于石英晶体的动态电感非常大，而动态电容非常小，所以它具有很高的品质因数，可以高达 10^5，远远超过一般元器件所能达到的数值。又由于石英晶体的机械性能十分稳定，所以用石英晶体谐振器代替一般的回路构成振荡器，具有很高的频率稳定度。

假如忽略石英晶体等效电路中的损耗电阻的影响，就可以很方便地定性绘制出石英晶体的电抗频率特性曲线，如图 3-19（c）所示。当信号频率很低时，动态电容 C_q 起主要作用，晶体呈容性；随着频率逐渐升高，C_q 的容抗逐渐减小，而 L_q 的感抗逐渐增大，当信号频率 $f=f_s$ 时，C_q 和 L_q 发生串联谐振，此时晶体的电抗为零；随着频率进一步升高，动态电感 L_q 起主要作用，晶体呈现感性，等效为一个很大的电感；当频率升高到 $f=f_p$ 时，等效电感和 C_0 发生并联谐振，电抗为无穷大；当 $f>f_p$ 时，C_0 起主要作用，此时电抗再次呈现容性。由此可见，石英晶体谐振器具有两个谐振频率，一个是 C_q、L_q、r_q 支路的串联谐振频率 f_s，另一个是由 C_q、L_q、C_0 构成并联回路的并联谐振频率 f_p，它们分别为

$$f_s = \frac{1}{2\pi \sqrt{L_q C_q}}$$

$$f_p = \frac{1}{2\pi \sqrt{L_q \dfrac{C_0 C_q}{C_0 + C_q}}} = f_s \sqrt{1 + \frac{C_q}{C_0}}$$

因为 C_0 远大于 C_q，所以石英晶体谐振器的串联谐振频率 f_s 和并联谐振频率 f_p 相差很小。

由图 3-19（c）可见，石英晶体在 f_s 与 f_p 之间等效电感的电抗曲线非常陡峭，实用中，石英晶体就工作在这一频率范围很窄的电感区内，因为只有在这一区域，晶体才等效为一个很大的电感，具有很高的 Q 值，从而具有很强的稳频作用。

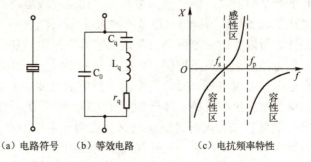

(a) 电路符号　　(b) 等效电路　　(c) 电抗频率特性

图 3-19　石英晶体谐振器的电路符号、等效电路及阻抗特性

【注意】
☺ 石英晶体按规定要接一定的负载电容 C_L，用于补偿生产过程中晶片的频率误差，以达到标称频率。使用时应按产品说明书上的规定选定负载电容 C_L。为了便于调整，C_L 通常采用微调电容。
☺ 石英晶体工作时，必须有合适的激励电平。假如激励电平过大，频率稳定度会显著变坏，甚至可能将晶片振坏；假如激励电平过小，则噪声影响大，振荡输出幅度减小，甚至可能停振。

2）石英晶体振荡电路

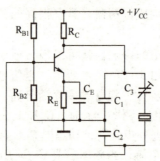

图 3-20　并联型晶体振荡电路

用石英晶体构成的正弦波振荡电路的基本电路有两类。一类是石英晶体作为一个高 Q 值的电感元件，和回路中的其他元件形成并联谐振，称为并联型晶体振荡电路；另一类是石英晶体作为一个正反馈通路元件，工作在串联谐振状态，称为串联型晶体振荡电路。

图 3-20 所示为并联型晶体振荡电路，其中石英晶体相当于大电感。由图可见，石英晶体工作在 f_p 和 f_s 之间并接近于并联谐振状态，在电路中起电感作用，从而构成改进型电容三点式 LC 振荡电路，由于 $C_3 \ll C_1$，$C_3 \ll C_2$，所以振荡频率由石英晶体与 C_3 决定。

3.3　直流稳压电源

在电子电路中，通常需要由输出电压稳定的直流电源供电。根据所提供的功率大小，通常可以将直流电源分为小功率稳压电源和开关稳压电源。本章将根据稳压电源的组成原理，对其各个组成部分进行详细的介绍。

图 3-21 所示的是直流稳压电源的组成原理方框图及其各个部分的输出波形，它表示了把交流电转换成直流电的过程。

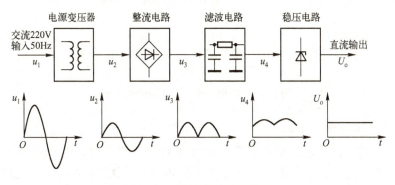

图 3-21 直流稳压电源框图

图中各环节的功能如下所述。
- 电源变压器是将交流电压变换为符合整流需要的电压；
- 整流电路是将工频交流电转为具有直流电成分的脉动直流电；
- 滤波电路是将脉动直流电中的交流成分滤除，减少交流成分，增加直流成分；
- 稳压电路是对整流后的直流电压采用负反馈技术进一步稳定直流。

3.3.1 单相整流电路

整流就是把大小、方向都随时间变化的交流电变换成直流电。完成这一任务的电路称为整流电路。常见的整流电路有单相半波、全波、桥式电路等。本节将分别介绍这 3 种整流电路的工作原理。

1. 半波整流电路

利用二极管的单向导电特性，在电路中只用一个二极管就可以实现半波输出，如图 3-22 所示。

如果输入信号为正弦波，则由于二极管的单向导电性，在输入信号为正半周时，VD 导通，这时负载电阻 R_L 上的电压为 u_o；在输入信号的负半周，二极管反向截止，负载电阻 R_L 上没有电压输出。如果忽略二极管的导通压降，则负载上获得的输出电压波形如图 3-23 所示。

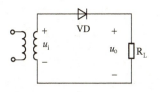

图 3-22 半波整流电路

负载上得到的整流电压虽然是单方向的，但其大小是变化的，这就是所谓的单向脉动电压。通常用一个周期的平均值来说明它的大小，输出电压的平均值为

$$U_{O(AV)} = \frac{1}{2\pi}\int_0^\pi \sqrt{2}U\sin\omega t\,d\omega t = \frac{2\sqrt{2}}{2\pi}U \approx 0.45U \qquad (3-15)$$

式中，U 为输入正弦信号的有效值。

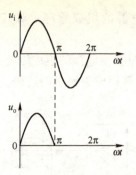

图 3-23 单相半波整流电路的输出波形

2. 全波整流电路

单相半波整流的缺点是只利用了电源的半个周期。将两个半波整流电路组合起来，便可形成一个全波整流电路，如图 3-24 所示。在该电路中，二极管 VD_1、VD_2 在正、负半周轮流导电，且流过负载 R_L 的电流为同一方向，故在正、负半周，负载上均有输出电压。显然，全波整流电路的整流电压的平均值 $U_{o(AV)}$ 比半波整流时增加了一倍，即 $U_{o(AV)} \approx 0.9U_2$，二极管所承受的最大反向电压为变压器二次电压信号幅值的 2 倍，即 $U_{VD1(max)} = 2\sqrt{2}U_2$。

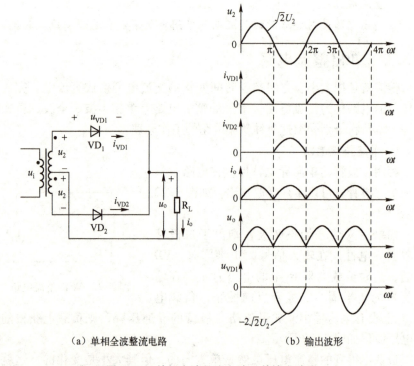

（a）单相全波整流电路　　　　（b）输出波形

图 3-24 单相全波整流电路及其输出波形

3. 桥式全波整流电路

在全波整流电路中，最常用的是单相桥式整流电路，它由 4 个二极管接成电桥的形式。桥式整流电路如图 3-25（a）所示，图 3-25（b）所示的是它常用的简化画法。

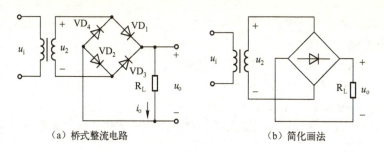

（a）桥式整流电路　　　　　（b）简化画法

图 3-25　单相桥式整流电路

在变压器二次电压的正半周，其极性为上正下负，即二极管 VD_1 与 VD_2 导通，VD_3 与 VD_4 截止，这时负载电阻上得到一个上正下负的半波电压；在变压器二次电压的负半周，其极性为上负下正，即二极管 VD_3 与 VD_4 导通，VD_1 与 VD_2 截止，这时负载电阻上仍得到一个上正下负的半波电压。其输出波形如图 3-26 所示。

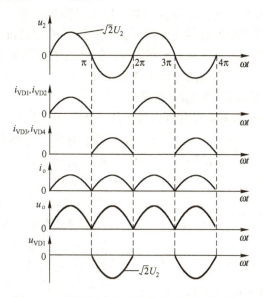

图 3-26　单相桥式整流电路的电压与电流波形

此时，变压器二次绕组在整个周期的正、负两个半周内都有电流通过，提高了变压器的利用率。从图中可以看出，变压器二次电压按正弦规律变化。经过整流后，负载电阻上电流的方向不变，但其大小仍做周期性变化，故称为脉动直流电压。脉动直流电压、电流一般用平均值来表示，即一个周期内脉动电压的平均值。此时，负载上得到的整流电压的平均值为 $U_{O(AV)} = 0.9U_2$，二极管所承受的最大反向电压为变压器二次电压信号的幅值，即 $U_{VD1(max)} = \sqrt{2}U_2$。

单相桥式整流电路的变压器中只有交流电流流过，而上述半波和全波整流电路中均有直流分量流过。所以单相桥式整流电路的变压器效率较高，在同样的功率容量条件下，体积可以小一些，总体性能优于单相半波和全波整流电路，广泛应用于直流电源之中。

> 【注意】整流电路中的二极管是作为开关运用的。整流电路既有交流量，又有直流量，通常：
> ☺ 输入（交流）用有效值或最大值；
> ☺ 输出（交直流）用平均值；
> ☺ 整流管正向电流用平均值；
> ☺ 整流管反向电压用最大值，即整流管承受的最大反向电压。

3.3.2 滤波电路

滤波电路利用电抗性元件对交、直流阻抗的不同，实现滤波。电容器 C 对直流开路，对交流阻抗小，所以 C 应该并联在负载两端。电感器 L 对直流阻抗小，对交流阻抗大，因此 L 应与负载串联。经过滤波电路后，保留直流分量，滤掉一部分交流分量，减小电路的脉动系数，达到改善直流电压质量的目的。

前面分析的两种整流电路虽然都可以把交流电转换为直流电，但是所得到的输出电压都是单向脉动电压。在一些设备的使用过程中允许脉动电压的存在，但是对大多数电子设备来说，该脉动电压必须进行滤波处理后，才能正常工作。下面介绍两种常用的滤波器。

1. 电容滤波电路（C 滤波电路）

图 3-27 中与负载并联的电容器就是一个简单的滤波器，它利用了电容器两端电压在电路状态发生改变时不能突变的原理。下面分析该电路的工作情况。

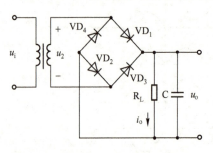

图 3-27 单相桥式电容滤波整流电路

当空载（$R_L \to \infty$）时，设电容 C 两端的初始电压为零。接入交流电源后，当 u_2 为正半周时，VD_1、VD_2 导通，则 u_2 通过 VD_1、VD_2 对电容充电；当 u_2 为负半周时，VD_3、VD_4 导通，u_2 通过 VD_3、VD_4 对电容充电。由于充电回路等效电阻很小，所以充电很快，电容 C 迅速被充到交流电压 u_2 的最大值 $\sqrt{2}U_2$。此时二极管两端的正向电压差始终小于或等于零，故二极管均截止，电容不放电，输出电压 u_o 恒为 $\sqrt{2}U_2$，其波形如图 3-28（a）所示。

当接入负载 R_L 后，设变压器二次电压 u_2 从 0 开始上升（即正半周开始）时接入负载 R_L，由于电容在负载未接入前充了电，故刚接入负载时 $u_2 < u_C$（电容两端电压），二极管受反向电压作用而截止，电容 C 经 R_L 放电，此时，输出电压 $u_o = u_C$。电容放电过程的快慢，取决于电路时间常数 τ_d（$\tau_d = R_L C$），τ_d 越大，放电过程越慢，输出电压越平稳。与此同时，交流电压 u_2 按正弦规律上升。当 $u_2 > u_C$ 时，二极管 VD_1、VD_2 受正向电压作用而导通，此时，u_2 经二极管 VD_1、VD_2 向电容 C 充电，并且向负载 R_L 提供电流，该充电时间常数很小（因为二极管的正向电阻很小），充电很快。随着充电的进行，u_2同时按正弦规律下降，当$u_2 < u_C$时，二极管被反向截止，电容C又经R_L放电，如此反复进行，在负载上得到如图3-28（b）所示的一个近似锯齿波的电压，使负载电压的波动大为减少。

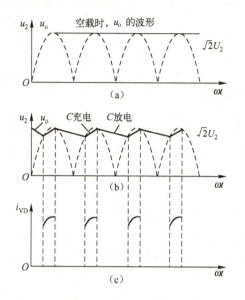

图3-28 单相桥式电容滤波整流电路的电压、电流波形

由以上分析可知，电容滤波电路具有如下特点。

☺ 在电容滤波电路中，整流二极管的导电时间缩短了，导电角小于180°，且放电时间常数越大，导电角越小。由于电容滤波后，输出直流的平均值提高了，而导电角却减小，故整流二极管在短暂的导电时间内，如图3-28（c）所示，将流过一个很大的冲击电流，易损坏整流管，所以选择整流二极管时，二极管的最大整流电流应留有充分的裕量。

☺ 负载上输出的平均电压的高低和纹波特性都与放电时间常数密切相关。$R_L C$越大，电容放电速度越慢，纹波越少，负载平均电压越高。一般地，当$R_L C > (3 \sim 5)\dfrac{T}{2}$时，$U_{O(AV)} = 1.2 U_2$，其中$T$为电源交流电压周期。

负载上获得的平均电压U_L随负载电流I_L的变化关系称为输出特性或外特性，桥式整流电路的外特性如图3-29所示。负载电流I_L随着电压U_L的增大而出现较大的下降。可见，电容滤波电路的输出特性较差，适合于负载电流较小且变动范围不大的场合。

2. 电感滤波电路

利用储能元件电感器L上电流不能突变的性质，把电感L与整流电路的负载R_L相串联，也可以起到滤波的作用。当忽略电感L的电阻时，负载上输出的电压平均值和纯电阻（不加电感）负载时基本相同，即$U_{O(AV)} \approx 0.9 U_2$。电感滤波电路如图3-30所示，其滤波波形如图3-31所示。

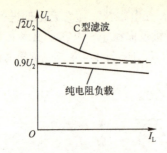

图 3-29 电容滤波整流电路及纯电阻负载的输出特性

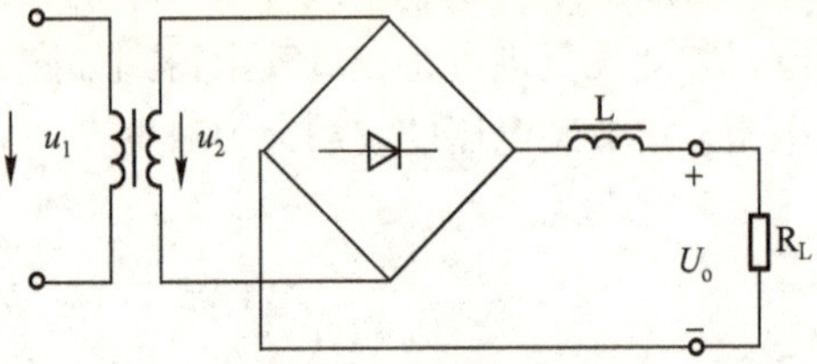

图 3-30 电感滤波电路

与电容滤波相比,电感滤波的特点是,整流管的导电角较大(电感 L 的反电势使整流管导电角增大),峰值电流很小,输出特性比较平坦。其缺点是体积大,易引起电磁干扰。因此,电感滤波一般只适用于低电压、大电流的场合。

此外,为了进一步减小负载电压中的纹波,在电感 L 后接上电容 C 可构成 LC 滤波电路,如图 3-32(a)所示。图 3-32(b)所示的是一个 Π 型 RC 滤波电路,其性能和应用场合与电容滤波电路相似。

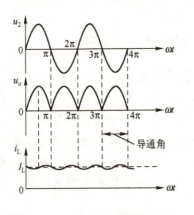

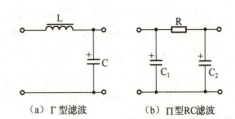

图 3-31 电感滤波电路的波形图

图 3-32 Γ 型滤波及 Π 型 RC 滤波

3.3.3 稳压电路

经整流和滤波后的电压往往会随交流电源电压的波动和负载的变化而变化。电压的不稳定可能会引起电子线路系统工作不稳定,甚至根本无法正常工作。尤其是精密电子测量仪器、自动控制、计算装置及晶闸管的触发电路等都对直流电源的稳定性具有很高的要求。因此,在滤波电路之后,往往需要增加稳压电路。下面介绍 3 种常用的稳压电路。

1. 稳压管稳压电路

稳压管稳压电路是一种最简单的直流稳压电路。在图 3-33 中,稳压电路由限流电阻 R 和稳压管 VD_Z 构成。当电源电压出现波动或负载电阻(电流)变化时,该稳压电路能自动维持负载电压 U_o 的基本稳定。

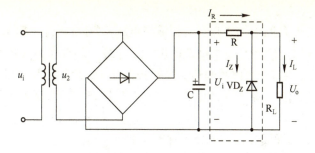

图 3-33 稳压管稳压电路

假设负载不变,当交流电源电压突然增加时,整流输出电压 U_i 增加,负载电压 U_o 也随之增大。但是对于稳压管而言,U_o 即加在稳压管两端的反向电压,该电压的微小变化将会使流过稳压管的电流 I_Z 显著变化,因此 I_Z 将随着 U_o 的增大而显著增加,使流过电阻 R 的电流增大,导致 R 两端的压降增加,U_I 的增加电压绝大部分加在 R 上,负载电压 U_o 保持近似不变。相反,如果交流电源电压减低,则上述电压电流的变化过程刚好相反,负载电压 U_o 也可以保持近似不变。

假设整流输出电压 U_i 不变,当负载电流 I_L 突然增大(负载降低)时,电阻 R 上的压降增大,导致负载电压 U_o 下降,流过稳压管的电流 I_Z 显著减少,从而使 I_R 基本不变,电阻 R 上的压降近似不变,因此负载电压 U_o 保持稳定。当负载电流减少时,稳压过程的分析与此类似。

稳压管的选取一般按照以下规则来执行:

$$\begin{cases} U_Z = U_o \\ I_{ZM} = (1.5 \sim 3)I_{oM} \\ U_i = (2 \sim 3)U_o \end{cases} \tag{3-16}$$

2. 串联型直流稳压电路

稳压管稳压电路虽然电路简单,安装调试方便,但因输出电流受最大电流的限制,稳压管的稳定电压又不能随意调节,且稳压性能又不太理想,故目前使用最多的是串联型稳压电路。

图 3-34 所示的是串联型直流稳压电路的原理方框图,它由调整管、比较放大器、取样环节、基准电压源等组成。

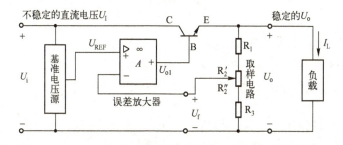

图 3-34 串联型直流稳压电路的原理方框图

下面根据图 3-34,分两种情况来讨论串联型直流稳压电路的稳压过程。

1) 输入电压变化，负载电流保持不变

输入电压 U_i 的增加，必然会使输出电压 U_o 有所增加，输出电压经取样电路取出一部分信号 U_f 与基准源电压 U_{REF} 比较，获得误差信号 ΔU。误差信号经放大后，用 U_{o1} 去控制调整管的基极，使 U_{CE} 增加，从而抵消输入电压增加的影响，使 U_o 基本保持恒定。这一自动调整过程可简单表示为

$$U_i\uparrow \longrightarrow U_o\uparrow \longrightarrow U_f\uparrow \longrightarrow U_{o1}\downarrow \longrightarrow U_{CE}\uparrow \longrightarrow U_o\downarrow$$

2) 负载电流变化，输入电压保持不变

负载电流 I_L 的增加，必然会使线路的损耗增加，从而使输入电压 U_i 有所减小，输出电压 U_o 必然有所下降，经过取样电路取出一部分信号 U_f 与基准源电压 U_{REF} 比较，获得的误差信号使 U_{o1} 增加，从而使调整管的管压降 U_{CE} 下降，从而抵消因 I_L 增加而使输入电压减小的趋势，使 U_o 基本保持恒定。这一自动调整过程可简单表示为

$$I_L\uparrow \longrightarrow U_i\downarrow \longrightarrow U_o\downarrow \longrightarrow U_f\downarrow \longrightarrow U_{o1}\uparrow \longrightarrow U_{CE}\downarrow \longrightarrow U_o\uparrow$$

假定比较放大器的电压放大倍数很大，可以将其同相输入端和反相输入端看成"虚短"，则 $U_f \approx U_{REF}$，因此有

$$U_o \approx \left(1 + \frac{R_1 + R_2'}{R_3 + R_2''}\right) U_{REF} \tag{3-17}$$

从式（3-17）可以看出，可以通过调节 R_2 改变输出电压 U_o 的大小。

【**例3-4**】 电路如图3-35所示。已知 $U_Z = 6V$，$R_1 = 2k\Omega$，$R_2 = 1k\Omega$，$R_3 = 2k\Omega$，$U_i = 30V$，VT 的电流放大系数 $\beta = 50$。试求：(1) 电压输出范围；(2) 当 $U_o = 15V$、$R_L = 150\Omega$ 时，调整管 VT 的管耗和运算放大器的输出电流。

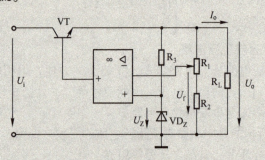

图 3-35 例题 3-4 的图

解：(1) 求电压输出范围。

电位计 R_1 调到最上端：$U_{omin} = U_Z = 6V$。

电位计 R_1 调到最下端：$U_{omax} = \dfrac{R_1 + R_2}{R_2} U_Z = \dfrac{2+1}{1} \times 6 = 18V$。

故 U_o 的输出范围为 6~18V。

(2) 求 VT 的管耗和运算放大器的输出电流。

由于 R_L 比 R_1、R_2、R_3 都小得多，故 $I_C \approx I_o = \dfrac{U_o}{R_L} = \dfrac{15}{150} = 100\text{mA}$。

VT 的管耗为 $P_C = U_{CE}I_C = (30-15) \times 0.1 = 1.5W$。

运算放大器的输出电流为 $I_B = \dfrac{I_C}{\beta} = \dfrac{100}{50} = 2mA$。

3. 集成稳压电路

如果将调整管、比较放大环节、基准电源,以及取样环节和各种保护环节均制作在同一芯片上,就构成了集成稳压电路。串联集成稳压电路的种类繁多,按输出电压是否可调分为固定和可调两类,按外部引线的数目又可以分为三端集成稳压器和多端集成稳压器。常用的三端集成稳压器只有 3 个接线端,即输入端、公共端和输出端。由于它具有体积小、性能稳定、价格低廉、使用方便等特点,故目前在各种电子系统中得到了非常广泛的应用。

本节主要讨论的是 W7800 系列(输出正电压)和 W71600 系列(输出负电压)稳压器的使用。对于具体的器件,符号中"00"用数字代替,表示输出电压值。W7800 系列输出固定的正电压有 5V、8V、12V、15V、18V、24V 多种。例如,W7815 的输出电压为 15V,最高输入电压为 35V,最小的输入、输出电压差为 2～3V,最大输出电流可达 2.2A,输出电阻为 0.03～0.15Ω,电压变化率为 0.1%～0.2%。W71600 系列输出固定的负电压,其参数与 W7800 系列的基本相同。

在使用时应当注意,输入电压应至少高于输出电压 2～3V,但不能超过最大输入电压(一般 W7800 系列为 30～40V,W71600 系列为 35～40V。)图 3-36 所示的是 W7800 系列稳压器的外形和电路符号。使用时只需在其输入端和输出端与公共端之间各并联一个电容即可。图 3-37 所示的是其典型接线图,其中 C_i 用以抵消输入端较长接线的电感效应,防止产生自激振荡,接线不长时也可不用,C_i 一般取 0.1～1μF 的电容,C_o 是为了瞬时增减负载电流时不致引起输出电压有较大的波动,可用约 1μF 的电容。

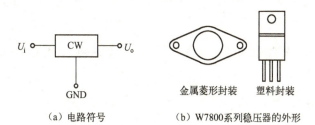

(a) 电路符号　　　　　(b) W7800 系列稳压器的外形

图 3-36　W7800 系列稳压器的电路符号和外形

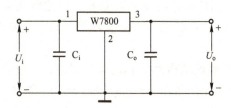

图 3-37　W7800 系列的典型接线图

三端集成稳压器在使用时，根据需要配上适当的散热器就可以接成实际的应用电路。下面简单介绍 3 种常用的应用电路。

【固定输出的应用电路】 图 3-38（a）、（b）分别表示可以提供固定正、负电压输出的实际应用电路。

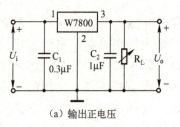
(a) 输出正电压

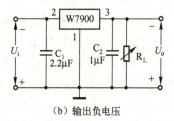
(b) 输出负电压

图 3-38 固定输出的接法

【提高输出电压的应用电路】 在一些场合的应用中，设备实际要求的工作电压可能略大于集成稳压器可以直接提供的电压值。图 3-39 所示的应用电路能使实际的输出电压高于固定输出电压。图中，U_{xx} 为 W78×× 稳压器的固定输出电压，显然 $U_o = U_{xx} + U_Z$。

【扩大输出电流的电路】 当电路所需电流超过器件的最大输出电流 I_{oM} 时，可采用外接功率管 VT 的方法来扩大电路的输出电流，如图 3-40 所示。在 I_o 较小时，稳压器输入电流较小，所以 U_R 较小，外接功率管 VT 截止，I_C = 0；当 $I_o > I_{oM}$ 时，稳压器输入电流增大，从而使 U_R 增大，VT 导通，使 $I_o = I_{oM} + I_C$，扩大了输出电流。

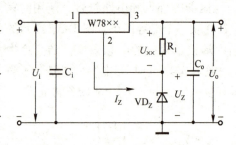

图 3-39 提高输出电压的电路

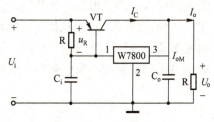

图 3-40 扩大输出电流的电路

小结

1. 信号产生电路通常称为振荡器，用于产生一定频率和幅度的正弦波和非正弦波信号，因此，它有正弦波和非正弦波振荡电路两类。正弦波振荡电路又有 RC、LC、石英晶体振荡电路等，非正弦波振荡电路又有方波、三角波产生电路等。

2. 反馈型正弦波振荡电路是利用选频网络，通过正反馈产生自激振荡的，所以其振荡相位平衡条件为 $\varphi_a + \varphi_f = 2n\pi$（$n = 0, 1, 2, \cdots$），利用相位平衡条件可确定振荡频率。振幅平衡条件为 $|\dot{A}\dot{F}| = 1$，利用振幅平衡条件可确定振荡幅度，振荡的相位起振条件为 $\varphi_a + \varphi_f = 2n\pi$（$n = 0, 1, 2, \cdots$），振

荡起振条件为$|\dot A\dot F|>1$。

振荡电路起振时，电路处于小信号工作状态；而振荡处于平衡状态时，电路处于大信号工作状态。为了满足振荡的起振条件并实现稳幅、改善输出波形，要求振荡电路的环路增益应随振荡输出幅度变化而变化，当输出幅度增大时，环路增益应减小，反之增益应增大。

3. RC 正弦波振荡电路适用于低频振荡，一般在 1MHz 以下，常采用 RC 桥式振荡电路。当 RC 串并联选频网络中 $R_1=R_2=R$，$C_1=C_2=C$ 时，其振荡频率 $f_0=1/2\pi RC$。为了满足振荡条件，要求 RC 桥式振荡电路中的放大电路应满足下列条件：(1) 同相放大，$A_u>3$；(2) 高输入阻抗、低输出阻抗；(3) 为了起振容易，改善输出波形及稳幅，放大电路需采用非线性元件构成负反馈电路，使放大电路的增益自动随输出电压的增大（或减小）而下降（或增大）。

4. LC 振荡电路的选频网络由 LC 回路构成，可以产生较高频率的正弦波振荡信号。它有变压器耦合、电感三点式和电容三点式等电路，其振荡频率近似等于 LC 谐振回路的谐振频率。

石英晶体振荡电路是采用石英晶体谐振器代替 LC 谐振回路构成的，其振荡频率的准确性和稳定性很高，频率稳定度一般可达 $10^{-6} \sim 10^{-8}$ 数量级。石英晶体振荡电路有并联型和串联型两种。并联型晶体振荡电路中，石英晶体的作用相当于一个电感；而串联型晶体振荡电路中，利用石英晶体的串联谐振特性，以低阻抗接入电路。

5. 直流稳压电源由整流电路、滤波电路和稳压电路组成。整流电路将交流电压变为脉动的直流电压；滤波电路可减小脉动，使直流电压平滑；稳压电路的作用是在电网电压波动或负载电流变化时保持输出电压基本不变。

6. 整流电路有半波和全波两种，最常用的是单相桥式整流电路。分析整流电路时，应分别判断在变压器二次电压正、负半周两种情况下二极管的工作状态，从而得到负载两端电压、二极管端电压及其电流波形，并由此得到输出电压和电流的平均值，以及二极管的最大整流平均电流和所能承受的最高反向电压。

7. 在串联型稳压电源中，调整管、基准电压电路、输出电压取样电路和比较放大电路是基本组成部分。电路中引入了深度电压负反馈，从而使输出电压稳定。集成稳压器仅有输入端、输出端和公共端 3 个引出端，使用方便，稳压性较好。

习题

3-1 正弦波振荡电路产生自激振荡的条件是什么？

3-2 正弦波振荡器的振荡频率由哪部分电路确定？

3-3 若 $|AF|$ 过大，则正弦波振荡器输出波形是否仍为正弦波？

3-4 正弦波振荡电路包含哪 3 个主要部分？

3-5 组成 RC 串并联式正弦波振荡器的放大电路的放大倍数必须是多少？

3-6 电容三点式振荡电路的振荡频率 f_0 等于多少？电感三点式的振荡频率 f_0 等于多少？

3-7 试用相位平衡条件判断图 3-41 所示两个电路能否产生自激振荡。

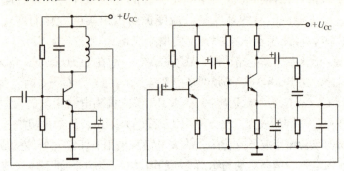

图 3-41 习题 3-7 的图

3-8 电路如图 3-42 所示，用相位平衡条件判断能否产生正弦波振荡，若能，写出振荡频率。

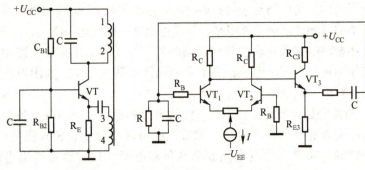

图 3-42 习题 3-8 的图

3-9 电路如图 3-43 所示，试用相位平衡条件判断能否产生正弦波振荡，若不能，应如何改动？

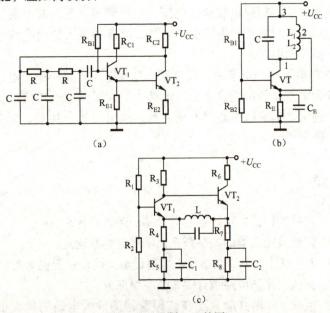

图 3-43 习题 3-9 的图

3-10　试分析图3-44所示电路中的 j、k、m、n 这4点各应如何连接，才能产生振荡？

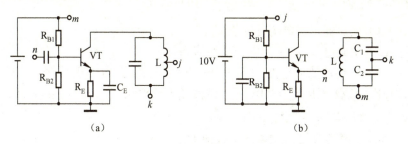

图3-44　习题3-10的图

3-11　试标出图3-45所示电路中变压器同名端，使之满足正弦波振荡相位平衡条件。

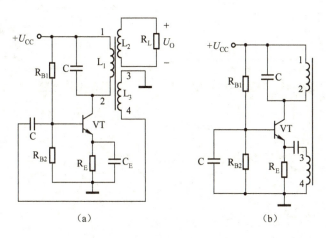

图3-45　习题3-11的图

3-12　电容三点式LC振荡电路如图3-46所示。（1）用瞬时极性判断电路是否满足相位平衡条件，若不能，请改正；（2）若 $L=0.1\text{mH}$，$C_1=C_2=3300\text{pF}$，求电路的振荡频率 $f_0=?$

3-13　正弦波振荡电路图3-47所示。（1）在图中有关位置标明极性，说明电路满足相位平衡条件；（2）若 $C_1=C_2=3300\text{pF}$，$C_3=200\text{pF}$，$L=40\mu\text{H}$，求电路振荡频率 $f_0=?$

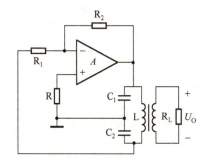

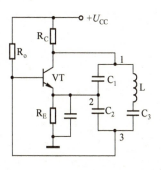

图3-46　习题3-12的图　　图3-47　习题3-13的图

3-14 整流电路如图 3-48 所示，二极管为理想元件，变压器一次电压有效值 U_1 为 220V，负载电阻 $R_L=750\Omega$。变压器变比 $k=\dfrac{N_1}{N_2}=10$，试求：

（1）变压器二次电压有效值 U_2；
（2）负载电阻 R_L 上的电流平均值 I_o；

3-15 整流滤波电路如图 3-49 所示，二极管为理想元件，电容 $C=1000\mu F$，负载电阻 $R_L=100\Omega$，负载两端直流电压 $U_o=30V$，变压器二次电压 $U_2=\sqrt{2}U_2\sin\omega t$。要求：

（1）计算变压器二次电压有效值 U_2；
（2）定性绘制出输出电压 u_o 的波形。

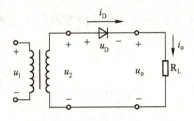 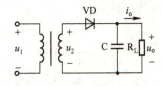

图 3-48 习题 3-14 的图　　图 3-49 习题 3-15 的图

第4章 EDA 技能训练
——Multisim 7 操作入门

Multisim 是加拿大图像交互技术公司（Interactive Image Technologics，IIT）推出的以 Windows 为基础的仿真工具，适用于板级的模拟/数字电路的设计工作。它包含电路原理图的图形输入、电路硬件描述语言输入方式，具有丰富的仿真分析能力。

工程师们可以使用 Multisim 交互式地搭建电路原理图，并对电路进行仿真。Multisim 提炼了 SPICE 仿真的内容，使得用户无须懂得深入的 SPICE 技术就可以很快进行捕获、仿真和分析新的设计，这也使其更适合电子学教育。通过 Multisim 和虚拟仪器技术，PCB 设计工程师和电子学教育工作者可以完成理论→原理图捕获与仿真→原型设计和测试的完整的综合设计流程。

4.1 Multisim 发展简介

（1）加拿大 EWB（Electrical Workbench）：EWB 4.0→EWB 5.0→EWB 6.0→Multisim 2001→Multisim 7→Multisim 8。

（2）美国国家仪器（NI）公司：Multisim 9→Multisim 10→Multisim 11。

目前在各高校教学中普遍使用 Multisim 7，本章将重点介绍 Multisim 7 的一些基本功能与操作。

Multisim 7（以下简称 Multisim）以 SPICE（Simulation Program with Integrated Circuit Emphasis）为核心，为用户提供了良好的操作平台、强大的元器件库、高精度的仪表库、电路图编辑器和波形产生与分析器，并提供了较为全面的分析功能，如交流分析、直流扫描分析、瞬态分析等，此外还提供了原理图输入接口、数字电路和模拟电路的仿真、VHDL/Verilog 设计接口与仿真、FPGA/CPLD 综合与设计、RF 设计和后处理等功能。Multisim 系统结构框图如图 4-1 所示。

从图中可以看出，Multisim 把电路图创建、测试分析和仿真结果等项目都集成到一个电路窗口中，整个操作界面就像一个实验平台。创建电路所需的元器件和测试仪器均可直接从窗口中选取，从而灵活地搭建各种电路，并可随时进行设置和修改。Multisim 7 有如下特点。

☺ 操作界面方便友好，原理图的设计输入快捷。

☺ 元器件丰富，有数千个元器件模型。

☺ 虚拟电子设备种类齐全，如同操作真实设备一样。

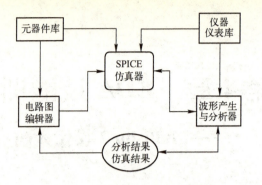

图 4-1 Multisim 系统结构框图

☺ 分析工具广泛，可帮助设计者全面了解电路的性能，对电路进行全面的仿真分析和设计。
☺ 可直接打印输出实验数据、曲线、原理图和元器件清单。

4.2 Multisim 7 基本操作

1. 基本界面

Multisim 7 主界面如图 4-2 所示。

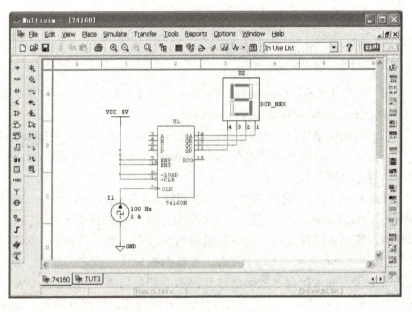

图 4-2 Multisim 7 主界面

2. 文件基本操作

与 Windows 常用的文件操作一样，Multisim 7 中也有新建文件（New）、打开文件（Open）、保存文件（Save）、另存文件（Save As）、打印文件（Print）、打印设置（Print Setup）、退出（Exit）等相关的操作。

以上这些操作可以通过菜单命令来执行，也可以应用快捷键或工具栏中的图标进行快捷操作。

3. 元器件基本操作

常用的元器件编辑功能有顺时针旋转90°（90 Clockwise）、逆时针旋转90°（90 CounterCW）、水平翻转（Flip Horizontal）、垂直翻转（Flip Vertical）、元器件属性（Component Properties）等，如图4-3所示。这些操作可以通过菜单命令来执行，也可以应用快捷键进行快捷操作。

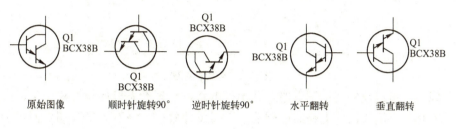

图4-3 Multisim 7 图像翻转操作

4. 文本基本编辑

对文字进行注释的方式有两种，即直接在电路工作区输入文字或在文本描述框输入文字。这两种操作方式有所不同。

【在电路工作区输入文字】执行菜单命令"Place"→"Text"或按"Ctrl"+"T"键操作，然后单击需要输入文字的位置，输入需要的文字。用光标指向文字块，单击鼠标右键，在弹出的菜单中选择"Color"命令，选择需要的颜色。双击文字块，可以随时修改输入的文字。

【在文本描述框输入文字】利用文本描述框输入文字不占用电路窗口，可以对电路的功能、使用说明等进行详细描述，也可以根据需要修改文字的大小和字体。执行菜单命令"View"→"Circuit Description Box"或按"Ctrl"+"D"键，打开文本描述框，在其中输入需要说明的文字，可以保存和打印输入的文本，如图4-4所示。

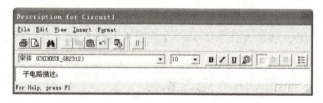

图4-4 文本编辑

5. 标题栏编辑

执行菜单命令"Place"→"Title Block"，在弹出的对话框中的查找范围处指向 Multisim/Titleblocks 目录，在该目录下选择一个 *.tb7 图纸标题栏文件，将其放在电路工作区。

用光标指向文字块，单击鼠标右键，在弹出的菜单中选择"Modify Title Block Data"命令，弹出"Title Block"对话框，如图4-5所示。在此可以编辑标题栏。

6. 子电路创建

子电路是用户自己建立的一种单元电路。将子电路存放在用户元器件

图 4-5 标题栏编辑

库中，可以反复调用子电路。利用子电路可使复杂系统的设计模块化、层次化，可增加设计电路的可读性，提高设计效率，缩短研发周期。创建子电路需要以下 5 个步骤。

（1）子电路选择：把需要创建的电路放到电子工作平台的电路窗口上，按住鼠标左键不放，拖动鼠标，选定电路。

（2）子电路创建：执行菜单命令"Place"→"Replace by Subcircuit"，在弹出的"Subcircuit Name"对话框中输入子电路名称"sub1"，单击"OK"按钮，选择电路，复制到用户元器件库，同时给出子电路图标，完成子电路的创建。

（3）子电路调用：执行菜单命令"Place"→"Subcircuit"或按"Ctrl"+"B"键，在弹出的对话框中输入已创建的子电路名称"sub1"，即可使用该子电路。

（4）子电路修改：双击子电路模块，在出现的对话框中单击"Edit Subcircuit"按钮，屏幕上显示子电路的电路图，直接修改该电路图即可。

（5）子电路的 I/O 端口：为了能对子电路进行外部连接，需要对子电路添加 I/O 端口。执行菜单命令"Place"→"HB"→"SB Connecter"或按"Ctrl"+"I"键，屏幕上出现 I/O 端口符号，将其与子电路的 I/O 信号端进行连接。只有带有 I/O 端口符号的子电路才能与外电路连接。

4.3 Multisim 7 电路创建

1. 元器件

【选择元器件】在元器件栏中单击要选择的元器件库图标，打开该元器件库。在出现的元器件库对话框中可以选择所需的元器件。常用元器件库有 13 个，即信号源库、基本元器件库、二极管库、晶体管库、模拟器件库、TTL 数字集成电路库、CMOS 数字集成电路库、其他数字器件库、混合器件库、指示器件库、其他器件库、射频器件库、机电器件库等。

【选中元器件】单击元器件，即可将其选中。

【元器件操作】选中元器件，单击鼠标右键，在弹出的菜单中出现下列操作命令。

☺ Cut：剪切。

☺ Copy：复制。

☺ Flip Horizontal：水平翻转元器件。
☺ Flip Vertical：垂直翻转元器件。
☺ 90 Clockwise：将元器件顺时针旋转90°。
☺ 90 CounterCW：将元器件逆时针旋转90°。
☺ Color：设置元器件颜色。
☺ Edit Symbol：设置元器件参数。
☺ Help：帮助信息。

【元器件特性参数】双击该元器件，在弹出的元器件属性对话框中可以设置或编辑元器件的各种特性参数。元器件的每个选项下将对应不同的参数。例如，NPN型晶体管的选项如下所述。
☺ Label——标志；
☺ Display——显示；
☺ Value——数值；
☺ Fault——故障。

2. 电路图

执行菜单命令"Options"→"Preferences"，出现如图4-6所示的对话框，每个选项下有各自不同的内容，用于设置与电路显示方式相关的选项。

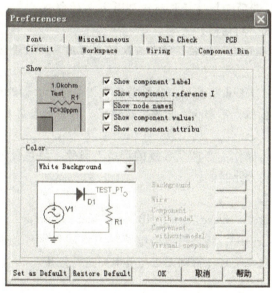

图4-6 "Preferences"对话框

【"Circuit"选项卡】"Show"区域的选项如下所述。
☺ Show component label：显示元器件的标志文字。
☺ Show component reference ID：显示元器件的序号。
☺ Show node names：显示节点编号。
☺ Show component values：显示元器件数值。
☺ Show component attribute：显示元器件属性。
"Color"区域的选项用于改变电路显示的颜色。

【"Workspace"选项卡】
☺ Show：电路工作区显示方式。
☺ Sheet size：图纸大小和方向。
☺ Zoom level：电路工作区显示比例。
【"Wiring"选项卡】
☺ Wire width：连接线的线宽。
☺ Autowire：自动连线的方式。
【"Component Bin"选项卡】
☺ Symbol standard：元器件符号标准。有两种符号标准可以选择，即ANSL（美国标准元器件符号）和DIN（欧洲标准元器件符号）。
☺ Place component mode：元器件的操作模式。
【"Font"选项卡】可以选择字体、字体的应用项目及应用范围等。
【"Miscellaneous"选项卡】
☺ Auto-backup：自动备份的时间。
☺ Circuit Default Path：电路存盘的路径。
☺ Digital Simulation Setting：数字仿真的两种状态方式，即Idea（理想仿真）和Real（真实状态仿真），前者可以获得较高的仿真速度，后者可以获得更为精确的仿真结果。
【"PCB"选项卡】选择与制作PCB相关的命令。
【"Default"对话框】
☺ "Set as Default"按钮：将当前设置存为用户默认设置，影响新建电路图。
☺ "Restore Default"按钮：将当前设置恢复为用户的默认设置。
☺ "OK"按钮：不影响用户的默认设置，只影响当前电路图的设置。

3. 导线

有关导线的操作主要涉及导线的形成、删除、颜色设置、连接点，以及在导线中间插入元器件。

4. I/O 端口

执行菜单命令"Place"→"HB"→"SB Connecter"，屏幕上会出现I/O端口符号□——，将该符号与电路的I/O端口信号端进行连接。子电路必须有I/O端口符号，否则无法与外电路进行连接。

4.4 Multisim 7 操作界面

Multisim 7 的菜单栏如图 4-7 所示。

File Edit View Place Simulate Transfer Tools Reports Options Window Help

图 4-7 Multisim 7 菜单栏

Multisim 7 的菜单栏包括该软件的所有操作命令，从左至右依次为 File

（文件）、Edit（编辑）、View（窗口）、Place（放置）、Simulate（仿真）、Transfer（文件输出）、Tools（工具）、Reports（报告）、Options（选项）、Window（窗口）和 Help（帮助）。

Multisim 7 提供了 13 个元器件库，用鼠标左健单击元器件库栏中的图标即可打开该元器件库。元器件栏如图 4-8 所示，各图标名称及其功能见表 4-1。

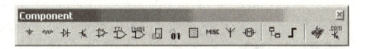

图 4-8 Multisim 7 元器件栏

表 4-1 各图标名称及其功能

图标	名称	功能
	Source	信号源库，含接地、直流信号源、交流信号源、受控源等 6 类
	Basic	基本元器件库，含电阻、电容、电感、变压器、开关、负载等 18 类
	Diode	二极管库，含普通二极管、LED、稳压二极管、桥堆、晶闸管等 9 类
	Transistor	晶体管库，含双极型管、场效应管、复合管、功率管等 16 类
	Analog	模拟集成电路库，含线性、特殊运算放大器和比较器等 6 类
	TTL	TTL 数字集成电路库，含 74×× 和 74LS×× 两大系列
	CMOS	CMOS 数字集成电路库，含 74HC×× 和 CMOS 器件的 6 个系列
	Miscellaneous Digital	数字器件库，含 TTL、VHDL、Verilog HDL 器件等 3 个系列
	Mixed	混合器件库，含 ADC、DAC、555 定时器、模拟开关等 4 类
	Indicator	指示器件库，含电压表、电流表、指示灯、数码管等 8 类
	Miscellaneous	其他器件库，含晶振、集成稳压器、电子管、熔断器等 14 类
	RF	射频元器件库，含射频 NPN、射频 PNP、射频 FET 等 7 类
	Electromechanical	电机类器件库，含各种开关、继电器、电机等 8 类

Multisim 7 在仪器仪表栏中提供了 17 个常用仪器仪表，包括数字万用表、函数发生器、功率表、双通道示波器、四通道示波器、波特图仪、频率计、字信号发生器、逻辑分析仪、逻辑转换器、IV 分析仪、失真度仪、频谱分析仪、网络分析仪、Agilent 信号发生器、Agilent 万用表、Agilent 示波器。

图 4-9 Multisim 7 仪器仪表栏

4.5 Multisim 7 仪器仪表使用

1. 数字万用表（Multimeter）

Multisim 7 提供的数字万用表的外观和操作与实际的数字万用表相似，可以测电流（A）、电压（V）、电阻（Ω）和分贝值（dB），也可以测直流或交流信号。万用表有正极和负极两个引线端，如图 4-10 所示。

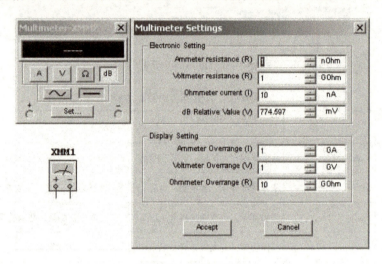

图 4-10 数字万用表

2. 函数发生器（Function Generator）

Multisim 7 提供的函数发生器可以产生正弦波、三角波和矩形波信号，频率可在 1Hz~999MHz 范围内调整，信号的幅值及占空比等参数也可以根据需要进行调节。函数发生器有 3 个引线端口，即负极、正极和公共端，如图 4-11 所示。

3. 功率表（Wattmeter）

Multisim 7 提供的功率表用于测量电路的交流或直流功率，功率表有 4 个引线端口，分别为电压正极和负极、电流正极和负极，如图 4-12 所示。

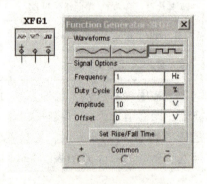

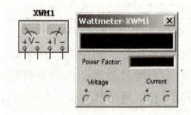

图 4-11 函数发生器　　图 4-12 功率表

4. 双通道示波器（Oscilloscope）

Multisim 7 提供的双通道示波器（如图 4-13 所示）与实际示波器的外观和操作基本相同，可以观察一路或两路信号波形的形状，分析被测周期信号的幅值和频率，时间基准可在秒甚至纳秒范围内调节。示波器图标有4个连接点，即A通道输入、B通道输入、外触发端T和接地端G。

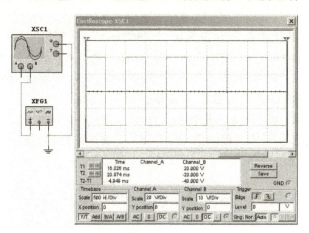

图4-13　双通道示波器

示波器的控制面板分为如下4个部分。

【Timebase（时间基准）】"Scale"（量程）栏用于设置显示波形时的X轴时间基准。"X position"（X轴位置）栏用于设置X轴的起始位置。显示方式设置有4种："Y/T"方式指的是X轴显示时间，Y轴显示电压值；"Add"方式指的是X轴显示时间，Y轴显示A通道和B通道电压之和；"A/B"或"B/A"方式指的是X轴和Y轴都显示电压值。

【Channel A（通道A）】"Scale"（量程）栏用于通道A的Y轴电压刻度设置。"Y position"（Y轴位置）栏用于设置Y轴的起始点位置，起始点为0表明Y轴和X轴重合，起始点为正值表明Y轴原点位置向上移，否则向下移。触发耦合方式包括"AC"（交流耦合）、"0"（0耦合）或"DC"（直流耦合）。交流耦合只显示交流分量，直流耦合显示直流和交流之和，0耦合在Y轴设置的原点处显示一条直线。

【Channel B（通道B）】通道B的Y轴量程、起始点、耦合方式等项内容的设置与通道A的相同。

【Trigger（触发）】触发方式主要用于设置X轴的触发信号、触发电平及边沿等。"Edge"（边沿）栏用于设置被测信号开始的边沿，设置先显示上升沿或下降沿。"Level"（电平）栏用于设置触发信号的电平，使触发信号在某一电平时启动扫描。触发信号选择：Auto（自动），通道A和通道B表明用相应的通道信号作为触发信号；"Ext"表示外触发；"Sing"表示单脉冲触发；"Nor"表示一般脉冲触发。

5. 四通道示波器（4 Channel Oscilloscope）

四通道示波器与双通道示波器的使用方法和参数调整方式完全一样，只是多了一个通道控制器旋钮　。当旋钮拨到某个通道位置时，才能对该通道的Y轴进行调整。

6. 波特图仪（Bode Plotter）

利用波特图仪可以方便地测量和显示电路的频率响应。波特图仪适合于分析滤波电路或电路的频率特性，特别易于观察截止频率。波特图仪需要连接两路信号（输入信号和输出信号），需要在电路的输入端接交流信号。

波特图仪控制面板分为幅值（Magnitude）或相位（Phase）的选择、横轴（Horizontal）和纵轴（Vertical）设置、显示方式的其他控制信号，面板中的"F"指的是终值，"I"指的是初值。在波特图仪的面板上，可以直接设置横轴和纵轴的坐标及参数。例如，构造一阶 RC 滤波电路，如图 4-14 所示，输入端加入正弦波信号源，电路输出端与示波器相连，目的是为了观察不同频率的输入信号经过 RC 滤波电路后输出信号的变化情况，如图 4-15 和图 4-16 所示。

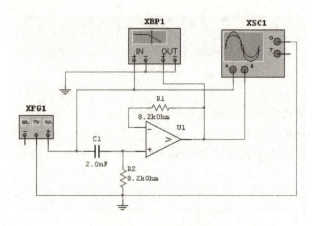

图 4-14　一阶 RC 滤波电路

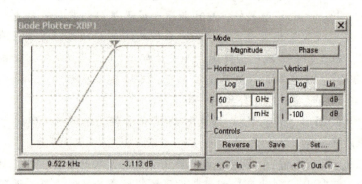

图 4-15　幅频特性曲线

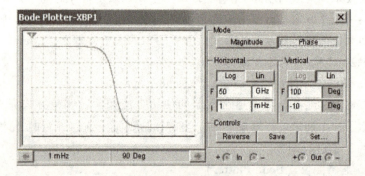

图 4-16　相频特性曲线

调整纵轴幅值测试范围的初值 I 和终值 F，调整相频特性，即纵轴相位范围的初值 I 和终值 F。打开仿真开关，单击幅频特性，在波特图观察窗口可以看到幅频特性曲线；单击相频特性，波特图观察窗口显示相频特性曲线。

7. 频率计（Frequency Counter）

频率计主要用于测量信号的频率、周期、相位，以及脉冲信号的上升沿和下降沿。频率计的图标、面板及使用如图 4-17 所示。使用过程中应注意根据输入信号的幅值调整频率计的灵敏度（Sensitivity）和触发电平（Trigger Level）。

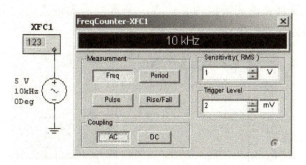

图 4-17 频率计

8. 字信号发生器（Word Generator）

字信号发生器是一个通用的数字激励源编辑器，可以多种方式产生 32 位的字符串，在数字电路测试中的应用非常灵活。其左侧是控制面板，右侧是字信号发生器的字符窗口。控制面板分为控制方式（Controls）、显示方式（Display）、触发（Trigger）、频率（Frequency）等。

9. 逻辑分析仪（Logic Analyzer）

Multisim 7 提供了 16 路的逻辑分析仪，用于进行数字信号的高速采集和时序分析，如图 4-18 所示。逻辑分析仪的连接端口有 16 路信号输入端、

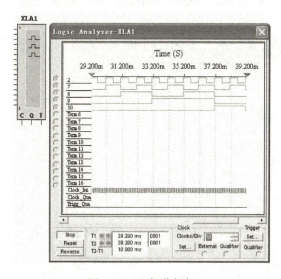

图 4-18 逻辑分析仪

外接时钟端 C、时钟限制 Q 及触发限制 T。面板分上、下两个部分，上半部分是显示窗口，下半部分是逻辑分析仪的控制窗口，控制信号有停止（Stop）、复位（Reset）、反相显示（Reverse）、时钟（Clock）和触发（Trigger）设置。

10. 逻辑转换器（Logic Converter）

Multisim 7 提供了一种虚拟仪器——逻辑转换器（实际中没有这种仪器），如图 4-19 所示。逻辑转换器可以在逻辑电路、真值表和逻辑表达式之间进行转换，有 8 路信号输入端和 1 路信号输出端。6 种转换功能依次是逻辑电路转换为真值表、真值表转换为逻辑表达式、真值表转换为最简逻辑表达式、逻辑表达式转换为真值表、逻辑表达式转换为逻辑电路、逻辑表达式转换为与非门电路。

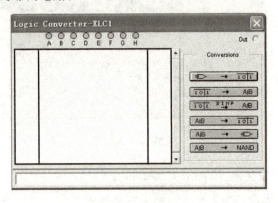

图 4-19 逻辑转换器

11. IV 分析仪（IV Analyzer）

IV 分析仪专门用于分析晶体管的伏安特性曲线，如二极管、NPN 管、PNP 管、NMOS 管、PMOS 管等。IV 分析仪相当于实验室的晶体管图示仪，需要将晶体管与连接电路完全断开，才能进行 IV 分析仪的连接和测试。IV 分析仪有 3 个连接点实现与晶体管的连接。IV 分析仪面板左侧是伏安特性曲线显示窗口，右侧是功能选择区域，如图 4-20 所示。

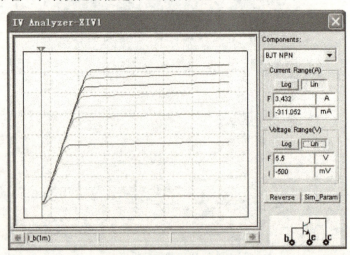

图 4-20 IV 分析仪

12. 失真度仪（Distortion Analyzer）

失真度仪专门用于测量电路的信号失真度，其频率范围为 20Hz～100kHz。面板最上方给出了测量失真度的提示信息和测量值。分析频率（Fundamental Freq）可以设置分析频率值；选择分析 THD（总谐波失真）或 SINAD（信噪比），单击"Set"按钮，打开设置窗口，如图 4-21 所示。由于 THD 的定义有所不同，所以可以设置 THD 的分析选项。

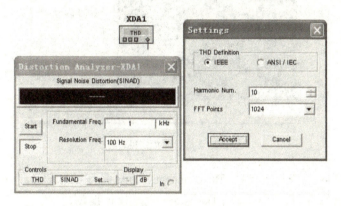

图 4-21　失真度仪

13. 频谱分析仪（Spectrum Analyzer）

频谱分析仪用于分析信号的频域特性，如图 4-22 所示，其频域分析范围的上限为 4GHz。"Span Control"区域用于控制频率范围，选择"Set Span"的频率范围由"Frequency"区域决定；选择"Zero Span"的频率范围由"Frequency"区域设定的中心频率决定；选择"Full Span"的频率范围为 1kHz～4GHz。"Frequency"区域用于设定频率："Span"栏用于设定频率范围，"Start"栏用于设定起始频率，"Center"栏用于设定中心频率，"End"栏用于设定终止频率。"Amplitude"区域用于设定幅值单位，有 3 种选择，即 dB、dBm、Lin。dB = 10log10（V）；dBm = 20log10（V/0.775）；"Lin"为线性表示。"Resolution Freq."栏用于设定频率分辨的最小谱线间隔（简称频率分辨率）。

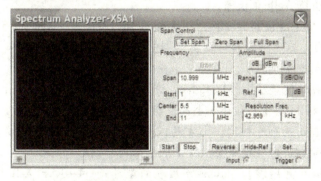

图 4-22　频谱分析仪

14. 网络分析仪（Network Analyzer）

网络分析仪主要用于测量双端口网络的特性，如衰减器、放大器、混

· 119 ·

频器、功率分配器等，如图4-23所示。Multisim 7提供的网络分析仪可以测量电路的S参数，并计算出H、Y、Z参数。

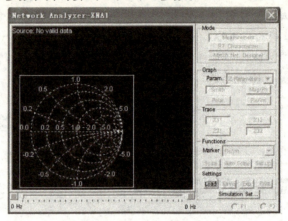

图4-23　网络分析仪

- ☺ Mode（分析模式）：Measurement——测量模式；RF Characterizer——射频特性分析；Match Net Designer——电路设计模式。
- ☺ Graph：用于选择要分析的参数及模式，可选择的参数有S参数、H参数、Y参数、Z参数等。模式选择有史密斯模式（Smith）、增益/相位频率响应，波特图（Mag/Ph）、极化图（Polar）、实部/虚部（Re/Im）。
- ☺ Trace：选择需要显示的参数。
- ☺ Marker：数据显示窗口的3种显示模式：Re/Im——直角坐标模式；Mag/Ph（Degs）——极坐标模式；dB Mag/Ph（Deg）——分贝极坐标模式。
- ☺ Settings：数据管理，Load——读取专用格式数据文件；Save——存储专用格式数据文件；Exp——输出数据至文本文件；Print——打印数据。
- ☺ "Simulation Set"按钮：用于设置不同分析模式下的参数。

15. 仿真Agilent仪器

仿真Agilent仪器有3种，即Agilent信号发生器、Agilent万用表、Agilent示波器。这3种仪器与真实仪器的面板、按钮、旋钮操作方式完全相同，使用起来更加真实。

【Agilent信号发生器】Agilent信号发生器的型号是33120A，其图标和面板如图4-24所示，这是一个高性能、15MHz的综合信号发生器。Agilent信号发生器有两个连接端，上方是信号输出端，下方是接地端。单击最左侧的电源按钮，即可按照要求输出信号。

【Agilent万用表】Agilent万用表的型号是34401A，其图标和面板如图4-25所示，这是一个高性能、$6\frac{1}{2}$位的数字万用表。Agilent万用表有5个连接端，应按照面板的提示信息进行连接。单击最左侧的电源按钮，即可使用万用表，实现对各种电类参数的测量。

图 4-24　Agilent 信号发生器

图 4-25　Agilent 万用表

【**Agilent 示波器**】Agilent 示波器的型号是 54622D，其图标和面板如图 4-26 所示，这是一个 2 个模拟通道、16 个逻辑通道、100MHz 的宽带示波器。Agilent 示波器下方的 18 个连接端是信号输入端，右侧是外接触发信号端、接地端。单击电源按钮即可使用示波器，实现对各种波形的测量。

图 4-26　Agilent 示波器

4.6　Multisim 7 电路创建方法

电路创建的操作步骤是：设置操作界面、选取元器件、定位与调整元器件、连接元器件等。

1. 操作界面设置

执行菜单命令"Options"→"Preferences"，弹出"Preferences"对话框，如图 4-27 所示。该对话框共有 8 个选项卡，每个选项卡又包含若干个功能选项。

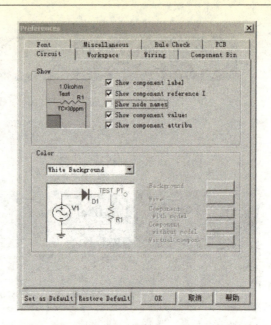

图 4-27 "Preferences" 对话框（"Circuit" 选项卡）

【"Circuit"（电路）选项卡】

☺ Show（显示功能）：用于窗口内电路图和元器件参数的设置，可以选择显示或隐藏（Show/Hide）电路中元器件的标志、参考序号、节点编号、元器件量值和元器件属性等。

☺ Color（配色功能）：设置窗口内电路图的颜色，在左侧下拉菜单中可选预定的配色方案，也可以自定义配色方案。通过该区右侧的 5 个按钮，对电路图的背景、导线、有源器件、无源器件和虚拟器件进行颜色配置。

【"Workspace"（工作区）选项卡】如图 4-28 所示。

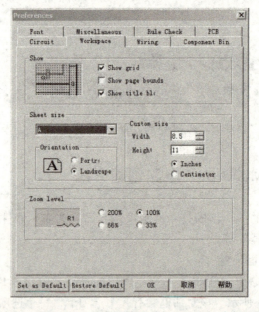

图 4-28 "Preferences" 对话框（"Workspace" 选项卡）

☺ 设置图纸尺寸、方向、纸张边界、标题栏等。
☺ 设置栅格显示、显示窗口的缩放比例。

【"Wiring"（连线）选项卡】该选项卡主要用于设置电路导线的宽度和连接方式。"Wire width"选项为电路导线宽度设置，"Autowire"选项为控制自动连线方式。控制方式分别是：

☺ Autowire on connection：自动连线。
☺ Autowire on move：移动元器件时，连接线自动保持垂直/水平布线。

【"Component Bin"（元器件）选项卡】如图4-29所示。

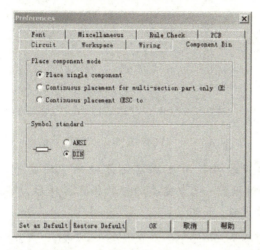

图4-29 "Preferences"对话框（"Component Bin"选项卡）

☺ Place component mode：元器件放置形式（单个放置或连续放置）。通常选单个放置。
☺ Symbol standard：元器件的符号标准，"ANSI"为美国标准，"DIN"为欧洲标准。我国的电气符号与欧洲标准相近，选DIN标准。

【"Font"（字体、字型和字号）选项卡】该选项卡主要用于设置元器件的参考序号、大小、标志、引脚、节点、属性和电路图等所用文本的字体，其设置方法与Windows操作系统相似。

【"Miscellaneous"（综合）选项卡】该选项卡主要用于设置电路备份、存储路径、数字电路仿真速度等参数。其中，"Auto backup"（自动备份）：可以自动备份时间等参数；"Circuit Default Path"：选择电路存盘路径；"Digital Simulation Setting"：选择数字仿真的两种状态（理想仿真（Idea）和真实仿真（Real）），理想仿真可以获得较高的仿真速度，真实仿真可以获得精确的结果。

【"Rule Check"选项卡】该选项卡主要用于电路规则检查，创建检查报告，指出电路连接的错误等。

【"PCB"选项卡】该选项卡主要用于PCB的制作，如接地选择、PCB层数的设置等。

2. 元器件选取

Multisim 7中的元器件分为两大类，即真实元器件和虚拟元器件（背景为绿色的是虚拟元器件）。

【选取虚拟元器件】单击虚拟元器件库中的某个元器件，用鼠标将其拖

放到工作区。若想改变元器件参数,可双击该元器件,弹出属性对话框(如图4-30所示),在此可对标号(Label)、标称值(Value)、显示方式(Display)和故障模拟(Fault)等进行设置。

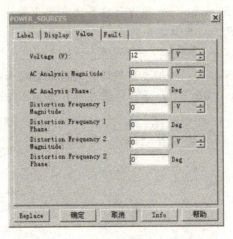

图4-30 "POWER_SOURCES"对话框

【选取真实元器件】单击真实元器件库中的某个元器件,弹出如图4-31所示的对话框。选中需要的标称值元器件后,单击"OK"按钮,在工作区放置元器件。

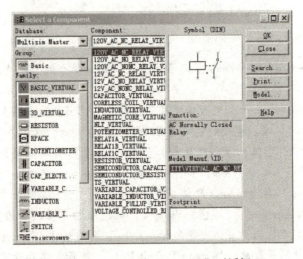

图4-31 "Select a Component"对话框

也可执行菜单命令"Place"→"Component",或者按"Ctrl"+"W"键,打开"Select a Component"对话框,如图4-31所示。

☺ Database:单击该栏可看到3个选项,选择"Multisim Master"(Multisim主元器件库),通常为默认设置。

☺ Group:单击该栏后会出现14种元器件族,如基本元件、电源、二极管、晶体管等。

选取元器件的操作顺序是,首先确定主元器件库,然后确定元器件族,最后确定元器件系列号。例如,拟选取一个5.1Ω的电阻,首先在"Group"栏中选择"Basic",然后选"Resistor",最后选取"5.1ohm"的电阻。

【搜索所需的元器件】如果知道所需元器件类型的某些信息，则利用搜索引擎，可以快捷地选取元器件。具体方法是，在"Select a Component"对话框中输入所需要的元器件参数，单击"Search"按钮，可以自动进行查找。

【放置3D立体元器件】单击虚拟元器件库的3D图标，可以选择3D元器件，如图4-32所示。

图4-32　3D元器件库图标

3. 元器件的定位与调整

在对元器件进行定位、移动、旋转、删除和参数设置等操作时，应先选中该元器件，具体操作方法如下。

（1）若选择某一个元器件，可用鼠标左键单击该元器件；若选择多个元器件，可在按住"Shift"键的同时，依次单击要选的元器件；若选择某一区域的元器件，可在工作区中拖曳出一个矩形区，该区内的所有元器件同时被选中。

（2）被选中的单个或多个元器件的图标、标号和标称值，可同时进行移动定位。

（3）为了使电路元器件的布局排列合理，可对元器件进行旋转或翻转操作。将光标移到元器件上，单击鼠标右键，弹出元器件调整对话框。单击相应菜单，可执行旋转或翻转功能。

（4）对于电位器、可变电容、可变电感和开关等可调元器件，可通过键盘上的按键进行控制。以电位器为例，双击该电位器，弹出电位器设置对话框，如图4-33所示。

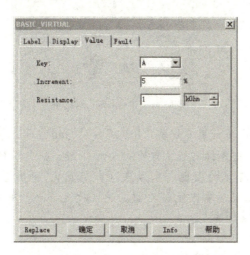

图4-33　"BASIC_VIRTUAL"对话框

其中，"Key"栏用于设置控制键，按"a"键减小电阻值，按"A"键增大电阻值，"Decrease"表示递减，"Increase"表示递增，通过"Shift"键进行变换。"Increment"栏用于每次调整的百分比，通常设置为1%~5%。

4. 元器件连接

元器件的连接主要有3种方式，即自动连线、手动连线和混合连线。

【自动连线】将光标移动到需要连线的引脚，光标变成一个中间有黑点的"+"形,单击该引脚,移动光标,随着光标的移动产生一条连线,并自动绕过中间的元器件。将光标指向终点元器件引脚,系统自动将两个引脚连接起来,自动产生连线。若此时单击鼠标右键或按"Esc"键,则会终止此次连线。

【手动连线】当电路图比较复杂时,一般采用手动连线或混合连线。首先采用自动连线,若对自动连线结果不满意,则穿插手动连线。若需在某一位置人为地改变连线的走向,则可单击鼠标左键,即每单击一次鼠标左键就可以改变一次连线走向,直至连线达到满意效果为止。

【修改连线】连线接好后,若想进行局部调整,可单击该连线,连线上将出现很多拖动点,光标变成双箭头,拖动箭头进行任意修改。单击连线,按"Delete"键,可删除连线。

【连线颜色】为了便于读图或观察波形,可将电路中的某些连线或仪表连线设置为不同的颜色。用鼠标右键单击要改变颜色的连线,弹出"Colors"对话框,如图4-34所示。单击"Colors"区域,在打开的颜色框中选择所需要的颜色,单击"OK"按钮,完成颜色设置。

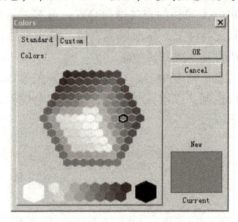

图4-34 "Colors"对话框

【节点放置】执行菜单命令"Place"→"Junction"(放置节点),或者在电路窗口上单击鼠标右键,弹出一个对话框。执行"Place Junction"命令,就会在光标箭头处出现一个黑点(即节点),并随着光标的移动而移动,移到适当位置,单击鼠标左键,便可放置节点。单击节点,按"Delete"键,可删除该节点。

4.7 Multisim 7 电路创建实例

下面以图4-35所示的直流电路为例,简要介绍电路创建与测试过程。

1. 设置操作界面

启动Multisim 7工作界面,单击"新建"图标,创建一个新的电路文件。执行菜单命令"Options"→"Preferences",进行电路工作界面的设置,如在"Circuit"选项卡中可以选择元器件的标志、参考序号、节点编号、元器件量值和元器件属性等;在"Workspace"选项卡中,可以设置图纸的尺寸、方向等；在"Component Bin"选项卡中可以选择元器件的符号标准为 DIN 标准。

2. 放置元器件

创建一个直流电路，如图 4-35 所示。单击虚拟元器件库（蓝绿色图标），从基本元器件库中选取电阻，从电源库中选取直流电压源和接地，从测量仪表库中选取电流表和电压表。将所选中的元器件和仪表拖放到工作区。

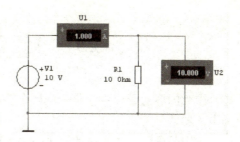

图 4-35 直流电路

若想改变元器件参数，可双击该元器件，弹出属性设置对话框，进行标号（Label）和标称值（Value）的修改。

3. 布置元器件

依次将元器件和仪表放置到电路工作区后，可通过移动、旋转、复制、粘贴和删除等操作，对元器件进行有序调整，合理布置，使电路整齐划一、顺行通畅。

4. 电路连接

连接有手动连线、自动连线和混合连线 3 种方式。具体操作方法是，将光标箭头指向第一个元器件的引脚上，光标变成一个带黑点的"+"形；单击该引脚，然后移动光标到下一个元器件引脚，单击该引脚，就会产生一条连线。若此时单击鼠标右键或按"Esc"键，就会终止此次连接。

5. 元器件参数设置

电路连接完成后，需要对元器件和仪表的编号、标称值等进行修改或调整。具体操作方法是，将光标箭头对准需要调整的元器件，双击该元器件，弹出元件属性对话框，可对元器件重新设置和调整。例如，从电源库中选取的电压源标注为 V1，标称值为 12V；从基本元器件库中选取的电阻标注为 R1，标称值为 1kΩ。根据电路设计要求，现修改电压源 V1 为 10V；电阻 R1 为 10Ω。

6. 电路节点设置

电路创建完成后，需要设置节点号。设置节点号的方法是，执行菜单命令"Options"→"Preferences"，弹出"Preferences"对话框，执行菜单命令"Circuit"→"Show"→"Show node names"，单击"OK"按钮，自动完成节点号设置。

7. 电路仿真实验

电路创建完毕，单击电路窗口的仿真开关，进行电路通电测试。若电路连接正确，可以看到电流表显示 U1 = 1A，电压表显示 U2 = 10V。电流表和电压表的标志为 U1 和 U2。

8. 保存文件

电路仿真实验完成后，就可以将电路文件存盘，方法与 Windows 系统操作相似，执行"另存为"命令，弹出的"另存为"对话框，默认文件名为"Circuit 1. ms7"，也可更改文件名和存放路径。

第 5 章 电力电子器件

本章内容对于焊接专业来说属于重点内容,主要介绍晶闸管及其他电力电子器件。

关于晶闸管,主要包括导通关断条件、主要参数及型号等。

派生器件主要包括门极关断晶闸管、双向晶闸管、逆导型晶闸管、快速晶闸管、光控晶闸管等。

新型电力电子器件主要包括电力晶体管、电力场效应晶体管、绝缘栅双极晶体管等。

电力电子器件的保护主要分为过电压保护和过载保护。

晶闸管的问世使得电子技术进入强电领域,从而产生了电力电子技术这门学科,其主要理论基础由电子学、电力学及控制理论三者结合而成。以电力电子器件为核心,对强电电路和系统进行电能变换和控制。

5.1 晶闸管

电力电子电路中能实现电能变换与控制的半导体电子器件称为电力电子器件(Power Electronic Device)。电力电子器件是电力电子技术及其应用的基础。电力电子技术的发展取决于电力电子器件的研制与应用。

5.1.1 电力电子器件的分类

在对电能的变换和控制过程中,电力电子器件可以抽象成图 5-1 所示的理想开关模型。它有 3 个电极,其中 A 和 B 代表开关的两个主电极,K 是控制开关通/断的控制极。它只工作在"通态"和"断态"两种情况,在通态时其电阻值为零,断态时其电阻值为无穷大。

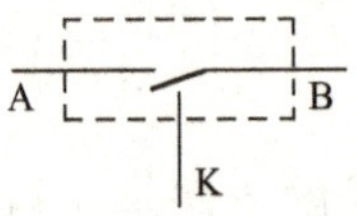

图 5-1 电力电子器件的理想开关模型

由此可知电力电子器件有如下 3 个基本特性。

☺ 电力电子器件一般都工作在开关状态。

☺ 电力电子器件的开关状态由外电路(驱动电路)来控制。

☺ 在工作中,器件的功率损耗(通态、断态、开关损耗)很大,尤其是通态损耗特别大。为保证不至因损耗散发的热量导致器件温度过高而损坏,一般都要安装散热器。

电力电子器件按器件的开关控制特性可以分为以下 3 类。

【不可控器件】本身没有导通、关断控制功能,而需要根据电路条件决定其导通、关断状态的器件称为不可控器件。

典型的不可控器件为电力二极管（Power Diode）。电力二极管（Power Diode）也称为半导体整流器（Semiconductor Rectifier，SR），是20世纪最早获得应用的电力电子器件，至今在中高频整流和逆变的场合都发挥着积极的作用，具有不可替代的地位。其与中小功率二极管的结构、工作原理、伏安特性相似，区别在于其工作时耐压高、电流大。

【半控型器件】通过控制信号只能控制其导通，而不能控制其关断的电力电子器件称为半控型器件，如晶闸管（Thyristor）及其大部分派生器件。

【全控型器件】通过控制信号既可控制其导通又可控制其关断的器件，称为全控型器件，如门极关断晶闸管（Gate-Turn-Off Thyristor，GTO）、功率场效应晶体管（Power MOSFET）、绝缘栅双极型晶体管（Insulated-Gate Bipolar Transistor，IGBT）等。

5.1.2 晶闸管的基本结构与工作原理

晶闸管是闸流晶体管（Silicon Controlled Rectifier，SCR）的简称，俗称可控硅。由于它电流容量大、耐压量高及开通的可控性，已被广泛应用于相控整流、逆变、交流调压、直流变换等领域，成为特大功率低频（200Hz以下）装置中的主要器件。

晶闸管的外形及符号如图5-2所示，按照额定电流的不同可分为小电流塑封式、小电流螺旋式、大电流螺旋式和大电流平板式（额定电流在200A以上），分别如图5-2（a）、（b）、（c）、（d）所示，图5-2（e）所示为其图形符号，引出的3个电极分别为阳极A、阴极K和门极G。

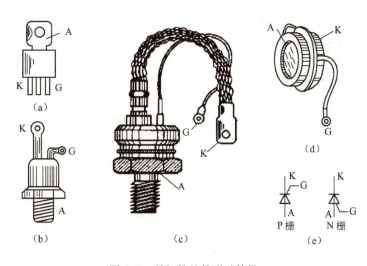

图5-2 晶闸管的外形及符号

施加在阳极和阴极之间的电压称为阳极电压，接在门极和阴极之间的电压称为门极触发电压。晶闸管的阳极电压接在主回路中，其通/断受到门极触发信号的控制。

下面通过图5-3所示电路说明晶闸管的导通、关断条件。在该电路中，

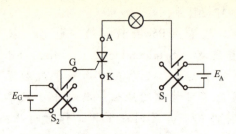

图 5-3 晶闸管的导通、关断测试

主电源 E_A、白炽灯、晶闸管的阳极和阴极，通过双刀开关 S_1 组成晶闸管主电路；门极电路由门极电源 E_G、晶闸管的门极和阴极，通过双刀开关 S_2 组成，又称控制电路，也称为触发电路。分别在晶闸管关断和导通的条件下改变开关位置，通过实验结果，可得到如下结论。

【晶闸管的导通条件】 在晶闸管的阳极和阴极间加正向电压，同时在门极和阴极间也加适当的正向电压，二者缺一不可。

晶闸管一旦导通，门极即失去控制作用，此时可以把门极电压撤掉。因此，门极电压无须保持直流电压，常采用脉冲电压。晶闸管从阻断变为导通的过程称为触发导通，一般门极的触发电流只有几十毫安到几百毫安，而晶闸管导通后，却可以通过几百、几千安的电流。所以说，通过晶闸管实现了弱电对强电的控制。

【晶闸管的关断条件】 使流过晶闸管的阳极电流小于维持电流。维持电流是保持晶闸管导通的最小电流。由于门极只能控制晶闸管的导通，却无法控制其关断，所以又称晶闸管为半控型器件。

5.1.3 晶闸管的伏安特性

晶闸管的阳极与阴极间的电压和阳极电流之间的关系，称为阳极伏安特性。其伏安特性曲线如图 5-4 所示。

图中位于第一象限的是正向特性，位于第三象限的是反向特性，其主要特性表现如下所述。

（1）在正向偏置下，当 $I_G = 0$ 时，如果在晶闸管两端所加正向电压 U_A 未增到正向转折电压 U_{BO}，则晶闸管处于正向阻断状态，只有很小的正向漏电流。当 $U_A = U_{BO}$ 时，发生转折，漏电流急剧增大，晶闸管由阻断状态进入导通

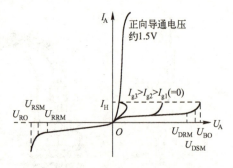

图 5-4 晶闸管的伏安特性曲线

状态，正向电压降低，其特性和二极管的正向伏安特性相仿。这种由电压引起的导通称为电压触发导通，是一种硬开通，多次这样触发会造成晶闸管的损坏，所以通常不允许采用。

（2）当采用门极触发导通方式时，门极触发电流 I_G 越大，正向转折电压 U_{BO} 就越低。而当 I_G 足够大时，晶闸管就导通了，此时晶闸管的正向转折电压 U_{BO} 很小，压降也很小。晶闸管正向导通的伏安特性与二极管的正向特性类似。晶闸管一旦触发导通后，即使去除门极信号，晶闸管仍能维持导通状态不变。所以，晶闸管一旦导通，门极就失去了控制作用。

（3）晶闸管导通后，只要逐步减小阳极电流 I_A，使 I_A 下降到小于维持电流 I_H，晶闸管又可恢复到阻断状态。这种关断方式称为自然关断。除此之外，还可采用加反偏电压的方法进行强迫关断。

（4）在反向偏置下，其伏安特性和整流管的反向伏安特性相似。处于反向阻断状态时，只有很小的反向漏电流。当反向电压超过反向击穿电压 U_{RO} 后，反向漏电流急剧增大，造成晶闸管反向击穿而损坏。

5.1.4 晶闸管的主要特性参数

1. 电压参数

【**额定电压 U_{TN}**】 在门极断路和晶闸管正向阻断的条件下，可重复加在晶闸管两端的正向峰值电压称为正向阻断重复峰值电压 U_{DRM}。一般规定此电压为正向转折电压 U_{BO} 的 80%。同理，在门极断路时，可以重复加在晶闸管两端的反向峰值电压称为反向阻断重复峰值电压 U_{RRM}。此电压取反向击穿电压 U_{RO} 的 80%。一般把 U_{DRM} 和 U_{RRM} 中较小的那个值按百位向零取整后作为该晶闸管的额定电压值。晶闸管的耐压会因散热条件恶化和结温升高而降低，因此选择晶闸管的额定电压时应注意留有充分的裕量，一般应按工作电路中可能承受到的最大瞬时值电压 U_{TM} 的 2～3 倍来选择，即

$$U_{TN} = (2 \sim 3) U_{TM}$$

【**通态平均电压 $U_{T(AV)}$**】 当流过正弦半波电流并达到稳定的额定结温时，晶闸管阳极与阴极之间电压降的平均值，称为通态平均电压。额定电流大小相同的晶闸管，通态平均电压越小，耗散功率就越小，晶闸管质量就越好。普通晶闸管按照其通态平均电压的大小分为 9 级，即 A～I 级，其导通压降分别为 0.4～1.2V。

2. 电流参数

【**额定电流 $I_{T(AV)}$**】 由于晶闸管具有可控的单向导电性，因此流过晶闸管的电流为脉动的直流电，因此晶闸管的额定电流用通态平均电流来表示。在环境温度小于 40℃ 和标准散热及导通角不小于 170° 的条件下，晶闸管允许通过的工频正弦半波电流平均值称为通态平均电流 $I_{T(AV)}$ 或正向平均电流。按晶闸管标准电流系列取值，称为该晶闸管的额定电流。通常所说晶闸管是多少安，就是指额定电流。如果正弦半波电流的最大值为 I_m，则

$$I_{T(AV)} = \frac{1}{2\pi}\int_0^\pi I_m \sin\omega t \, d(\omega t) = \frac{I_m}{\pi} \tag{5-1}$$

额定电流有效值 I_T 为

$$I_T = \sqrt{\frac{1}{2\pi}\int_0^\pi (I_m \sin\omega t)^2 d(\omega t)} = \frac{I_m}{2} \tag{5-2}$$

但是在实际使用中，对于不同的电路、不同的负载、流过晶闸管的电流波形形状及导通角并不是一定的，各种含有直流分量的电流波形都有一个电流平均值（一个周期内波形面积的平均值），也就有一个电流有效值（方均根值）。把某电流波形的有效值与平均值之比称为该电流的波形系数，用 K_f

表示。流过晶闸管的电流的波形不同,其波形系数的大小显然也不同。当晶闸管工作在半波全导通的情况下时,其波形系数可直接由上述公式得出,即

$$K_f = \frac{I_T}{I_{T(AV)}} = \frac{\pi}{2} \approx 1.57 \quad (5-3)$$

这说明额定电流 $I_{T(AV)} = 100A$ 的晶闸管,其额定电流有效值约为157A。

在选用晶闸管时,首先要根据晶闸管的额定电流求出晶闸管允许流过的最大有效电流。不论流过晶闸管的电流波形如何,只要流过晶闸管的实际电流最大有效值小于或等于晶闸管的额定电流有效值,且散热冷却在规定的条件下,则管芯的发热就可以限制在允许范围内。考虑到晶闸管的电流过载能力比一般电机、电器要小得多,因此在选用晶闸管额定电流时,根据实际最大的电流的有效值计算后要留有足够的裕量,以免损坏晶闸管。一般应按工作电路中实际最大的电流的有效值的 $1.5 \sim 2$ 倍来选择,即

$$I_{T(AV)} = (1.5 \sim 2)\frac{I_T}{1.57} \quad (5-4)$$

【维持电流 I_H】 在规定的环境温度和门极断开时,晶闸管从较大的通态电流降至维持通态所必需的最小电流,称为维持电流。它一般为十几毫安到几百毫安。维持电流与晶闸管容量、结温有关,晶闸管的额定电流越大,维持电流也越大,因而维持电流大的晶闸管更容易关断。

【擎住电流 I_L】 晶闸管刚从断态转入通态就立刻去除触发信号,此时能使晶闸管保持导通所需要的最小阳极电流称为擎住电流 I_L。I_L 为维持电流 I_H 的 $2 \sim 4$ 倍。欲使晶闸管触发导通,必须使触发脉冲保持到阳极电流上升到擎住电流以上才能去掉,否则会造成晶闸管重新恢复阻断状态,因此触发脉冲必须具有一定的宽度,以保证晶闸管的完全导通。

3. 其他参数

【晶闸管的开通时间 t_{on} 与关断时间 t_{off}】 晶闸管的开通时间 t_{on} 是指从门极触发电压前沿的10%到晶闸管阳极电压下降至10%所需的时间,普通晶闸管的 t_{on} 约为 $6\mu s$。为了缩短开通时间,常采用实际触发电流比规定触发电流大 $3 \sim 5$ 倍、前沿陡的窄脉冲来触发。如果触发脉冲不够宽,晶闸管就不可能触发导通。为保证晶闸管可靠触发,要求触发脉冲的宽度稍大于 t_{on}。

晶闸管的关断时间 t_{off} 是指晶闸管从正向阳极电流下降为零到它恢复正向阻断能力所需要的时间。晶闸管的关断时间与晶闸管结温、关断前阳极电流的大小及所加反压的大小有关。普通晶闸管的 t_{off} 约为几十到几百微秒。

【门极触发电流 I_{GT} 和门极触发电压 U_{GT}】 在室温下,对晶闸管加上6V正向阳极电压时,使晶闸管由断态转入通态所必需的最小门极电流称为门极触发电流 I_{GT},相应的门极电压称为门极触发电压 U_{GT}。若触发电流太小,则容易受干扰而引起误触发;若触发电流太大则会增加控制电路功率的负担,因此不同系列的晶闸管都规定了最大和最小触发电流、触发电压的范围。因为受温度影响很大,而晶闸管铭牌上的数据是常温下所测得的,所

以实际工作时的触发电压和触发电流应视具体情况而定。

【断态电压临界上升率和通态电流临界上升率】 在额定结温和门极开路的情况下,使晶闸管从断态到通态所需的最低阳极电压上升率称为断态电压临界上升率。为防止晶闸管的误导通,晶闸管使用中要求断态下阳极电压的上升速度要低于此值。可以通过在晶闸管两端并接阻容电路,利用电容两端电压不能突变的性质来限制电压上升率。

在规定条件下,晶闸管在门极触发开通时,晶闸管能够承受而不致损坏的最大通态电流上升率称为通态电流临界上升率。为限制通态电流临界上升率,可以在阳极回路中串入小电感,以对增长过快的电流进行限制。

5.1.5 晶闸管的型号

晶闸管通常用两种命名标准,一种为 KP 型,另一种为原来的 CT 型。命名规则如下:

☺ KP［额定电流等级］-［额定电压等级］［通态平均电压组别］;
☺ 3CT［额定电流等级］/［额定电压］。

其中"K"和"3CT"代表晶闸管,"P"代表类型为普通型,可以替换为 S(双向型)、G(可关断型)、N(逆导型)。额定电压值为额定电压等级乘以 100,当额定电流小于 100A 时,可以不标通态平均电压组别。

例如,KP100-12G 表示额定电流为 100A、额定电压为 1200V、通态平均电压小于 1V 的普通型晶闸管。又如,3CT50/500V 表示额定电流为 50A、额定电压为 500V 的普通型晶闸管。

到目前为止,普通晶闸管的最大额定电流可达 4kA,最大额定电压可达 7kV,导通压降在 1kV 额定电压时为 1.5V,在 5kV 额定电压时仅为 3V。

【例 5-1】 一个晶闸管接在 220V 交流回路中,通过该器件的电流有效值为 60A,额定电压、电流均考虑 2 倍的余量,问应选择什么型号的晶闸管?

解: 晶闸管额定电压为

$$U_{TN} = 2U_{TM} = 2\sqrt{2} \times 220V \approx 622V$$

按晶闸管参数系列取 700V,即 7 级。
晶闸管的额定电流为

$$I_{T(AV)} = 2\frac{I_T}{1.57} = 2 \times \frac{60A}{1.57} \approx 76A$$

按晶闸管参数系列取 100A,所以选取晶闸管型号为 KP100-7。

5.2 派生器件

晶闸管的出现催生了电力电子技术这门学科,但是晶闸管由于其开关时间长及关断的不可控性等而极大地制约了其在高频和需要强迫关断的地方的应用，于是很多派生器件应运而生。

5.2.1 门极关断晶闸管（GTO）

GTO 是晶闸管的一种派生器件，与普通晶闸管的主要区别在于其不仅可以控制导通，而且可以通过在门极和阴极之间施加负的脉冲电流迫使其关断，因而属于全控型器件。

门极可关断晶闸管具有普通晶闸管的全部特性，如耐压高（工作电压可高达6kV）、电流大（电流可达6kA）及造价便宜等。而且与普通晶闸管相比，其关断具有可控性，但其导通压降较大。

1. 结构和符号

GTO 广泛应用于电力机车的逆变器和大功率直流斩波器等需要强迫关断的地方。GTO 的结构与普通晶闸管类似，有阳极 A、阴极 K 和门极 G 3 个电极，但内部包含着数百个共阳极的小 GTO 单元。其图形符号如图5-5所示。

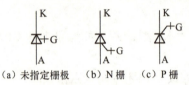

图 5-5　GTO 的图形符号

GTO 的工作原理也与普通晶闸管相似。

对于 P 栅 GTO，当阳极与阴极之间承受正向电压、门极与阴极间加正脉冲信号时，GTO 导通。普通晶闸管导通时处于深度饱和状态，切断门极电流无法使其关断；但 GTO 采取了特殊工艺，使其导通后处于临界饱和状态，可在门极与阴极间加负脉冲信号破坏临界状态而使其关断。因此，GTO 是全控、双极型器件。GTO 导通压降较大，一般为 2～3V，门极触发电流较大，所以其导通功耗与门极功耗均较普通晶闸管大。

2. 主要参数

【开通时间 t_{on}】延迟时间与上升时间之和。延迟时间一般约 1～2ms，上升时间则随通态阳极电流值的增大而增大。

【关断时间 t_{off}】一般指存储时间和下降时间之和，不包括尾部时间。GTO 的存储时间随阳极电流的增大而增大，下降时间一般小于2ms。

【额定电流】GTO 的最大可关断阳极电流 I_{ATO}。GTO 的阳极电流不能过大，在使用中必须小于最大可关断阳极电流 I_{ATO}，否则虽然 GTO 不至于烧坏，但是 GTO 的临界导通条件被破坏，导致门极关断失败。

【电流关断增益 β_{off}】最大可关断阳极电流 I_{ATO} 与门极负电流最大值 I_{GM} 之比，反映了 GTO 的关断能力。β_{off} 一般较小，只有 3～5，这是 GTO 的一个主要缺点。因为使 GTO 关断的门极负电流比较大，约为阳极电流的1/5，因此 GTO 在关断时一般要求触发驱动电路要采用高幅值的窄脉冲，以减少关断所需的能量。一个1kA 的 GTO 关断时门极负脉冲电流峰值为 200A。

5.2.2 双向晶闸管（TRIAC）

双向晶闸管 TRIAC 是一个 NPNPN 型 5 层三端器件，有两个主电极 T_1、T_2 和一个门极 G，触发信号加在 T_1 极和门极 G 之间，在正、反两个方向电压下均可用同一门极控制触发导通。所以在结构上双向晶闸管可以看做是一对普通晶闸管的反并联,其符号和阳极伏安特性如图5-6所示。其特性反映了反并联晶闸管的组合效果,即在第一象限和第三象限具有对称的阳极伏安特性。

在门极 G 和主电极 T_1 之间送入正触发脉冲电流(I_G 从 G 流入,从 T_1 流出)或负脉冲电流(I_G 从 T_1 流入,从 G 流出),均能使双向晶闸管导通。根据 T_1、T_2 间电压极性的不同及门极信号极性的不同,双向晶闸管有4种触发和导通方式。

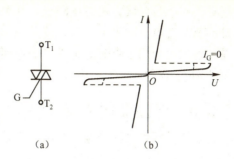

图 5-6 双向晶闸管的符号和阳极伏安特性

☺ 主电极 T_1 相对 T_2 电位为正的情况下,门极 G 和 T_1 之间加正触发脉冲电压、电流,这时双向晶闸管导通工作在第一象限,称为 I + 触发方式。

☺ 主电极 T_1 相对 T_2 电位为正的情况下,门极 G 和 T_1 之间加负触发脉冲电压、电流,这时双向晶闸管导通工作在第一象限,称为 I − 触发方式。

☺ 主电极 T_2 相对 T_1 电位为正的情况下,门极 G 和 T_1 之间加正触发脉冲电压、电流,这时双向晶闸管导通工作在第三象限,称为 Ⅲ + 触发方式。

☺ 主电极 T_2 相对 T_1 电位为正的情况下,门极 G 和 T_1 之间加负触发脉冲电压、电流,这时双向晶闸管导通也工作在第三象限,称为 Ⅲ − 触发方式。

I + 、Ⅲ − 这两种触发方式灵敏度很高,常被采用。双向晶闸管主要应用于交流调压电路中,正、负半波都工作,所以通态时的额定电流不像二极管和晶闸管那样按正弦半波电流平均值定义,而是用有效值来定义。双向晶闸管的型号用"KS"表示。

5.2.3 逆导型晶闸管(RCT)

普通晶闸管表现为正向可控闸流特性、反向高阻特性,称为逆阻型器件。而逆导型晶闸管是一个反向导通的晶闸管,相当于将一个晶闸管与一个续流二极管反并联集成在同一硅片上构成的新器件。逆导型晶闸管正向表现为晶闸管的正向伏安特性,反向表现为二极管的正向伏安特性。与普通晶闸管相比,逆导型晶闸管有如下特点:正向转折电压比普通晶闸管高,电流容量大,易于提高开关速度,高温特性好(允许结温可达150℃以上),减小了接线电感,缩小了装置体积。逆导型晶闸管的型号用"KN"表示。

5.2.4 快速晶闸管(FST)

快速晶闸管通常是指那些关断时间 $t_{\text{off}} \leq 50\mu s$、响应速度快的晶闸管。其基本结构、伏安特性和符号与普通晶闸管完全一样;但是其开通速度快,关断时间短，一般开通时间约为 1~2μs，关断时间约为数微秒，比普通晶闸管快一个数量级；通态压降低，开关损耗小；有较高的通态电流临界上升率及断态电压临界上升率；使用频率范围广，为几十至几千赫兹。快速晶闸管主要应用于直流电源供电的逆变器的斩波器中。快速晶闸管的型号用"KK"表示。

5.2.5 光控晶闸管（LTT）

光控晶闸管又称光触发晶闸管，是利用一定波长的光照信号触发导通的晶闸管。光控晶闸管的电气图形符号和伏安特性如图 5-7 所示。小功率光控晶闸管只有阳极和阴极两个端子。大功率光控晶闸管则还带有光缆，光缆上装有作为触发光源的 LED 或半导体激光器。光触发保证了主电路与控制电路之间的绝缘，且可避免电磁干扰的影响，因此目前在高压大功率的场合，如高压直流输电和高压核聚变装置中，占据重要的地位。

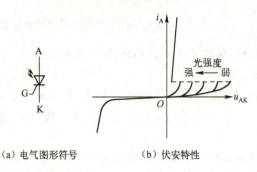

图 5-7 光控晶闸管的电气图形符号和伏安特性

5.3 新型电力电子器件

5.3.1 电力晶体管

电力晶体管（Giant Transistor，GTR）按英文直译为巨型晶体管，是一种耐高压、大电流的双极晶体管（Bipolar Junction Transistor，BJT），所以有时候也称为 Power BJT。在电力电子技术范围内，GTR 与 BJT 这两个名称是等效的。自 20 世纪 80 年代以来，在中小功率范围内取代晶闸管的主要是 GTR。

GTR 与普通晶体管有着相似的结构、工作原理和工作特性，都是 3 层半导体、两个 PN 结的三端器件，也有 PNP 和 NPN 之分，但大多采用 NPN 型。

GTR 的主要参数如下所述。

【最大电流额定值 I_{CM} 和 I_{BM}】 一般将电流放大倍数 β 下降到额定值的 $1/2 \sim 1/3$ 时集电极电流 I_C 的值定为集电极最大电流 I_{CM}，使用时绝不能让 I_C 值达到 I_{CM}，否则会使 GTR 的电气性能变差，甚至使器件损坏。基极电流的最大额定值 I_{BM} 规定为内引线允许流过的最大基极电流，通常取 $I_{BM} = (1/2 \sim 1/6)I_{CM}$。

【集电极的额定电压 U_{CEM}】 集电极的最高工作电压不可超过规定值，否则会出现击穿现象，它与 GTR 的本身特性及外电路的接法有关，常用

BU_{CBO}、BU_{CEO}、BU_{CES}、BU_{CER} 和 BU_{CEX} 表示。BU_{CBO} 为发射结开路时集基极的击穿电压；BU_{CEO} 为发射结开路时集射极的击穿电压；BU_{CES} 为发射结短路时集射极的击穿电压；BU_{CER} 表示基极 – 发射极间并联电阻时的基极 – 发射极击穿电压，随并联电阻的减小而增大；BU_{CEX} 表示基极 – 发射极施加反偏电压时的集极 – 发射极击穿电压。一般情况下 $BU_{CEO} > BU_{CEX} > BU_{CES} > BU_{CER} > BU_{CEO}$，GTR 的最高工作电压 BU_{CEM} 应比最小击穿电压 BU_{CEO} 低，从而保证其工作安全。

【**饱和压降 U_{CES}**】单个 GTR 的饱和压降一般不超过 $1\sim1.5\mathrm{V}$，U_{CES} 随集电极电流的增大而增大。

【**集电极最大允许耗散功率 P_{CM}**】P_{CM} 即 GTR 在最高允许结温 T_{JM} 时所对应的耗散功率，等于集电极工作电压与集电极工作电流的乘积。这部分能量转化为热能使 GTR 发热，所以在使用中要特别注意 GTR 的散热。如果散热条件不好，器件会因温度过高而迅速损坏。

二次击穿是 GTR 突然损坏的主要原因之一，是其在使用中最大的弱点。处于工作状态的 GTR，当其集电极反偏电压 U_{CE} 逐渐增加到最大电压 BU_{CEO} 时，集电极电流 I_C 急剧增大，出现击穿现象，但此时集电结的电压基本保持不变，称为一次击穿。这一击穿可用外接串联电阻的办法加以控制，只要进入击穿区的时间不长，一般不会引起晶体管的特性变坏。但是，一次击穿出现后，若继续增大偏压 U_{CE}，而外接限流电阻又不变，则当 I_C 上升到某一数值时，U_{CE} 突然下降从而导致 I_C 继续增大（负阻效应），这时进入低压大电流段，在极短的时间内，将使器件出现明显的电流集中和过热点，导致管子被烧坏，称为二次击穿。二次击穿是不可恢复的，在工作中为了防止二次击穿，重要的是保证 GTR 开关过程中的瞬时功率不要超过集电极最大允许耗散功率 P_{CM}。一般来说，工作在正常开关状态的 GTR 是不会发生二次击穿现象的。

安全工作区 SOA（Safe Operation Area）是指在输出特性曲线上 GTR 能够安全运行的电流、电压的极限范围，是基极正向偏置条件下由 GTR 的最大允许集电极电流 I_{CM}、最大允许集电极电压 $U_{(BR)CEO}$、最大允许集电极功耗 P_{CM} 及二次击穿功率 P_{SB} 4 条限制线所围成的区域，如图 5-8 所示，随电流脉冲的宽度变窄，安全区域变宽。

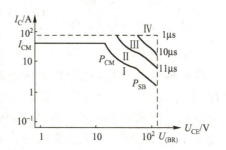

图 5-8　GTR 的安全工作区

5.3.2　电力场效应晶体管

就像小功率的用于信息处理的场效应晶体管（Field Effect Transistor, FET）分为结型和绝缘栅型一样，电力场效应晶体管也有这两种类型，但通常主要指绝缘栅型中的 MOS 型（Metal Oxide Semiconductor FET），简称电力 MOSFET（Power MOSFET）。电力 MOSFET 是用栅极电压来控制漏极电流的，因此其驱动电路简单、需要的驱动功率小、输入阻抗高（可达 40MΩ 以上）、开关速度快、工作频率高（开关频率可达 1000kHz）、热稳定性好、无二次击穿问题、安全工作区（SOA）宽；但是电流容量小，耐压低，在高频中小功率的电力电子装置中得到了广泛的应用。

目前 IR 公司推出了一种低电荷的功率 MOSFET，称为 HEXFET。由于其门极电荷可减少约 40%，因而在开关速度、效率及门极驱动等方面更具优势。

5.3.3 绝缘栅双极型晶体管

GTR 是双极型电流驱动器件，由于具有电导调制效应，所以其通流能力很强，但开关速度较低，所需驱动功率大，驱动电路复杂。电力 MOSFET 是单极型电压驱动器件，其开关速度快，输入阻抗高，热稳定性好，所需驱动功率小而且驱动电路简单。将这两类器件取长补短，适当结合而成的复合器件，通常称为 Bi-MOS 器件。绝缘栅双极晶体管（Insulated-Gate Bipolar Transistor，IGBT）综合了 GTR 和 MOSFET 的优点，因而具有良好的 I/O 特性。因此，自其 1986 年开始投入市场后，就迅速扩展了应用领域，目前已取代了原来 GTR 和一部分电力 MOSFET 的市场后，成为中小功率电力电子设备的主导器件。目前，IGBT 产品已系列化，最大电流容量达 1800A，最高电压等级达 4500V，工作频率达 50kHz。

1. IGBT 的结构和工作原理

IGBT 的电气符号如图 5-9 所示。它是在 VDMOS 管结构的基础上再增加一个 P+层，形成了一个大面积的 P+N 结 J_1，和其他结 J_2、J_3 一起构成了一个相当于由 VDMOS 驱动的厚基区 PNP 型 GTR。IGBT 有 3 个电极，即集电极 C、发射极 E 和栅极 G。

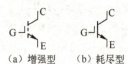

（a）增强型　（b）耗尽型

图 5-9　IGBT 的电气符号

IGBT 也属于场控器件，其驱动原理与电力 MOSFET 基本相同，是一种由栅极电压 U_{GE} 控制集电极电流的栅控自关断器件。U_{GE} 大于开启电压 $U_{GE(th)}$ 时，MOSFET 内形成沟道，为晶体管提供基极电流，IGBT 导通。电导调制效应使电阻 R_N 减小，使通态压降小。栅射极间施加反压或不加信号时，MOSFET 内的沟道消失，晶体管的基极电流被切断，IGBT 关断。

2. IGBT 的主要参数

【**最大集射极间电压 BU_{CEM}**】IGBT 在关断状态时集电极和发射极之间能承受的最高电压为最大集射极间电压 BU_{CEM}，它是 IGBT 的额定电压，是由内部的晶体管所能承受的击穿电压确定的，具有正的温度系数（其值约为 0.63V/℃）。

【**通态压降 $U_{CE(on)}$**】通态压降是指 IGBT 在导通状态时集电极和发射极之间的管压降。由于通态压降决定了其通态损耗，因此 IGBT 的通态压降越小越好，通常 IGBT 的通态压降约为 2~3V。

【集电极电流最大值 I_{CM}】 IGBT 的 I_C 增大,可使器件发生擎住效应。此时为防止发生擎住效应,规定了集电极电流最大值 I_{CM}。

【集电极最大功耗 P_{CM}】 该参数是指正常工作温度下允许的最大功耗。

【安全工作区】 IGBT 在开通时为正向偏置的安全工作区,如图 5-10 (a) 所示。IGBT 在关断时为反向偏置的安全工作区,如图 5-10 (b) 所示,IGBT 的导通时间越长,发热越严重,安全工作区越小。

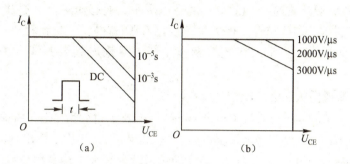

图 5-10 IGBT 的安全工作区

5.3.4 其他新型电力电子器件

1. MOS 控制型晶闸管 (MCT)

MCT (MOS Controlled Thyristor) 是将 MOSFET 与晶闸管组合而成的复合型器件,也是 Bi-MOS 器件的一种。MCT 将 MOSFET 的高输入阻抗、低驱动功率、快速的开关过程和晶闸管的高电压、大电流、低导通压降的特点结合起来。一个 MCT 器件由数以万计的 MCT 元组成,每个元的组成包括一个 PNPN 晶体管、一个控制该晶体管开通的 MOSFET 和一个控制该晶体管关断的 MOSFET。

MCT 具有高电压、大电流、高载流密度、低通态压降的特点。其通态压降只有 GTR 的约 1/3,硅片的单位面积连续电流密度在各种器件中是最高的。另外,MCT 可承受极高的 di/dt 和 du/dt,使得其保护电路可以简化。MCT 的开关速度超过 GTR,开关损耗也少。

2. 静电感应晶体管 (SIT)

SIT (Static Induction Ttansistor) 诞生于 1970 年,是一种结型场效应晶体管。将用于信息处理的小功率 SIT 器件的横向导电结构改为垂直导电结构,即可制成大功率的 SIT 器件。SIT 是一种多子导电的器件,其工作频率与电力 MOSFET 相当,甚至超过电力 MOSFET,而其功率容量也比电力 MOSFET 大,因而适用于高频、大功率场合,目前已在雷达通信设备、超声波功率放大、脉冲功率放大和高频感应加热等专业领域获得了较多的应用。

但是 SIT 在栅极不加任何信号时是导通的,栅极加负偏压时关断,这被称为正常导通型器件,使用不太方便。此外,SIT 通态电阻较大,使得通态电阻损耗也大,因而 SIT 还未在大多数电力电子领域中得到广泛应用。

3. 静电感应晶闸管（SITH）

SITH（Static Induction Thyristor）诞生于 1972 年，是在 SIT 的漏极层上附加一层与漏极层导电类型不同的发射极层而得到的。因为其工作原理也与 SIT 类似，门极和阳极电压均能通过电场控制阳极电流，因此 SITH 又被称为场控晶闸管（Field Controlled Thyristor，FCR）。由于比 SIT 多了一个具有少子注入功能的 PN 结，因而 SITH 是两种载流子导电的双极型器件，具有电导调剂效应，通态电阻小、通态压降低、通流能力强。其很多特性与 GTO 类似，但开关速度比 GTO 高得多，且损耗小，是大容量的快速器件，多应用在直流调速系统、高频加热电源和开关电源等领域。

4. 集成门极换流晶闸管（IGCT）

IGCT（Integrated Gate Commutatde Thyristor）也称为 GCT（Gate Commutatde Thyristor），即门极换流晶闸管，是 20 世纪 90 年代后期出现的新型电力电子器件。IGCT 将 IGBT 与 GTO 的优点结合起来，其容量与 GTO 相当，但开关速度比 GTO 快 10 倍，而且可以省去 GTO 应用时庞大而复杂的缓冲电路，但其所需的驱动功率仍然很大。目前，IGCT 正在与 IGBT 及其他新型器件激烈竞争，可望成为高功率、高电压、低频电力电子装置的优选功率器件之一。

5. 功率模块与功率集成电路

将器件与逻辑、控制、保护、传感、检测、自诊断等信息电子电路制作在同一芯片上，称为功率集成电路（Power Integrated Circuit，PIC）。20 世纪 80 年代中后期开始出现模块化趋势，将多个器件封装在一个模块中，称为功率模块。功率模块可缩小装置体积，降低成本，提高可靠性。对于工作频率高的电路，功率模块可大大减小线路电感，从而简化对保护和缓冲电路的要求。

类似功率集成电路的还有许多，但实际上各有侧重：

☺ 高压集成电路（High Voltage IC，HVIC），一般指横向高压器件与逻辑或模拟控制电路的单片集成；

☺ 智能功率集成电路（Smart Power IC，SPIC），一般指纵向功率器件与逻辑或模拟控制电路的单片集成；

☺ 智能功率模块（Intelligent Power Module，IPM），专指 IGBT 及其辅助器件与其保护和驱动电路的单片集成，也称智能 IGBT。

✓ 5.4 电力电子器件的保护

电力电子系统在发生故障时可能会发生过电流、过电压，造成开关器件的永久性损坏。过电流、过电压保护包括器件保护和系统保护两个方面，用于检测开关器件的电流、电压，保护主电路中的开关器件，防止过电流、过电压损坏开关器件，检测系统电源输入、输出以及负载的电流、电压，实时保护系统，防止系统崩溃而造成事故。

1. 过电流保护（包括过载和短路）

电网电压波动太大、负载超过允许值或短路、电路中晶闸管误导通，以及晶闸管击穿短路等都可能造成晶闸管过电流。一旦发生过电流，晶闸管的温度就会急剧上升而可能把 PN 结烧坏，造成晶闸管内部短路或开路。因此在发生过电流时，必须在极短时间内把电源断开或把电流值降下来。晶闸管过电流的保护措施有以下 3 种。

【快速熔断器保护】快速熔断器是最有效、最简单的过电流保护元件，专门为保护大功率半导体元器件而制造，简称快熔。与普通熔断器相比，它具有快速熔断的特性。在通常的短路电流时，其熔断时间小于 20ms，能保证在晶闸管损坏之前快速切断短路故障。

快速熔断器的熔体采用一定形状的银质熔丝，周围填充以石英砂，构成封闭式熔断器。银质熔丝导热性好、热量小。与普通的熔丝相比，在同样的过电流倍数下，快速熔断器的熔断时间要短得多。

快速熔断器的接法一般有以下 3 种。

☺ 与晶闸管串联，流过快熔的电流就是流过晶闸管的电流，这种方式可以对晶闸管本身的故障进行保护。

☺ 接在输入端，可以同时实现对输出短路和晶闸管短路的保护，但在熔断器熔断后，无法立即判断故障所在位置。

☺ 接在输出端，可以实现对输出回路的过载或短路保护，但此时对晶闸管本身故障引起的过电流不起保护作用。

【过电流继电器保护】在输入端（交流侧）或输出端（直流侧）接入过电流继电器，当电路发生过流故障时，继电器动作，使电路自动切断。

【过电流截止保护】在输入端（交流侧）设置电流检测电路，利用过电流信号控制触发电路。当电路发生过电流故障时，检测电路控制触发脉冲迅速后移或停止产生触发脉冲，从而使晶闸管导通角减小或立即关断。

通常电力电子系统同时采用电子电路、快速熔断器、直流快速断路器和过电流继电器等几种过电流保护措施，以提高保护的可靠性和合理性。快熔仅作为短路时的部分区段的保护，直流快速断路器在电子电路动作之后实现保护，过电流继电器在过载时动作，如图 5-11 所示。

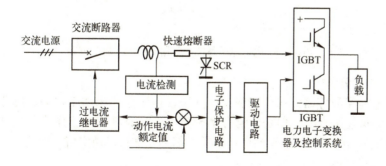

图 5-11 电力电子系统中常用的过流保护方案

2. 过电压保护

整流元器件两端的电压远远超过额定电压的现象称为过电压。晶闸管的过电压能力很差,当晶闸管两端电压达到反向击穿电压时,在很短时间内就会造成晶闸管损坏。

过电压主要分为外因过电压和内因过电压。

☺ 外因过电压:主要来自雷击和系统中的操作过程(由分闸、合闸等开关操作引起)等外因。

☺ 内因过电压:主要来自电力电子装置内部器件的开关过程。

⚑ 换相过电压:晶闸管或与全控型器件反并联的二极管在换相结束后不能立刻恢复阻断,因而有较大的反向电流流过。当恢复了阻断能力时,该反向电流急剧减小,会由线路电感在器件两端感应出过电压。

⚑ 关断过电压:全控型器件关断时,正向电流迅速降低,而由线路电感在器件两端感应出过电压。

图 5-12 所示的是电力电子系统中常用的过电压保护方案。交流电源经交流断路器 QF 送入变压器 T。当雷电过电压从电网窜入时,避雷器 F 将对地放电以防止雷电进入变压器。C_0 为静电感应过电压抑制电容。当交流断路器合闸时,过电压经 C_{12} 耦合到 T 的二次侧,C_0 将静电感应过电压对地短路,保护了后面的电力电子开关器件不受操作过电压的冲击。R_1C_1 是过电压抑制环节,当变压器 T 的二次侧出现过电压时,过电压对 C_1 充电,由于电容上的电压不能突变,所以 R_1C_1 能抑制过电压。R_2C_2 也是过电压抑制环节,当电路上出现过电压时,二极管导通,对 C_2 充电;过电压消失后,C_2 对 R_2 放电;二极管不导通时,放电电流不会送入电网,从而实现了系统的过电压保护。

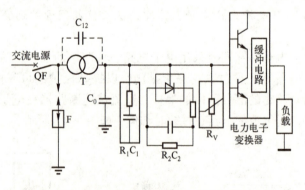

图 5-12 电力电子系统中常用的过电压保护方案

3. 散热系统

电力半导体器件在电能变换、开关动作中会产生功率损耗,使器件发热,结面温度上升。但是,电力半导体器件均有其安全工作区所允许的工作温度(结面温度),无论任何情况下都不允许超过规定值。因此,必须要对电力半导体器件进行散热。

电力半导体器件的散热,一般有 3 种冷却方式。

☺ 自然冷却:只适用于小功率应用场合。

☺ 风扇冷却：适用于中等功率应用场合，如 IGBT 应用电路。
☺ 水冷却：适用于大功率应用场合，如大功率 GTO、IGCT 及 SCR 等应用电路。

小结

1. 能实现电能的变换和控制的半导体电子器件称为电力电子器件，电力电子器件按器件的开关控制特性可以分为不可控器件、半控型器件、全控型器件。

2. 只有在晶闸管的阳极和阴极间加正向电压，同时在其门极和阴极间也加适当的正向电压，晶闸管才能导通。但晶闸管一旦导通，门极即失去控制作用。

3. 晶闸管命名标准：KP［额定电流等级］-［额定电压等级］［通态平均电压组别］，其中"K"代表晶闸管，"P"代表类型为普通型，可以替换为 S（双向型）、G（可关断型）、N（逆导型）。额定电压值为额定电压等级乘以 100，当额定电流小于 100A 时，通态平均电压组别可以不标注。

4. GTO 是晶闸管的一种派生器件，与普通晶闸管的主要区别就在于其不仅可以控制导通，而且可以通过在门极和阴极之间施加负的脉冲电流而迫使其关断，因而属于全控型器件。

5. 双向晶闸管在结构上可以看做是一对普通晶闸管的反并联。

6. 普通晶闸管表现为正向可控闸流特性、反向高阻特性，称为逆阻型器件。而逆导型晶闸管是一个反向导通的晶闸管，相当于是将一个晶闸管与一个续流二极管反并联集成在同一硅片上构成的新器件。

7. 快速晶闸管通常是指关断时间 $t_{off} \leq 50\mu s$、响应速度快的晶闸管。

8. 电力晶体管是一种耐高压、大电流的双极晶体管。自 20 世纪 80 年代以来，在中小功率范围内取代晶闸管的主要是 GTR。

9. 电力场效应晶体管的驱动电路简单，需要的驱动功率小，输入阻抗高，开关速度快，工作频率高，热稳定性好，无二次击穿问题，安全工作区宽；但是电流容量小，耐压低，在高频中小功率的电力电子装置中得到了广泛的应用。

10. 绝缘栅双极型晶体管综合了 GTR 和 MOSFET 的优点，因而具有良好的输入、输出特性，目前已取代了原来 GTR 和一部分电力 MOSFET 的市场，成为中小功率电力电子设备的主导器件。

11. 电力电子系统在发生故障时可能会发生过电流、过电压，造成开关器件的永久性损坏。过电流、过电压保护包括器件保护和系统保护两个方面。

习题

5-1 晶闸管的导通条件是什么？导通后流过晶闸管的电流和负载上的电压由什么决定？

5-2 型号为 KP100-3、维持电流 $I_H = 4\text{mA}$ 的晶闸管，使用在图 5-13 所示电路中是否合理？为什么？（暂不考虑电压、电流裕量）

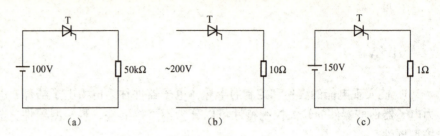

图 5-13 习题 5-2 的图

5-3 图 5-14 中实线部分表示流过晶闸管的电流波形，其最大值均为 I_m，试计算各图的电流平均值、电流有效值和波形系数。

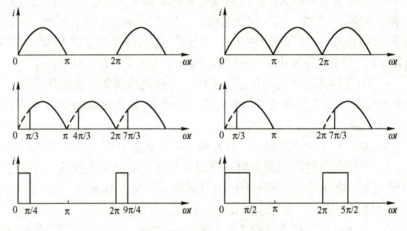

图 5-14 习题 5-3 的图

5-4 题 5-3 中，如果不考虑安全裕量，问额定电流 100A 的晶闸管允许流过的平均电流分别是多少？

5-5 什么是 GTR 的一次击穿？什么是 GTR 的二次击穿？

5-6 怎样确定 GTR 的安全工作区？

5-7 与 GTR、VDMOS 相比，IGBT 管有何特点？

5-8 如果晶闸管装置中不采用过电压、过电流保护，选用较高电压和电流等级的晶闸管行不行？

第6章 电力电子电路

电力电子电路包括整流、逆变、直流斩波调压、交流调压、交流变频等。

本章重点介绍各种电力电子电路的工作原理、各器件的信号波形及负载参数计算、元器件选择等。

6.1 相控整流电路

由利用电力电子器件的可控开关特性把交流电变为直流电的整流电路构成的系统称为整流器。相控整流电路按照输入交流电源的相数可分为单相、三相和多相整流电路；按电路中电力电子器件的控制特性可分为不可控、半控整流电路；根据整流电路的结构形式可分为全波和桥式整流电路等类型。

6.1.1 单相半波相控整流电路

把不可控的单相半波整流电路中的二极管用晶闸管代替，就成为单相半波可控整流电路。图6-1（a）所示的是单相半波可控整流对应纯电阻性负载时的电路，由晶闸管VT、负载R_d、单相整流变压器T组成。u_2为通过变压器T后的正弦交流电，u_d、i_d分别为整流输出电压瞬时值和负载电流瞬时值，u_T、i_T分别为晶闸管两端电压瞬时值和电流瞬时值。该电路工作时的波形如图6-1（b）所示。

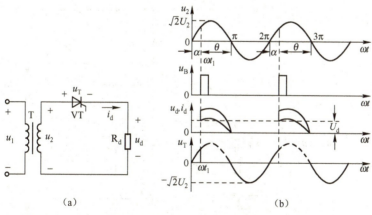

图6-1 单相半波可控整流对应纯电阻性负载时的电路及波形

$0 \sim \omega t_1$期间，晶闸管承受正向阳极电压，但触发电路未送出门极触发脉冲，所以，晶闸管保持阻断状态，无直流电压输出。

在ωt_1时刻，触发电路送出触发脉冲，晶闸管被触发导通，若管压降忽略不计，则负载R_d两端电压就是变压器二次电压u_2，负载电流i_d的波形与u_d的波形相似。

当 $\omega t = \pi$ 时，u_2 下降到零，晶闸管电流也下降到零而关断，电路无输出。

在 u_2 的负半周，即 ωt 为 $\pi \sim 2\pi$ 时，晶闸管承受反向电压，处于反向阻断状态，负载两端电压 u_d 为零。下一个周期循环往复。

在单相半波可控整流电路中，通常把晶闸管承受正向电压但没有被触发导通的范围称为控制角，用 α 表示；而触发导通的范围称为导通角，用 θ 表示。

$$U_d = \frac{1}{2\pi}\int_{\alpha}^{\pi}\sqrt{2}U_2\sin\omega t \, d(\omega t) = \frac{\sqrt{2}}{\pi}U_2\frac{1+\cos\alpha}{2} \approx 0.45U_2\frac{1+\cos\alpha}{2}$$

(6-1)

式（6-1）表明，只要改变控制角 α（即改变触发时刻），就可以改变整流输出电压的平均值，达到相控整流的目的。这种通过控制触发脉冲的相位来控制直流输出电压大小的方式称为相位控制方式，简称相控方式。当 $\alpha = 0°$ 时整流输出电压最大，当 $\alpha = \pi$ 时整流输出电压最小，即当控制角 α 从 π 向 $0°$ 方向变化、触发脉冲向左移动时，负载直流电压 U_d 从零到 $0.45U_2$ 连续变化，起到直流电压连续可调的目的。所以单相半波可控整流电路在电阻性负载时，α 的移相范围为 $0° \sim 180°$。

需要指出的是，如果负载是电感性的，则由于负载中存在电感，故使负载电压波形出现负值部分，晶闸管的流通角 θ 变大，且负载中 L 越大，θ 越大，输出电压波形图上负电压的面积越大，从而使输出电压平均值减小的解决办法是在负载两端并联续流二极管。图 6-2 所示为大电感负载且反并联续流二极管的电路和波形图。在电源电压正半周，负载电流由晶闸管导通提供；电源电压负半周时，续流二极管 VD 维持负载电流。因此负载电流是一个连续且平稳的直流电流。大电感负载时，负载电流波形是一条平行于横轴的直线，其值为 I_d。

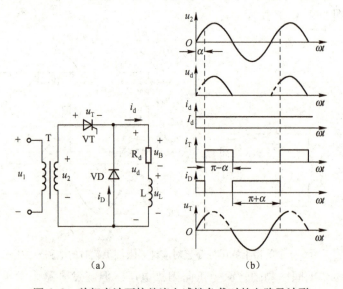

图 6-2 单相半波可控整流电感性负载时的电路及波形

单相半波可控整流电路线路简单，调整方便；但输出电压脉动大，整流变压器二次绕组中存在直流电流分量，使铁心磁化，变压器容量不能充分利用。因此它只适于小容量、波形要求不高的场合。

6.1.2 单相桥式相控整流电路

为了使电源的负半周也能工作,以实现双半周整流,在负载上得到全波整流电压,在实用中大量采用单相桥式相控整流电路。图6-3所示的是单相全控桥式整流电路带电阻性负载的电路与工作波形。

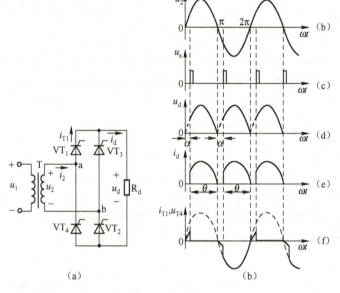

图6-3 单相全控桥式整流电路带电阻性负载的电路与工作波形

整流输出电压的平均值为

$$U_d = \frac{1}{\pi}\int_\alpha^\pi \sqrt{2}U_2\sin\omega t\, d(\omega t) = \frac{\sqrt{2}}{\pi}U_2(1+\cos\alpha) \approx 0.9U_2\frac{1+\cos\alpha}{2}$$

(6-2)

即 U_d 为最小值时,$\alpha = 180°$;U_d 为最大值时,$\alpha = 0°$。所以单相全控桥式整流电路带电阻性负载时,控制角 α 的移相范围是 $0° \sim 180°$,输出电压 U_d 的调节范围为 $0 \sim 0.9U_2$。

输出电流的平均值和有效值分别为

$$I_d = \frac{U_d}{R_d} = 0.9\frac{U_2}{R_d}\frac{1+\cos\alpha}{2}$$

(6-3)

$$U = \sqrt{\frac{1}{\pi}\int_\alpha^\pi(\sqrt{2}U_2\sin\omega t)^2 d(\omega t)} = U_2\sqrt{\frac{\sin 2\alpha}{2\pi}+\frac{\pi-\alpha}{\pi}}$$

$$I = \frac{U}{R_d} = \frac{U_2}{R_d}\sqrt{\frac{\sin 2\alpha}{2\pi}+\frac{\pi-\alpha}{\pi}}$$

(6-4)

由于两组晶闸管轮流导通,因此流过每个晶闸管的电流平均值为负载电流的50%,即

$$I_T = \frac{1}{2}I_d$$

流过晶闸管电流的有效值为

$$I_T = \frac{1}{\sqrt{2}} I$$

晶闸管承受的最大正、反向电压为二次电压的峰值,即

$$U_T = \sqrt{2}\, U_2$$

如果用两个二极管代替其中的两个晶闸管,则可构成单相桥式半控整流电路。根据两个晶闸管位置的不同,半控桥可分为共阳极、共阴极和单桥臂的形式。二者工作原理完全相同,但是却可以节约两个晶闸管,因而在很多不需要逆变的场合得到了广泛的应用。

【注意】半控桥式由于其二极管具有续流作用而可能会发生失控现象。而且由于二极管的不可控性使得该电路不能工作于逆变状态。

6.1.3 三相相控整流电路

单相可控整流电路输出脉动大,容量小。当负载容量超过 4kW 时,或者要求直流脉动较小的场合,应采用三相整流电路。三相整流电路有三相半波、三相桥式、六相半波、双反星形等整流形式。但三相半波是最基本的组成形式,其他整流电路都可看做三相半波整流电路的串联与并联。图6-4所示的是三相半波相控整流电路带电阻性负载时的电路和波形。

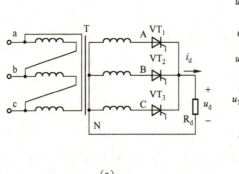
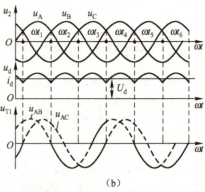

图6-4 三相半波相控整流电路带电阻性负载时的电路和波形

在 $\omega t_1 \sim \omega t_2$ 期间,A 相电压比 B、C 相都高,若在 ωt_1 时刻触发晶闸管 VT_1 导通,则负载上得到 A 相电压 u_A。

在 $\omega t_2 \sim \omega t_3$ 期间,B 相电压最高,若在 ωt_2 时刻触发 VT_2 导通,则负载上得到 B 相电压 u_B,关断 VT_1。

在 $\omega t_3 \sim \omega t_4$ 时期间,C 相电压最高,若在 ωt_3 时刻触发 VT_3 导通,则负载上得到 C 相电压 u_C,并关断 VT_2。

通过以上分析可知:在 $\alpha < 30°$ 时,负载电流连续,每个晶闸管的导通角均为 120°;当 $\alpha > 30°$ 时,输出电压和电流波形将不再连续;继续增加 α,当 $\alpha = 150°$ 时,$U_d = 0$。所以带电阻性负载的三相半波相控整流电路的 α 移相范围为 0~150°。

三相半波相控整流电路只用 3 个晶闸管,接线和控制都很简单,但晶闸管处于截止状态时所承受的电压是线电压而不是相电压。整流变压器二

次绕组一个周期中仅半个周期通电一次,为120°,输出电压的脉动频率为150Hz,脉动较大,绕组利用率低,且单方向的电流也会造成铁心的直流磁化,引起损耗的增大。所以,三相半波可控整流电路一般用在中小容量的设备上,在较大容量或性能要求较高时,往往根据要求采用三相桥式或其他相控整流方式。

6.2 逆变电路

将交流电变为直流电的过程,称为整流。在生产实际中,除了需要将交流电转变为大小可调的直流电外,有时还需要将直流电转变为交流电,这种对应于整流的逆过程称为逆变。在许多场合,同一晶闸管既可用于整流,又可用于逆变。这两种不同的工作状态可依照工作条件相互转化,此类电路称为变流电路,或简称变流器。

逆变分为有源逆变和无源逆变两类。

有源逆变的交流侧接电网,将直流电逆变成与电网同频的正弦交流电返送电网,主要用于直流电机的转速降低,动能减少(正/反转、制动或调速时)或势能减少(重物下放)时,直流电机工作在发电状态,以把多余的能量返送交流电网。另外,在高压直流输电或电网的互联中也经常用到有源逆变。

6.2.1 有源逆变

图 6-5(a)、(b)所示分别为单相全波整流电路工作于整流和逆变状态的电路图和波形。图(a)中,$U_d > E$,电流顺时针流动,直流电机的电压和电流方向相同,电机相当于负载,工作于电动机状态,能量由交流电网传递给直流电机;图(b)中,$E > U_d$,电流逆时针流动,直流电机电压和电流的方向相反,电机工作于发电机状态,能量由电机返送给电网。

从以上分析可以得出要实现有源逆变必须满足如下条件。

【外部条件】直流侧必须外接一个直流电源势(如直流电动机的电枢电势、蓄电池电势等),其方向与直流电流 I_d 的方向一致,比 U_d 稍大。

【内部条件】晶闸管控制角 $\alpha > 90°$,使 $U_d < 0$。

这两个条件缺一不可。

【注意】对于阻性负载、半控桥晶闸管电路或带续流二极管的变流电路,由于不可能输出负电压,因此不能实现有源逆变。

由单相全波整流电路工作于逆变状态的电路图和波形可以得到:

$$U_d = \frac{2}{2\pi}\int_{\alpha}^{\alpha+\pi} \sqrt{2}U_2 \sin\omega t\, d(\omega t) = 0.9 U_2 \cos\alpha = U_{d0}\cos\alpha \quad (6-5)$$

由于 $\alpha > 90°$,所以为了计算方便,引入逆变角的概念。逆变角 β 为触发脉冲的位置,由 $\alpha = \pi$ 时刻左移 β 角来确定,因而任意时刻 β 的大小与 α 满足关系式 $\alpha + \beta = \pi$。将 $\alpha = \pi - \beta$ 代入式(6-5),则

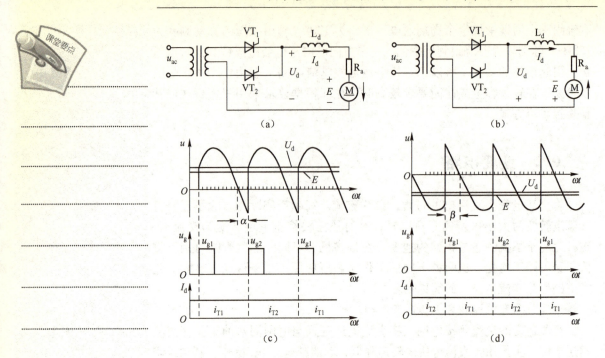

图 6-5 单相全波整流电路工作于整流和逆变状态的电路图和波形

$$U_d = U_{d0}\cos\alpha = U_{d0}\cos(\pi - \beta) = -U_{d0}\cos\beta \tag{6-6}$$

$$I_d = \frac{|E| - |U_d|}{R_a} \tag{6-7}$$

图 6-6 所示的是三相半波整流器带电动机负载时的电路和波形，并假设负载电流连续。当 α 在 $\frac{\pi}{2} \sim \pi$ 范围内变化时，变流器输出电压的瞬时值在整个周期内虽然有正有负或全部为负，但负的面积总是大于正的面积，故输出电压的平均值 U_d 为负值。电动机的极性具备有源逆变的条件。

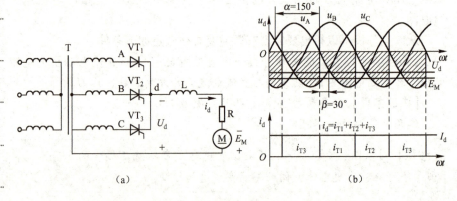

图 6-6 三相半波整流器带电动机负载时的电路和波形

由于电流连续，故

$$U_d = 1.17U_2\cos\alpha = -1.17U_2\cos\beta \tag{6-8}$$

$$I_d = \frac{|E| - |U_d|}{R_a} \tag{6-9}$$

在整流电路中,如果出现故障,则直流输出电压减小。但在逆变电路中,如果出现逆变失败,则会导致晶闸管持续导通到正半周,从而使得 U_d 和 E 两个电势反极性相接时,由于回路电阻很小,使得回路电流很大,相当于短路,这是不允许的。以三相半波逆变电路为例,如果出现下列 4 种情况,则可能造成逆变失败。

1) 触发电路工作不可靠

☺ 脉冲丢失(假设 VT_2 的脉冲 u_{g2} 丢失):三相半波逆变电路,正常情况下 VT_1 导通,输出端电压取决于 A 相电压。在 ωt_1 时刻,应该给 VT_2 加脉冲 u_{g2},但由于触发电路的问题使 u_{g2} 丢失,则 VT_2 不能导通,外接直流电源 E 使 VT_1 阳极承受正向电压继续导通,直至 u_A 变正,这时输出电压 u_d 与外接电源 E 顺向串联,造成逆变失败。

☺ 脉冲延迟(设 VT_2 的脉冲 u_{g2} 出现在 ωt_2 时刻):VT_2 所加脉冲时刻延迟到 ωt_2 时刻,此时 A 相电压 u_A 大于 B 相电压 u_B,使得晶闸管 VT_2 阳极承受反向电压而不能导通,导通的晶闸管 VT_1 承受正向电压继续导通。当 $u_A > 0$ 时,输出电压 u_d 与外接电源 E 顺向串联,造成逆变失败。

2) 晶闸管工作不可靠

如果晶闸管的制造质量不高,耐压值达不到铭牌数据指标,或者选择参数时耐压指标选得过低,则也会产生逆变失败。若 A 相晶闸管 VT_1 的耐压值选得过低,则在 ωt_3 时刻之前,VT_2 正常导通,到了 ωt_3 时刻,VT_1 耐压值过低而造成误导通,VT_1 的导通使得 VT_2 阳极承受反向电压而截止,负载端电压由 B 相电压换成 A 相电压,此时 $u_A > 0$,结果造成逆变失败。

3) 交流电源发生故障(设 B 相缺相)

假设三相电源 B 相缺相或突然消失,则由于直流电源 E 的存在,VT_2 能正常导通。而此时回路的电流 $I_d = E/R$,由于 R 的电阻值很小,所以外接直流电源电势 E 通过晶闸管而发生短路,回路电流剧增,造成逆变失败。

4) 考虑变压器的漏抗

在可控整流电路中,由于变压器漏抗的存在,晶闸管换相时出现换相重叠角。在逆变电路中,换相重叠角 γ 的存在对逆变电路的运行又有什么样的影响呢?假设 $\beta > \gamma$,如图 6-6 所示,在 ωt_2 时刻,VT_1 和 VT_2 换相过程结束,B 相电压高于 A 相电压,VT_2 继续导通,VT_1 承受反向电压而截止,换相能正常进行。假设 $\beta < \gamma$,在 ωt_4 时刻,VT_2 和 VT_3 换相过程结束,此时 B 相电压高于 C 相电压,VT_3 因承受反向电压而截止,本该截止的 VT_2 承受正向电压而继续导通,换相不能正常进行,$u_B > 0$,逆变失败。

通过对逆变失败原因的分析可知,为了防止逆变失败,除了选用可靠的触发电路、高质量的晶闸管及稳定的电源外,同时对最小逆变角 β_{min} 必须严格加以限制。在逆变技术的使用中,一般规定最小逆变角 β_{min} 满足:

$$\beta_{min} = \delta + \gamma + \theta'$$

式中,δ 为晶闸管的关断时间折合成的电角度;γ 为换相重叠角;θ' 为安全裕量角。

- ☺ 考虑晶闸管关断时间 t_q，主要是为了保证本该关断的晶闸管完全恢复阻断。t_q 一般需 200~300μs，折合后对应的电角度 δ 约为 5°。
- ☺ 换相重叠角 γ 的大小随电路的形式、工作电流大小的不同而不同，一般取 15°~20°。
- ☺ 安全裕量角 θ′ 是十分必要的，变流电路工作在逆变状态时，由于种种原因会影响逆变角。例如，在三相桥式逆变电路中，触发电路输出 6 个脉冲，它们的相位角间隔不可能完全相等，有的比中心线偏前，有的偏后，这种脉冲的不对称程度一般可达 5°，偏后的脉冲就可能进入 $β_{min}$ 范围内。因此，需考虑一个安全裕量，θ′ 值约取 10°。

6.2.2 无源逆变及变频器

无源逆变是把直流电转化为交流电提供给负载的电路，在现代化生产中应用广泛，可以做成变频变压电源（VVVF），用于交流电动机调速；可以做成恒频恒压电源（CVCF），其典型代表为不间断电源（UPS）、航空机载电源、机车照明，通信等辅助电源也要用 CVCF 电源；还可以做成感应加热电源，如中频电源、高频电源等。

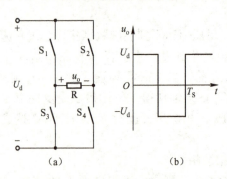

图 6-7 电压型逆变的原理图

无源逆变中的直流电源可由直流发电机获得，也可通过交流电网整流获得，如果是由交流电网获得的，则称为变频。无源逆变分为电压型和电流型两大类。图 6-7 所示为电压型逆变的原理图，图中 U_d 为输入直流电压，R 为逆变器的输出负载。当开关 S_1、S_4 闭合，S_2、S_3 断开时，逆变器输出电压 $u_o = U_d$；当开关 S_1、S_4 断开，S_2、S_3 闭合时，输出电压 $u_o = -U_d$；当以频率 f_s 交替切换开关 S_1、S_4 和 S_2、S_3 时，在电阻 R 上获得如图 6-7（b）所示的交变电压波形，其周期 $T_s = 1/f_s$，这样就将直流电压变成了交流电压 u_o。u_o 含有各次谐波，如果想得到正弦波电压，则可通过滤波器滤波获得。

主电路开关 S_1 ~ S_4，实际上是各种半导体开关器件的一种理想模型。逆变电路中常用的开关器件有快速晶闸管、门极关断晶闸管（GTO）、电力晶体管（GTR）、功率场效应晶体管（MOSFET）和绝缘栅晶体管（IGBT）。图 6-8 所示为电压型单相半桥逆变电路及波形，它由两个导电臂构成，每个导电臂由一个全控器件和一个反并联二极管组成。在直流侧接有两个相互串联的足够大的电容 C_1 和 C_2，且满足 $C_1 = C_2$。设感性负载连接在 A、O 两点间。

VT_1 和 VT_2 之间存在死区时间，以避免上、下直通，在死区时间内，两个晶闸管均无驱动信号。在一个周期内，VT_1 和 VT_2 的基极信号各有半周正偏、半周反偏，且互补。若负载为感性负载，设 t_2 时刻以前，VT_1 有驱动信号导通，VT_2 截止，则 $u_o = U_d/2$。t_2 时刻关断 VT_1，同时给 VT_2 发出导通信

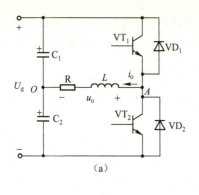
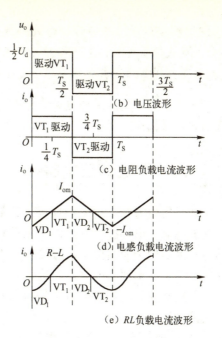

图 6-8 电压型单相半桥逆变电路及波形

号。由于感性负载中的电流 i_o 不能立即改变方向,于是 VD_2 导通续流,$u_o = -U_d/2$。t_3 时刻 i_o 降至零,VD_2 截止,VT_2 导通,i_o 开始反向增大,此时仍然有 $u_o = -U_d/2$。在 t_4 时刻关断 VT_2,同时给 VT_1 发出导通信号,由于感性负载中的电流 i_o 不能立即改变方向,故 VD_1 先导通续流,此时仍然有 $u_o = U_d/2$。t_5 时刻 i_o 降至零,VT_1 导通,$u_o = U_d/2$。

电压型逆变电路的优点是电路简单,使用器件少。但是交流电压幅值仅为 $U_d/2$,且直流侧需分压电容器;为了使负载电压接近正弦波,通常在输出端要接 LC 滤波器,用于滤除逆变器输出电压中的高次谐波。

图 6-9 所示为电流逆变电路的主电路和输出电流的波形。

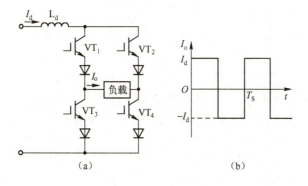

图 6-9 电流逆变电路的主电路和输出电流的波形

当 VT_1、VT_4 导通,VT_2、VT_3 关断时,$I_o = I_d$;反之,$I_o = -I_d$。

当以频率 f 交替切换开关管 VT_1、VT_4 和 VT_2、VT_3 时,在负载上获得如图 6-9(b)所示的电流波形。

【注意】输出电流波形为矩形波，与电路负载性质无关，但输出电压波形由负载性质决定；主电路开关管采用自关断器件时，如果其反向不能承受高电压，则需在各开关器件支路中串入二极管。

电流型逆变电路结构复杂，但是可直接用于再生制动等，比较适合用于需要频繁调速或经常正/反转的场合。

6.3 交流调压电路

在日常生活和工业生产现场，经常需要调节交流电压的大小，如舞台灯光的控制、电炉温度的控制，以及异步电动机的起动和调速等。交流调压电路就是用于变换交流电压幅值（或有效值）的电路。通过控制晶闸管在每一个电源周期内的导通角的大小（相位控制）来调节输出电压的大小。

采用双向晶闸管或把两个普通晶闸管反并联起来，就可以很轻易地实现交流调压。

图 6-10 所示为交流调压电路及波形，在电源电压正半周，晶闸管 VT_1 承受正向电压，当 $\omega t = \alpha$ 时，触发 VT_1 使其导通，负载上得到缺 α 角的正弦半波电压；电源电压过零时，VT_1 电流下降为零而关断；在电源电压负半周，晶闸管 VT_2 承受正向电压，当 $\omega t = \pi + \alpha$ 时，触发 VT_2 使其导通，则负载上又得到了缺 α 角的正弦负半波电压。如此循环往复，在负载电阻上便得到每半波缺 α 角的正弦电压。

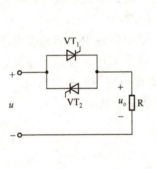 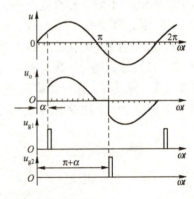

图 6-10 交流调压电路及波形

改变 α 角的大小，便改变了输出电压有效值的大小。

电阻负载单相交流调压输出交流电压的有效值为

$$U_R = \sqrt{\frac{1}{\pi}\int_\alpha^\pi (\sqrt{2}U_2\sin\omega t)^2 \mathrm{d}(\omega t)} = U_2\sqrt{\frac{1}{2\pi}\sin 2\alpha + \frac{\pi-\alpha}{\pi}} \quad (6-10)$$

电流有效值为

$$I = \frac{U_R}{R} = \frac{U_2}{R}\sqrt{\frac{1}{2\pi}\sin 2\alpha + \frac{\pi-\alpha}{\pi}} \quad (6-11)$$

功率因数为

$$\cos\varphi = \frac{P}{S} = \frac{U_R I}{UI} = \frac{U_R}{U} = \sqrt{\frac{2(\pi-\alpha)+\sin 2\alpha}{2\pi}} \quad (6-12)$$

随着 α 角的增大，U_o 逐渐减小。当 $\alpha = \pi$ 时，$U_o = 0$。因此，单相交流电压器对于电阻性负载，其电压可调范围为 $0 \sim U$，控制角 α 的移相范围为 $0 \sim \pi$。

当负载为线圈、交流电动机，或者经过变压器再接电阻负载时，这种负载称为电感性负载。由于电感性负载电路中电流的变化滞后电压的变化，因此和电阻性负载相比就有一些新的特点。当电源电压反向过零时，由于电感产生感应电动势阻止电流变化，故电流不能立即为零，此时晶闸管导通角 θ 的大小不仅与控制角 α 有关，而且与负载阻抗角有关。

流过晶闸管的电流，即负载电流为

$$i_1 = i_S + i_B = \frac{\sqrt{2}U_2}{Z}[\sin(\omega t + \alpha - \varphi) - \sin(\alpha - \varphi)\mathrm{e}^{-\frac{\omega t}{\tan\varphi}}] \quad (6\text{-}13)$$

当 $\alpha > \varphi$ 时，$\theta < 180°$，负载电路处于电流断续状态；当 $\alpha = \varphi$ 时，$\theta = 180°$，电流处于临界连续状态；当 $\alpha < \varphi$ 时，θ 仍维持 $180°$，电路已不起调压作用。

综上所述，单相交流调压的特点可归纳为以下 3 点。

（1）带电阻性负载时，负载电流波形与单相桥式可控整流交流侧的电流波形一致，改变控制角 α 可以改变负载电压有效值，达到交流调压的目的。

（2）带电感性负载时，不能用窄脉冲触发，否则当 $\alpha < \varphi$ 时会发生晶闸管无法导通的现象，电流出现很大的直流分量，易烧坏熔断器或晶闸管。

（3）带大电感性负载时，最小控制角 $\alpha_{\min} = \varphi$（负载功率因数角），所以 α 的移相范围为 $\varphi \sim 180°$，而带电阻性负载时其移相范围为 $0° \sim 180°$。

当交流功率过大时，一般采用三相交流调压电路，而三相交流调压电路可以由 3 个相位互差 $120°$ 的单相交流调压电路组合而成。

在实际应用中，双向晶闸管不仅可以进行调压，在某些需要频繁开关，以及有易燃气体或多粉尘的地方，也可用于构成无触点交流开关。图 6-11 所示为电网无功补偿电容投切开关，代替机械开关投切电容器。为避免电容器组投切造成较大电流冲击，一般把电容器分成几组，如图 6-11（b）所示，可根据电网对无功的需求而改变投入电容器的容量。

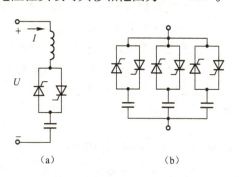

图 6-11　电容投切电路

6.4　直流斩波电路

利用电力开关器件周期性地开通与关断来改变输出电压的大小，将直流电转换为另一固定电压或可调电压的直流电的电路称为直流变换电路

(开关型 DC/DC 变换电路/斩波器)。

图 6-12 所示为直流斩波电路的原理示意图，图中 S 是可控开关，R 为纯阻性负载。当开关 S 接通时，电流经负载电阻 R 流过，R 两端就有电压；当开关 S 断开时，R 中的电流为零，电压也变为零。

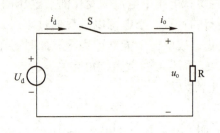
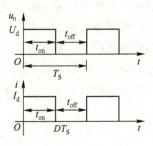

图 6-12 直流斩波电路的原理示意图

电路中开关的占空比

$$D = \frac{t_{on}}{T_S}$$

因为 D 是 0~1 内变化的系数，因此在 D 的变化范围内，输出电压 U_o 总是小于输入电压 U_d，改变 D 值就可以改变其大小。

直流变换电路的常用工作方式主要有以下 3 种。

☺脉冲频率调制（PFM）工作方式：即维持脉冲宽度不变，改变 T_S。在该调压方式中，由于输出电压波形的周期是变化的，因此输出谐波的频率也是变化的，这使得滤波器的设计比较困难，输出谐波干扰严重，一般很少采用。

☺脉宽调制（PWM）工作方式：即维持 T_S 不变，改变脉冲宽度。在这种调压方式中，输出电压波形的周期是不变的，因此输出谐波的频率也不变，这使得滤波器的设计容易。

☺脉冲混合控制：即同时改变周期和脉冲宽度的调节方式。

直流斩波电路按变换器的功能可分为降压变换电路（Buck）、升压变换电路（Boost）、升降压变换电路（Buck-Boost）。

6.4.1 降压变换电路

图 6-13 所示为降压变换电路及波形。导通期间（t_{on}），电力开关器件导通，电感蓄能，二极管 VD 反偏，其等效电路如图 6-13（b）所示；关断期间（t_{off}），电力开关器件断开，电感释能，二极管 VD 导通续流，其等效电路如图 6-13（c）所示；由等效电路绘制其波形，如图 6-13（d）所示。

由波形图可以计算出输出电压平均值为

$$\overline{U}_o = \frac{1}{T}\int_0^{t_{on}} u_o dt = \frac{t_{on}}{T}U_d = \delta U_d \qquad (6-14)$$

输出电压有效值为

$$U_o = \sqrt{\frac{1}{T}\int_0^{t_{on}} u_o^2 dt} = \sqrt{\delta} U_d \qquad (6-15)$$

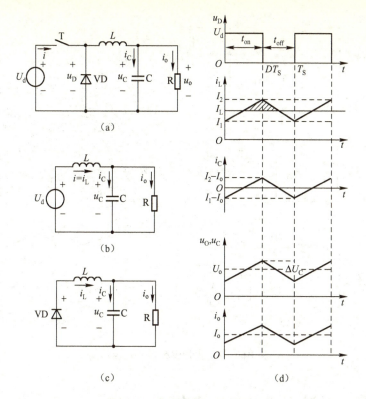

图 6-13 降压变换电路及波形

斩波开关可用普通型晶闸管、门极关断晶闸管或其他自关断器件来实现。但是,普通型晶闸管本身无自关断能力,要设置换流回路,用强迫换流方法使它关断,因此增加了损耗。目前,快速自关断电力电子器件的出现为斩波频率的提高创造了条件,可以通过提高斩波频率来减少谐波分量,降低对滤波元器件的要求,从而减小变换装置的体积和减轻变换装置的质量。另外,采用自关断器件后,还可以省去换流回路,从而简化了电路,这也是斩波电路的发展方向。

6.4.2 升压式直流斩波电路

图 6-14 所示为升压变换电路及波形。其工作过程可以描述为:t_{on} 工作期间,二极管反偏截止,电感 L 储能,电容 C 给负载 R 提供能量,相当于输入端与输出端隔离,其等效电路如图 6-14(b)所示;t_{off} 工作期间,电感上的感应电势将与输入电压 U_d 叠加,使二极管 VD 正向导通,同时向负载供电和向 C 补充能量。二极管 VD 导通,电感 L 经二极管 VD 给电容充电,并向负载 R 提供能量,此时等效电路如图 6-14(c)所示;由等效电路绘制其波形,如图 6-14(d)所示。

由波形图可知,

$$U_o = \frac{t_{on} + t_{off}}{t_{off}} U_d = \frac{U_d}{1-D} \tag{6-16}$$

显然,作为升压直流斩波电路,此电路的输出电压将永远高于输入电压。

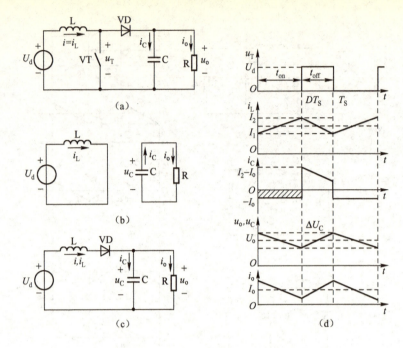

图 6-14 升压变换电路及波形

6.4.3 升降压式直流斩波电路

升降压式直流斩波电路是由降压式和升压式两种基本变换电路混合串联而成的，主要用于可调直流电源。这种电路的输出与输入有公共接地端，输出电压幅值可以高于或低于输入电压，其极性为负。稳定时输出电压与输入电压之间的变化是两级变换电路变化的乘积。

小结

1. 相控整流电路按照输入交流电源的相数可分为单相、三相和多相整流电路。

2. 单相半波可控整流电路：

$$U_d = 0.45 U_2 \frac{1+\cos\alpha}{2}$$

单相桥式相控整流电路：

$$U_d = 0.9 U_2 \frac{1+\cos\alpha}{2}$$

单相可控整流电路输出脉动大，容量小。当负载容量超过 4kW 时，或者要求直流脉动较小的场合，应采用三相整流电路。三相整流电路有三相半波、三相桥式、六相半波、双反星形等整流形式。

3. 将交流电变为直流电的过程，称为整流。在生产实际中，除了需要将交流电转变为大小可调的直流电外，有时还需要将直流电转变为交流电，这种对应于整流的逆过程称为逆变。在许多场合，同一晶闸管既可用于整流,又可用于逆变。这两种不同的工作状态可依照工作条件相互转化,此类电路称为变流电路,或简称变流器。

4. 逆变可分为有源逆变和无源逆变两类。有源逆变的交流侧接电网,将直流电逆变成与电网同频的正弦交流电返送电网,无源逆变是把直流电转化为交流电提供给负载的电路。

5. 交流调压电路是用于变换交流电压幅值(或有效值)的电路。通过控制晶闸管在每一个电源周期内的导通角的大小来调节输出电压的大小。

6. 利用电力开关器件周期性地开通与关断来改变输出电压的大小,将直流电转换为另一固定电压或可调电压的直流电的电路称为直流变换电路。

习题

6-1 如图 6-15 所示,试绘制出负载 R_d 上的电压波形(不考虑晶闸管的导通压降)。

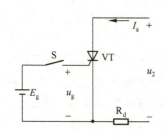 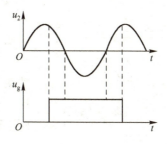

图 6-15 习题 6-1 的图

6-2 在图 6-16 中,若要使用单次脉冲触发晶闸管导通,则门极触发信号(触发电压为脉冲)的宽度最小应为多少微秒(设晶闸管的擎住电流 $I_L = 15mA$)?

6-3 单相正弦交流电源、晶闸管和负载电阻串联的电路如图 6-17 所示,交流电源电压有效值为 220V。

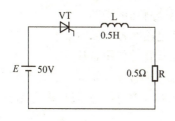 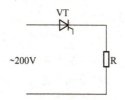

图 6-16 习题 6-2 的图　　图 6-17 习题 6-3 的图

(1) 考虑安全裕量,应如何选取晶闸管的额定电压?

(2) 若当电流的波形系数 $K_f = 2.22$ 时,通过晶闸管的有效电流为 100A,考虑晶闸管的安全裕量,则应如何选择晶闸管的额定电流?

6-4 单相半波可控整流电路中,如果:

(1) 晶闸管门极不加触发脉冲;

(2) 晶闸管内部短路；

(3) 晶闸管内部断开。

试分析上述 3 种情况下负载两端电压 u_d 和晶闸管两端电压 u_T 的波形。

6-5 某单相全控桥式整流电路给电阻性负载和大电感负载供电，在流过负载电流平均值相同的情况下，哪一种负载的晶闸管额定电流应选择大一些？

6-6 某电阻性负载要求 0～24V 的直流电压，最大负载电流 $I_d=30A$，分别采用由 220V 交流直接供电和由变压器降压到 60V 供电的单相半波相控整流电路，则两种方案是否都能满足要求？试比较两种供电方案的晶闸管的导通角、额定电压、额定电流。

6-7 某电阻性负载，$R_d=50Ω$，要求 U_d 在 0～600V 可调，试用单相半波和单相全控桥两种整流电路来供给，分别计算：

(1) 晶闸管额定电压、电流值；

(2) 负载电阻上消耗的最大功率。

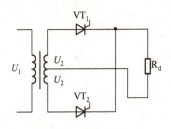

图 6-18 习题 6-8 的图

6-8 整流变压器二次侧中间抽头的双半波相控整流电路如图 6-18 电路所示。

(1) 说明整流变压器有无直流磁化问题？

(2) 分别绘制出电阻性负载和大电感负载在 $α=60°$ 时的输出电压 U_d、电流 i_d 的波形，比较与单相全控桥式整流电路是否相同。若已知 $U_2=220V$，分别计算其输出直流电压值 U_d。

(3) 绘制出电阻性负载 $α=60°$ 时晶闸管两端的电压 u_T 的波形，说明该电路的晶闸管承受的最大反向电压为多少？

6-9 现有单相半波、单相桥式、三相半波 3 种整流电路带电阻性负载，负载电流 I_d 最大都是 40A，问流过与晶闸管串联的熔断器的平均电流、有效电流各为多大？

6-10 什么是有源逆变？有源逆变的条件是什么？有源逆变有何作用？

6-11 无源逆变电路和有源逆变电路有何区别？

6-12 什么是电压型和电流型逆变电路？各有何特点？

6-13 电压型逆变电路中的反馈二极管的作用是什么？

6-14 为什么在电流型逆变电路的可控器件上要串联二极管？

6-15 在单相交流调压电路中，当控制角小于负载功率因数角时，为什么输出电压不可控？

6-16 一个电阻炉由单相交流调压电路供电，如果 $α=0°$ 时，输出功率为最大值，试求功率分别为 80%、50% 时的控制角 $α$。

6-17 试说明直流斩波器主要有哪几种电路结构？并分析它们各有什么特点。

第7章 数字电路基础知识

7.1 数制与码制

7.1.1 数制

1. 计数体制

数制是一种计数的方法,常用的计数体制有十进制、二进制、八进制、十六进制等。

1) 十进制

十进制是以 10 为基数的计数体制。它由 0,1,2,…,9 这 10 个不同的数码按照一定的规律排列起来表示数值大小。当数码处于不同位置时,其所代表的数值也不同,如:

$$(352)_D = 3 \times 10^2 + 5 \times 10^1 + 2 \times 10^0$$

式中,下标"D"是英文 Decimal 的缩写,表示十进制数;10^2、10^1、10^0 标明数值在该位的"权",它们都是基数 10 的幂。数码与权的乘积称为加权系数,代表该数码的实际值,如在这里,数码 3 表示 300,而数码 5 表示 50,数码 2 表示 2,因此十进制数的数值为各位加权系数的和,"逢十进一",即

$$(N)_D = K_{n-1} \times 10^{n-1} + \cdots + K_1 \times 10^1 + K_0 \times 10^0$$

2) 二进制

二进制是以 2 为基数的计数体制。它只有 0 和 1 两个数码,二进制数码的数值为各位数码加权系数的和,"逢二进一",即 $0+1=1$、$1+1=10$、$10+1=11$、$11+1=100$。各位的权都是基数 2 的幂,如:

$$(1101)_B = 1 \times 2^3 + 1 \times 2^2 + 0 \times 2^1 + 1 \times 2^0 = (13)_D$$

式中,下标"B"是英文 Binary 的缩写,表示二进制数;2^3、2^2、2^1、2^0 是各位的权。

3) 八进制

八进制是以 8 为基数的计数体制。它由 0,1,2,…,7 这 8 个不同的数码按照一定的规律排列,"逢八进一",各位的权都是基数 8 的幂,如:

$$(352)_O = 3 \times 8^2 + 5 \times 8^1 + 2 \times 8^0 = (234)_D$$

式中,下标"O"是英文 Octal 的缩写,表示八进制数;8^2、8^1、8^0 是各位的权。

4) 十六进制

十六进制是以 16 为基数的计数体制。它有 0,1,2,…,9,A(10),B(11),C(12),D(13),E(14),F(15)共 16 个不同的数码,"逢十六进一",各位的权都是 16 的幂,如:

$$(352)_H = 3 \times 16^2 + 5 \times 16^1 + 2 \times 16^0 = (850)_D$$

式中，下标"H"是英文 Hexadecimal 的缩写，表示十六进制数；16^2、16^1、16^0 是各位的权。

由此可知，同样的数码，如果计数体制不同，其代表的结果相差很大，因此，在计数时一定要首先表明是什么进制。表 7-1 所列为 4 种计数体制对照表。

表 7-1　十进制、二进制、八进制、十六进制对照表

十进制	二进制	八进制	十六进制	十进制	二进制	八进制	十六进制
0	0	0	0	8	1000	10	8
1	1	1	1	9	1001	11	9
2	10	2	2	10	1010	12	A
3	11	3	3	11	1011	13	B
4	100	4	4	12	1100	14	C
5	101	5	5	13	1101	15	D
6	110	6	6	14	1110	16	E
7	111	7	7	15	1111	17	F

2. 数制转换

不同的计数体制可以表达相同的数值，而且不同的计数体制计数时可以相互转换。

1）任意进制数转换为十进制数

将一个非十进制数转换为十进制数时，只需按权展开，然后按十进制的计数规律相加即可。

【例 7-1】　将 $(1101)_B$，$(352)_O$，$(352)_H$ 分别转换成十进制数。

解：$(1101)_B = 1 \times 2^3 + 1 \times 2^2 + 0 \times 2^1 + 1 \times 2^0 = (13)_D$

$(352)_O = 3 \times 8^2 + 5 \times 8^1 + 2 \times 8^0 = (234)_D$

$(352)_H = 3 \times 16^2 + 5 \times 16^1 + 2 \times 16^0 = (850)_D$

2）十进制整数转换为其他进制数

将一个十进制数转换为其他非十进制数的过程刚好相反，转换时需要采取"除权取余"法，所得余数的组合即为其他进制的数，需要注意的是数码（各次运算的余数）从下往上依次为高位到低位的排列。如将十进制数转换为二进制、八进制、十六进制时，应分别采用"除 2 取余法"、"除 8 取余法"、"除 16 取余法"。

【例 7-2】　将 $(35)_D$ 分别转换为二进制、八进制和十六进制数。

解：根据数制转化的方法分别除 2、除 8、除 16，取余可得：

```
2 | 35  —— 1
2 | 17  —— 1
2 |  8  —— 0
2 |  4  —— 0
2 |  2  —— 0        8 | 35 —— 3       16 | 35 —— 3
2 |  1  —— 1        8 |  4 —— 4       16 |  2 —— 2
     0                   0                    0
```

由此 $(35)_D = (100011)_B = (43)_O = (23)_H$

7.1.2 码制

十进制数虽然直观，但在数字系统中实现起来非常复杂，故可采用编码的形式将其转化为二进制数码。所谓编码就是按照一定的规律，采用数字或某种文字符号来表示某一对象或信号的过程，对于不同的对象可采取不同的编码体制。在数字电路中，一般采用二进制数来进行编码，用二进制数来表示十进制数的编码方法称为二－十进制数码，简称 BCD 码。

由于4位二进制码有16种不同的组合，故可以选用其中的任意10种组合以代表0～9的10个数码，一旦选定后，则其余的6种组合是不允许出现的，或者说是无效的。根据选取方式的不同，可以得到不同的 BCD 码，常用的有8421码、5421码、2421码等有权码和余3码等无权码。表7-2列举了3种常用的 BCD 码对照表。

表7-2 常用的3种 BCD 码对照表

十进制数	8421 码	5421 码	余 3 码	十进制数	8421 码	5421 码	余 3 码
0	0000	0000	0011	5	0101	1000	1000
1	0001	0001	0100	6	0110	1001	1001
2	0010	0010	0101	7	0111	1010	1010
3	0011	0011	0110	8	1000	1011	1011
4	0100	0100	0111	9	1001	1100	1100

7.2 逻辑门概念

7.2.1 基本逻辑运算

所谓逻辑，是指"条件"与"结果"的关系。在逻辑运算中，以输入信号反映"条件"，以输出信号来反映"结果"。不论条件还是结果，都只有两种取值，即0和1。这里的0和1不对应具体的数值大小，而表示两种对立的逻辑状态，如事件的真和假、信号的有和无、开关的闭合与断开等。这种只有两种取值的变量具有二值性，称为逻辑变量。在逻辑运算中有与逻辑、或逻辑、非逻辑3种基本逻辑关系，相应的基本逻辑运算为与、或、非。

1. 与运算

与运算也称逻辑乘，其逻辑表达式为

$$F = A \cdot B$$

其意义为"只有当决定一件事情的所有条件都具备时，这件事情才可以实现"。比如一扇门上有两把锁，则只有当两把钥匙都在的情况下门才可以被打开，否则门就不可以被打开。与逻辑的逻辑符号如图7-1所示。除了采用逻辑表达式和逻辑图外，还可以将逻辑变量各种可能取值的组合及其对应的逻辑函数值列成表格，即真值表。与运算的真值表见表7-3。表中的"0"代表低电平，在输入端表示该条件不具备，在输出端表示该事件不可以实现；"1"代表高电平，在输入端表示该条件具备，在输出端则表示该事件成立。以后在表述逻辑函数时，一般只抽象地表明其代表的为高电平还是低电平,而不描述具体的逻辑事件。

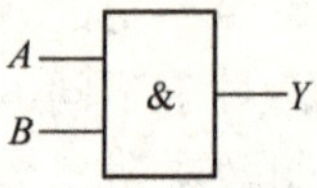

图 7-1 与门逻辑符号

表 7-3 与运算真值表

A	B	F
0	0	0
0	1	0
1	0	0
1	1	1

与运算的运算规则有:
$$0 \cdot 0 = 0,\ 0 \cdot 1 = 0,\ 1 \cdot 0 = 0,\ 1 \cdot 1 = 1$$

与逻辑可以概述为"条件全真,输出为真;条件有假,输出为假"。对该逻辑事件抽象后,也可简单描述为"有'0'出'0',全'1'出'1'",如果一个逻辑电路的输入端、输出端能实现与运算,则该电路称为"与门"电路,简称"与门"。

2. 或运算

或运算也称逻辑加,其逻辑表达式为
$$F = A + B$$

其意义为"决定一件事情的所有条件只要有一条具备时,这件事情就可以实现"。比如一个房间有两扇门,每扇门上有一把锁,则两把锁的钥匙中,只要有一把钥匙在,门就可以被打开。或运算的真值表见表 7-4。或逻辑的逻辑符号如图 7-2 所示。

表 7-4 或运算真值表

A	B	F
0	0	0
0	1	1
1	0	1
1	1	1

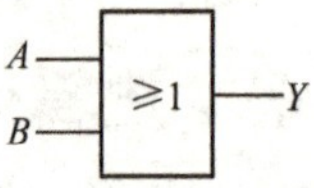

图 7-2 或门逻辑符号

或运算的运算规则有:
$$0 + 0 = 0,\ 0 + 1 = 1,\ 1 + 0 = 1,\ 1 + 1 = 1$$

或逻辑可以概述为"条件有真,输出为真;条件全假,输出为假"。也可简单总结为"全'0'出'0',有'1'出'1'"。如果一个逻辑电路的输入端、输出端能实现或运算,则此电路称为"或门"电路,简称"或门"。

3. 非运算

图 7-3 非门逻辑符号

非运算是对一个逻辑变量的否定,其逻辑表达式为
$$F = \overline{A}$$

当条件为真时,事件发生所出现的结果必然是与这种条件相反的结果。非逻辑的逻辑符号如图 7-3 所示。

非运算的运算规则为
$$\overline{0} = 1,\ \overline{1} = 0$$

非逻辑运算概述为“条件为真，输出为假；条件为假，输出为真”。如果一个逻辑电路的输入端、输出端能实现非运算，则此电路称为“非门”电路，简称“非门”。

4. 复合逻辑运算

用“与”、“或”、“非”3 种基本逻辑运算的不同组合可以构成各种复合逻辑，如把“与”门的输出端接到“非”门的输入端，则总的输出与输入的逻辑关系为“与非”。表 7-5 列出了常用的复合逻辑运算函数的表达式及其相应的逻辑门电路的代表符号，以便于比较和应用。

表 7-5　常用的复合逻辑函数及相应门电路

逻辑运算		与运算 $L=AB$	或运算 $L=A+B$	非运算 $L=\overline{A}$
逻辑门符号		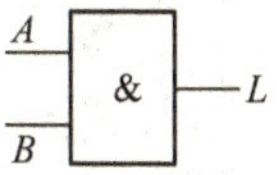	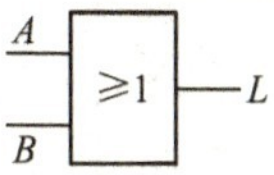	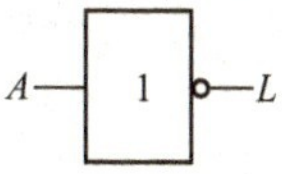
逻辑变量 A	B			
0	0	0	0	1
0	1	0	1	1
1	0	0	1	0
1	1	1	1	0
逻辑运算		与非运算 $L=\overline{A\cdot B}$	或非运算 $L=\overline{A+B}$	异或运算 $L=A\oplus B$
逻辑门符号		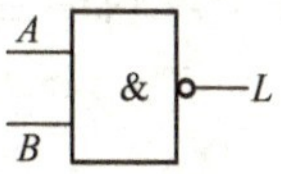	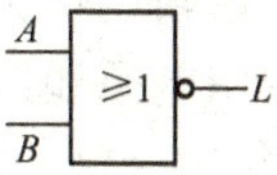	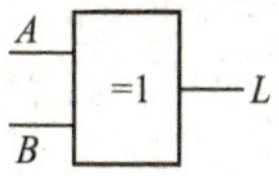
逻辑变量 A	B			
0	0	1	1	0
0	1	1	0	1
1	0	1	0	1
1	1	0	0	0

7.2.2　集成门电路

由于逻辑门电路在日常生活中有着十分广泛的应用，因此许多厂家都把其门电路直接封装起来构成集成的逻辑门电路。常用的集成逻辑门电路有晶体管－晶体管逻辑（Transistor-Transistor Logic）门电路，简称 TTL 门电路；射极耦合逻辑（Emitter-Coupled Logic）门电路，简称 ECL 门电路；金属－氧化物－半导体互补对称逻辑（Complementary Metal-Oxide-Semiconductor）门电路，简称 CMOS 门电路；以及集成注入逻辑门电路（I^2L）、NMOS 门电路等。集成逻辑门电路可以实现与、或、非、与非、或非等很多功能。

1. TTL 与非门电路

TTL 与非门电路的输入端采用了多发射极的晶体管，如图 7-4 所示。其每个发射极都可以独立构成一个发射结，只要有一个发射结正向偏置都可以促使晶体管进入放大或饱和区，多个发射极并联则构成一个面积较大的组合发射极。

当 VT_1 发射极的 A，B，C3 个输入端只要有一个输入为低电平时，都将导

致 VT_1 的发射结正偏，b_1 点电位被钳在 0.7V，从而使 VT_2 进入截止区，由于不能提供足够的偏置电流而使 VT_5 也工作于截止区。电流经 VT_2、VT_3、VT_4 到输出端，VT_3、VT_4 同时进入饱和区，使输出为高电平。只有当 3 个输入端全部为高电平时，才能使 VT_2、VT_5 同时进入饱和区，从而输出为低电平。

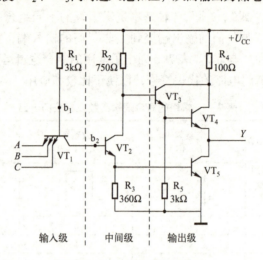

图 7-4 TTL 与非门逻辑电路

图 7-5 所示是两种 TTL 与非门芯片的引脚图。其中图 7-5（a）所示为 74LS00，表示 2 输入端四与非门；图 7-5（b）所示为 74LS20，表示 4 输入端双与非门。一片集成逻辑门电路内的各个逻辑门互相独立，可以单独使用，但所有的逻辑门共用电源和地。

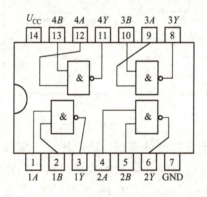 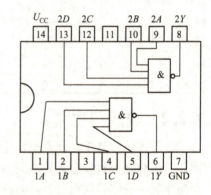

图 7-5 两种与非门芯片的引脚图

TTL 与非门的应用非常广泛，使用时需要依据参数来进行合理选择。

【**输出高电平 U_{OH} 和输出低电平 U_{OL}**】U_{OH} 和 U_{OL} 分别表示输出端的电平为高或低，对于 TTL 与非门来说，其典型值分别为 3.6V 和 0.3V。但是，实际门电路中它们并不是恒定值，考虑到器件参数的差异及实际使用时的情况，一般规定输出高电平的下限值和输出低电平的上限值分别为 2.7V 和 0.5V。

【**阈值电压 U_{TH}**】阈值电压也称门槛电压，是输入电压使晶体管 VT_5 截止与导通的分界线，也是使输出端为高、低电平的分界线时的输入电压。实际上，阈值电压有一定的范围，通常取 $U_{TH}=1.4V$。一般使用中，规定最小输入高电平为2.0V,称为开门电平;最大输入低电平为0.9V,称为关门电平。只要输入电压大于开门电平,则输入一定为高电平;只要输入电压低于关门电平,则输入一定为低电平。开门电平和关门电平在使用时是非常重要的参数,它反映了电路的抗干扰能力。例如,某集成门电路1的输出电压为0.3V,这个信号作为集成门电路2的输入时应该是低电平,但由于在信号的传输过程中受到干扰使其变化,所以只要信号低于关门电平,则干扰对信号的传输就毫无影响。

【扇入和扇出系数 N_0】TTL 门电路的扇入系数定义为单个门的输入端的个数,如一个四输入端的与非门其扇入系数就为4。扇出系数是指输出端最多能带同类门的个数,它反映了与非门的最大负载能力。一般 TTL 与非门电路的扇出系数为8~10,而性能较好的门电路的扇出系数最高可达50。

【平均传输延迟时间 t_{pd}】平均传输延迟时间是一项动态指标,因为与非门输出端电压的动态波形相对于输入电压波形总有一定的延迟。平均传输延迟时间一般为3~10ns,延迟时间越短则动作越迅速,电路性能越好。

2. 三态输出与非门电路

三态输出与非门电路与前述门电路不同,其输出端除了高电平和低电平外,还可以出现高阻状态,所谓的高阻即该端没有输出信号。图 7-6 所示的是三态输出与非门电路及其图形符号,其中 A、B 为输入端,二极管 VD 用于构成控制端 E(也称"使能端")。

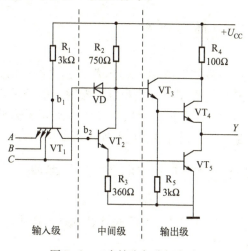

图 7-6　三态输出与非门电路

当控制端为高电平时,该电路为与非门电路;当控制端为低电平时,不论输入为何状态,输出端都开路而没有任何输出信号。三态门的一个最重要的应用就是可以通过一根母线来轮流传送多个不同的数据或信号。只要让连接在同一个母线上的多个三态门的控制端轮流处于高电平,则母线就可以轮流接受各三态门的输出,任何时间内都只有一个三态门处于工作状态而其余都处于高阻状态。这种用母线来传送数据或信号的方法因节约母线而在计算机中被广泛采用。

3. 集成 TTL 门电路芯片

TTL 门电路在日常生活中被大量使用,因此许多厂家把 TTL 门电路

集成起来构成专用的集成芯片以方便用户选用。前述 TTL 与非门电路具有结构简单、抗干扰能力强、使用方便等优点，因而成为应用最为广泛的一种数字集成电路，但是为了不断提高其工作速度并不断降低功耗，随着电路的结构形式和工艺的不断改进，就出现了 CT1000 系列（功耗较低，每门约为 10mW，但传输延迟时间 t_{pd} 较长，约为 10ns）、CT2000 系列（每门功耗约 20mW，t_{pd} 约为 6ns）、CT3000 系列（每门功耗略低于 CT2000 系列，t_{pd} 约为 3ns）和 CT4000 系列（每门功耗约 2mW，t_{pd} 约为 5ns），分别相当于国际型号 74 标准系列、74H 高速系列（简称 HTTL）、74S 肖特基系列（简称 STTL）和 74LS 低功耗肖特基系列（简称 LSTTL）。所谓的肖特基，即采用了抗饱和技术。表 7-6 列出了 74LS 系列集成电路的型号及功能。

表 7-6 常用的 74LS 系列集成电路的型号及功能

型　号	逻辑功能	型　号	逻辑功能
74LS00	2 输入端四与非门	74LS04	六反相器
74LS08	2 输入端四与门	74LS10	3 输入端三与非门
74LS20	4 输入端双与非门	74LS11	3 输入端三与门
74LS21	4 输入端双与门	74LS27	3 输入端三或非门
74LS30	8 输入端与门	74LS32	2 输入端 4 或门

7.3 逻辑代数及化简

逻辑代数是英国数学家乔治·布尔首先创立的，因此又称布尔代数。1938 年，香农把逻辑代数用于开关和继电器网络的分析和化简，首次将其应用于解决实际问题。现在逻辑代数已经成为研究逻辑函数与逻辑变量的一门应用数学，是分析和设计逻辑电路所不可缺少的数学工具。

7.3.1 逻辑代数的基本定律和基本规则

1. 基本定律

根据基本逻辑运算，可推导出逻辑代数的基本定律。

1）基本运算法则

$0 \cdot A = 0 \quad 1 \cdot A = A \quad A \cdot A = A \quad A \cdot \overline{A} = 0$

$0 + A = A \quad 1 + A = 1 \quad A + A = A \quad A + \overline{A} = 1 \quad \overline{\overline{A}} = A$

2）基本定律

(1) 交换律：$A \cdot B = B \cdot A$ $\qquad A + B = B + A$

(2) 结合律：$ABC = A(BC)$ $\qquad A + B + C = A + (B + C)$

(3) 分配律：$A(B + C) = AB + AC$ $\qquad A + BC = (A + B)(A + C)$

证明：$(A + B)(A + C) = A + AB + AC + BC = A(1 + B + C) + BC = A + BC$

(4) 反演律：$\overline{A + B} = \overline{A} \cdot \overline{B} \qquad \overline{A \cdot B} = \overline{A} + \overline{B}$

证明：当 $A = 0$ 时，$\overline{A + B} = \overline{A} \cdot \overline{B} = \overline{B}$，$\overline{A \cdot B} = \overline{A} + \overline{B} = 1$。

当 $A \neq 0$ 时，必有 $A=1$，此时 $\overline{A+B} = \overline{A} \cdot \overline{B} = 0$，$\overline{A \cdot B} = \overline{A} + \overline{B} = \overline{B}$。

故此，在任何情况下都有反演律成立。

也可采用真值表法证明。真值表证明法也称为穷举法，列举出输入端可能出现的所有组合，如果两个函数的输出完全相同，则这两个函数等价。表 7-7 列出了反演律中各逻辑函数的真值表。由表 7-7 证明反演律是始终成立的。反演律又称摩根定律（De Mogen's Law）。

表 7-7　摩根定律真值表

A	B	$\overline{A+B}$	$\overline{A \cdot B}$	$\overline{A} \cdot \overline{B}$	$\overline{A} + \overline{B}$
0	0	1	1	1	1
0	1	0	0	1	1
1	0	0	0	1	1
1	1	0	0	0	0

（5）吸收律：$A(A+B) = A$　$A+AB = A$　$A+\overline{A}B = A+B$

$$AB + \overline{A}C + BC = AB + \overline{A}C$$

2. 基本规则

在逻辑代数中，以下 3 个基本规则是十分重要的。

1）代入规则

在任何一个含有变量 X 的等式中，如果将等式两边所有出现变量 X 的位置都代之以另外一个逻辑函数 Y，则等式仍然成立。例如，对于吸收律 $A(A+B) = A$，同时以 $A+C$ 代替 A，则变为 $(A+C)(A+C+B) = A+C$，经过证明可发现变化后的定律仍然成立，所以利用代入规则可以扩大公式的应用范围。又如，对于摩根定律 $\overline{A \cdot B} = \overline{A} + \overline{B}$，如果同时以 BC 代替 B，则原定律变为新的定律 $\overline{ABC} = \overline{A} + \overline{BC} = \overline{A} + \overline{B} + \overline{C}$，这样就可把摩根定律扩展到无限多个变量的情况。

2）对偶规则

如果将任何一个逻辑函数中的"·"变成"+"、"+"变成"·"，"0"变成"1"、"1"变成"0"，其他所有逻辑变量都保持不变，则得到的新的逻辑函数式就是原函数式的对偶式。所谓对偶规则，是指当两个逻辑函数相等时，它们的对偶式也一定相等。利用对偶规则可以从已知公式中获得更多的公式，也可简化对公式的记忆。如

☺ 对 $A(B+C) = AB + AC$ 做对偶变换可得 $(A+B)(A+C) = A+BC$；

☺ 对 $A + AB = A$ 做对偶变换可得 $A(A+B) = A$；

☺ 对 $0 \cdot A = 0$，$1 \cdot A = A$，$A \cdot A = A$，$A \cdot \overline{A} = 0$ 四个公式分别做对偶变换可得 $1 + A = 1$，$0 + A = A$，$A + A = A$，$A + \overline{A} = 1$。

3）反演规则

如果将任何一个逻辑函数中的"·"变成"+"、"+"变成"·"，"0"变成"1"、"1"变成"0"，其他所有的原变量换成非变量，所有的非变量换成原变量，则所得到的新的逻辑表达式为原表达式的非电路，这个规则称为反演规则。利用反演规则可以很容易地计算一个逻辑函数的非函

数。这样在实际电路中，如果某函数的表达式比较复杂，则可以先计算出其非函数的表达式，然后再计算原函数的表达式。

7.3.2 逻辑代数的化简和证明

根据逻辑表达式可以绘制出相应的逻辑图，但直接根据逻辑要求写出的逻辑表达式一般比较烦琐，绘制出的逻辑图也较复杂，为了简化电路和节省器件，首先应对逻辑表达式进行化简。

逻辑表达式化简后的特点是，所用的逻辑门的类型和个数都比较少。一般的化简方法有并项、吸收、配项等。

并项法是利用 $A+\bar{A}=1$ 的特点把多项合并成一项并消去多余的变量。例如：

$$AB+A\bar{B}=A(B+\bar{B})=A$$

吸收法就是利用吸收律消去多余的项。如：

$$AB+ABC=AB(1+C)=AB$$

配项法是先利用 $A+\bar{A}=1$，增加必要的乘积项，再利用并项或吸收的办法使项数减少。如吸收律的证明：

$$AB+\bar{A}C+BC = AB+\bar{A}C+(A+\bar{A})BC$$
$$=AB+\bar{A}C+ABC+\bar{A}BC$$
$$=AB+\bar{A}C$$

使用以上原则化简时一定要注意方法，应根据表达式的特点综合应用，否则很有可能越化越复杂。

【例7-3】 化简逻辑函数 $F=AB+\bar{A}C+\bar{B}C$。

解： $F = AB+(\bar{A}+\bar{B})C$
$= AB+\overline{AB}C$
$= AB+C$

【例7-4】 化简逻辑函数 $F=AB+A\bar{C}+\bar{B}C+B\bar{C}+\bar{B}D+B\bar{D}+ADE$。

解： $F = ABC+AB\bar{C}+\bar{B}C+A\bar{C}+B\bar{C}+\bar{B}D+B\bar{D}+ADE$
$= C(AB+\bar{B})+AB\bar{C}+A\bar{C}+B\bar{C}+\bar{B}D+B\bar{D}+ADE$
$= AC+\bar{B}C+AB\bar{C}+A\bar{C}+B\bar{C}+\bar{B}D+B\bar{D}+ADE$
$= A+\bar{B}C+AB\bar{C}+B\bar{C}+\bar{B}D+B\bar{D}+ADE$
$= A+\bar{B}C+B\bar{C}+\bar{B}D+B\bar{D}$
$= A+\bar{B}C(D+\bar{D})+B\bar{C}+\bar{B}D+B\bar{D}(C+\bar{C})$
$= A+\bar{B}CD+\bar{B}D+\bar{B}C\bar{D}+B\bar{D}C+B\bar{C}+DB\bar{C}$
$= A+\bar{B}D+\bar{D}C+B\bar{C}$

【例7-5】 化简逻辑函数 $F = ABC + ABD + \overline{AB}\,\overline{C} + CD + B\overline{D}$。

解： $F = ABC + ABD + \overline{AB}\,\overline{C} + CD + B\overline{D}$

$= ABC + \overline{AB}\,\overline{C} + CD + B(\overline{D} + DA)$

$= ABC + \overline{AB}\,\overline{C} + CD + B\overline{D} + BA$

$= AB + \overline{AB}\,\overline{C} + CD + B\overline{D}$

$= B(A + \overline{A}\,\overline{C}) + CD + B\overline{D}$

$= BA + B\overline{C} + CD + B\overline{D}$

$= BA + B(\overline{C} + \overline{D}) + CD$

$= BA + B\overline{CD} + CD$

$= B + CD$

【例7-6】 化简逻辑函数 $F = ABC\overline{D} + ABD + BC\overline{D} + ABC + BD + B\overline{C}$。

解： $F = ABC\overline{D} + ABD + BC\overline{D} + ABC + BD + B\overline{C}$

$= ABC(\overline{D} + 1) + BD(1 + A) + BC\overline{D} + B\overline{C}$

$= ABC + BD + BC\overline{D} + B\overline{C}$

$= B(AC + D + C\overline{D} + \overline{C})$

$= B(AC + D + C + \overline{C})$

$= B$

✓ 小结

1. 数字系统中常用二进制来表示数据和指令。所谓二进制，就是以2为基数的一种计数体制，除了二进制外，还有十六进制和八进制等其他进制，任意两种计数体制之间都可以互相转换。为了更容易使计算机识别，一般采用编码的形式把数据和指令转化为二进制代码，常用的二进制代码有8421码、5421码、2421码等有权码和余3码等无权码。

2. 数字逻辑是计算机和现代通信的基础，逻辑运算中的3种基本逻辑运算为与、或、非运算。由这3种基本逻辑运算可以实现复杂的逻辑运算，通过数字逻辑不仅可以实现复杂的逻辑运算，还可以实现复杂的算术运算。

3. TTL逻辑门电路是当前应用较为广泛的门电路之一；CMOS门电路由互补的增强型N沟道和P沟道MOSFET构成，是目前应用比较广泛的另一种逻辑门电路；NMOS门电路由于结构简单、几何尺寸小、易于集成化等优点而在大规模集成电路中应用较多。

4. 逻辑代数是分析和设计电路所不可或缺的数学工具，逻辑函数可以用于表述各种逻辑问题。逻辑函数可以采用逻辑图、真值表和逻辑表达式等多种方式表达。

习题

7-1 为什么在计算机和其他数字系统中多采用二进制数码？

7-2 将下列数码作为 BCD 码或二进制数时分别转化为八进制、十进制和十六进制数。

11111101　　10111001　　10001110

7-3 将下列十进制数转化为八进制和十六进制数。

318　　69　　34　　1023

7-4 图 7-7 所示是由分立元器件组成的最简单的门电路，电平信号从 A、B 输入，从 F 输出，试列出输入和输出关系的真值表，并分析各电路的逻辑功能。

7-5 已知 A 和 B 信号的波形如图 7-8 所示，试分析如果该信号分别加到与门、或门、与非门、或非门上后的输出信号的波形。如果输出信号 F_1、F_2、F_3、F_4 的波形如图 7-8 所示，试写出这 4 个逻辑电路的表达式。

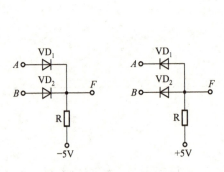

图 7-7　习题 7-4 的电路

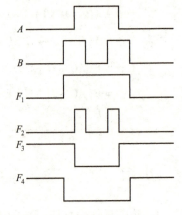

图 7-8　习题 7-5 的波形

7-6 写出图 7-9 所示的逻辑表达式并化简。

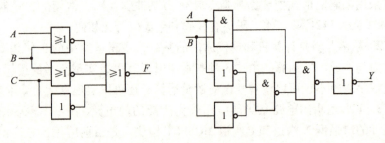

图 7-9　习题 7-6 的图

7-7 在图 7-10（a）所示门电路中，在控制端 $C=1$ 和 $C=0$ 两种情况下，试求输出 Y 的逻辑式和波形，并说明该电路的功能。输入 A 和 B 的波形如图 7-10（b）所示。

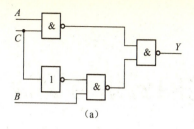
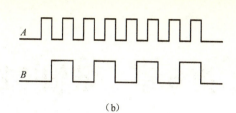

(a)   (b)

图 7-10 习题 7-7 的图

7-8 用内阻较大的万用表的直流电压挡去测量 TTL 与非门的一个悬空输入端与"地"之间的电压值，列出所有可能出现的情况下的测量值，并总结出输入端悬空对电路的影响。

7-9 试证明下列各式。

(1) $\overline{A}B + A\overline{B} = \overline{AB + \overline{A}\,\overline{B}}$

(2) $A + A\overline{B} + BCD + BD = A + BD$

(3) $ABC + BD + BC\overline{D} + B\overline{C} = B$

(4) $\overline{A}\,\overline{B}C\overline{D} + A\overline{B}C\overline{D} + \overline{A}\,\overline{B}\,\overline{C}\,\overline{D} + A\overline{B}\,\overline{C}\,\overline{D} = \overline{B}\,\overline{D}$

(5) $A\overline{B} + B\overline{C} + C\overline{A} = \overline{A}B + \overline{B}C + \overline{C}A$

(6) $A \oplus B \oplus C = A \odot B \odot C$

7-10 化简下列各逻辑表达式。

(1) $Y = ABC + \overline{A}C$

(2) $Y = \overline{AB + \overline{(A + B)}}$

(3) $Y = AB + \overline{A}C + \overline{B}C + BCD$

7-11 用与非门实现以下逻辑关系并绘制出逻辑图。

(1) $Y = AB + \overline{A}C$

(2) $Y = A + B + \overline{C}$

(3) $Y = \overline{A}\,\overline{B} + (\overline{A} + B)\overline{C}$

(4) $Y = A\overline{B} + \overline{A}C + \overline{AB}\,\overline{C}$

第8章 逻辑电路的分析与设计

8.1 组合逻辑电路的分析与设计

在任何时刻,输出状态只取决于同一时刻各输入状态的组合,而与先前状态无关的逻辑电路称为组合逻辑电路。组合逻辑电路的内容包括两大任务:一是组合逻辑电路的分析;二是组合逻辑电路的设计。所谓分析,就是对给定的组合逻辑电路,找出其输入与输出的逻辑关系,或者描述其逻辑功能、评价其电路是否为最佳设计方案。而设计则是依据给定的逻辑功能设计出所用门电路最少且连线简单的逻辑电路。

8.1.1 组合逻辑电路的分析

组合逻辑电路的分析一般由以下3个步骤组成。

1) 根据给定的逻辑电路写出输出逻辑函数式

在列写逻辑电路的表达式时,首先从输入端向输出端逐级写出各个门输出对其输入的逻辑表达式,然后写出整个逻辑电路的输出状态对输入变量的逻辑函数,并对写出的逻辑函数式进行化简,即可求出输出逻辑函数的最简表达式。

2) 列出逻辑函数的真值表

将输入变量的状态以自然二进制数顺序的各种取值组合代入逻辑函数式,求出相应的输出状态并填入表中,即可得到逻辑函数的真值表。

3) 分析逻辑功能

根据真值表的特点分析该电路的逻辑功能。

> 【说明】以上步骤应视具体情况灵活处理,不要生搬硬套。在许多情况下,分析的目的或者是为了确定输入变量在不同取值时其功能是否满足要求;或者是为了变换电路的结构形式,如将与或结构变换成与非结构等;或者是为了得到输出函数的标准与或表达式,以便用中、大规模集成电路来实现。

【例8-1】 分析图8-1所示电路的逻辑功能。

解:(1) 写出函数的逻辑表达式并化简可得

$$Y = \overline{Y_1 Y_2} = \overline{\overline{AX} \cdot \overline{BX}} = \overline{AX} + \overline{BX} = \overline{(A+B)\overline{AB}}$$

$$= \overline{(A+B)(\overline{A}+\overline{B})} = A\overline{B} + \overline{A}B$$

(2) 列出该逻辑函数的真值表,见表8-1。

由表8-1可见,该电路具有"相同出0,不同出1"的逻辑功能,这样的电路称为异或门电路,有时也可直接用逻辑符号 $Y = A \oplus B$ 来表示。

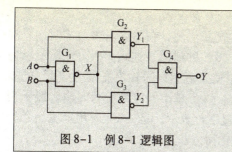

图 8-1 例 8-1 逻辑图

表 8-1 例 8-1 的真值表

A	B	Y
0	0	0
0	1	1
1	0	1
1	1	0

如果某电路具有"相同出1,不同出0"的逻辑功能,则这样的电路称为同或门。同或门电路直接用符号 $Y = A \odot B$ 来表示,其输出真值表和异或门刚好相反,读者可自行分析。

【例8-2】 在图8-2中,在控制端 $C=1$ 和 $C=0$ 两种情况下,分析电路的逻辑功能。

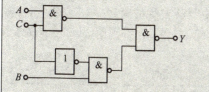
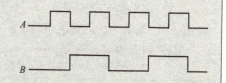

图 8-2 例 8-2 逻辑图

解: 写出函数的逻辑表达式并化简可得:

$$Y = \overline{\overline{AC} \cdot \overline{CB}} = \overline{\overline{AC}} + \overline{\overline{B\overline{C}}} = AC + B\overline{C}$$

列真值表,见表8-2 和表8-3。

表 8-2 $C=0$ 时真值表

A	B	C	Y
0	0	0	0
0	1	0	1
1	0	0	0
1	1	0	1

表 8-3 $C=1$ 时真值表

A	B	C	Y
0	0	1	0
0	1	1	0
1	0	1	1
1	1	1	1

由真值表可见,当 $C=0$ 时,$Y=B$;当 $C=1$ 时,$Y=A$。由 C 的取值控制由哪个输入信号到达输出端输出。

8.1.2 组合逻辑电路的设计

设计组合逻辑电路,主要是依据给定的逻辑功能,找出输出信号与输入信号的关系,由真值表写出逻辑表达式并化简,设计出所用门电路最少且连线简单的逻辑电路。组合逻辑电路的设计步骤如下所述。

1)确定逻辑变量

根据设计要求,确定输入变量与输出变量的个数,以及确定"1"与"0"的含义。

2)列真值表

根据题设要求及以上分析,列出该逻辑功能的真值表。

3) 写表达式

根据列出的真值表写出逻辑表达式并化简。在写逻辑表达式时，要注意，可以写成输出变量为"1"和为"0"的或门表达式。在写输出变量为"1"的表达式时，输出变量字母用原变量表示；写输出变量为"0"的表达式时，输出变量字母用反变量表示。每个最小项应为所有的输入因子相"与"，输入因子是"1"时也用原变量字母表示，是"0"时用反变量字母表示。然后对该逻辑表达式按照前述化简方法进行化简。

4) 对逻辑式进行变换

按照给定的要求（如使用与非门）对逻辑式进行变换，并绘制出相应的逻辑图。

【例 8-3】 设计一个三人（A，B，C）表决电路，多数赞成且 A 有否决权，表决结果用指示灯来表示，指示灯亮时表示方案通过，否则灯不亮。

解：

(1) 首先确定逻辑变量，三个人中，某人赞成时用"1"来表示，否则用"0"来表示；方案通过时，用"1"来表示，否则用"0"来表示。

(2) 列真值表，见表 8-4。

表 8-4 例 8-3 的真值表

A	B	C	Y	A	B	C	Y
0	0	0	0	1	0	0	0
0	0	1	0	1	0	1	1
0	1	0	0	1	1	0	1
0	1	1	0	1	1	1	1

(3) 由真值表写出逻辑表达式并化简可得：

$$Y = A\overline{B}C + AB\overline{C} + ABC$$
$$= A\overline{B}C + AB\overline{C} + ABC + ABC$$
$$= AB + AC = A(B+C)$$

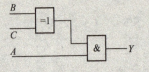

图 8-3 例 8-3 的逻辑电路图

(4) 绘制出逻辑图，如图 8-3 所示。

【例 8-4】 某工厂有 A、B、C、D 四个车间，按照生产订单的多少可以选择关闭一些车间。今要求至少有两个车间开门，若 B 车间开门则 A 车间也必须开门，C、D 车间不能同时开门。若上述要求不能满足时，报警灯亮，请设计该电路；若不要求至少开两个车间，则重新设计该电路。

解：

(1) 首先确定逻辑变量，车间开门为"1"，不开门为"0"。要求至少开两个车间时报警灯用 L 表示；不要求至少开两个车间时报警灯用 L' 表示；灯亮用"1"表示，不亮用"0"表示。

(2) 根据题意列真值表，见表 8-5。

(3) 由真值表写出逻辑表达式得：

$$L = \overline{A}\,\overline{B}\,\overline{C}\,\overline{D} + \overline{A}\,\overline{B}\,\overline{C}D + \overline{A}\,\overline{B}C\overline{D} + \overline{A}\,\overline{B}CD + \overline{A}B\overline{C}\,\overline{D} + \overline{A}B\,\overline{C}D + \overline{A}BC\overline{D}$$
$$+ \overline{A}BCD + A\,\overline{B}C\,\overline{D} + A\,\overline{B}CD + ABCD$$

化简该逻辑表达式得：

$$L = \bar{A}\bar{B} + AB + A\bar{B}\bar{C}\bar{D} + ACD$$
$$= \bar{A} + A\bar{B}\bar{C}\bar{D} + ACD$$
$$= \bar{A} + \bar{B}\bar{C}\bar{D} + CD$$

$$L' = \bar{A}\bar{B}CD + \bar{A}B\bar{C}D + \bar{A}BCD + \bar{A}BC\bar{D} + \bar{A}BCD + A\bar{B}CD + ABCD$$
$$= CD + \bar{A}B$$

（4）绘制出逻辑图，如图 8-4 所示。

表 8-5 例 8-4 的真值表

A	B	C	D	L	L'
0	0	0	0	1	0
0	0	0	1	1	0
0	0	1	0	1	0
0	0	1	1	1	1
0	1	0	0	0	1
0	1	0	1	1	1
0	1	1	0	1	1
0	1	1	1	1	1
1	0	0	0	1	0
1	0	0	1	0	0
1	0	1	0	0	0
1	0	1	1	1	1
1	1	0	0	0	0
1	1	0	1	0	0
1	1	1	0	0	0
1	1	1	1	1	1

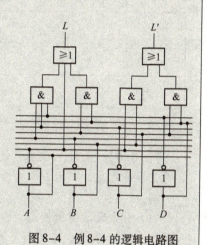

图 8-4 例 8-4 的逻辑电路图

【例 8-5】 某同学参加四门课程考试，规定如下：
（1）课程 A 及格得 1 分，不及格得 0 分；
（2）课程 B 及格得 2 分，不及格得 0 分；
（3）课程 C 及格得 3 分，不及格得 0 分；
（4）课程 D 及格得 5 分，不及格得 0 分。

若总分大于 7 分（含 7 分）即可结业，试绘制出使用与非门实现上述要求的逻辑电路。

解：

（1）首先确定逻辑变量，根据题目要求有 4 个输入，一个输出；输入用 A、B、C、D 表示，输出用 Y 表示；A、B、C、D 为 "1" 表示及格，"0" 表示不及格，Y 为 "1" 表示通过，为 "0" 表示不通过。

（2）根据题意列真值表，见表 8-6。

（3）由真值表写出逻辑表达式得：

$$Y = \bar{A}BCD + A\bar{B}CD + \bar{A}BCD + A\bar{B}CD + AB\bar{C}D + ABCD$$
$$= BCD + \bar{A}BD + ABD = BCD + BD$$
$$= BD + CD = \overline{\overline{BD + CD}} = \overline{\overline{BD} \cdot \overline{CD}}$$

(4) 绘制逻辑电路图，如图 8-5 所示。

表 8-6 例 8-5 的真值表

A	B	C	D	Y
0	0	0	0	0
0	0	0	1	0
0	0	1	0	0
0	0	1	1	1
0	1	0	0	0
0	1	0	1	1
0	1	1	0	0
0	1	1	1	1
1	0	0	0	0
1	0	0	1	0
1	0	1	0	0
1	0	1	1	1
1	1	0	0	0
1	1	0	1	1
1	1	1	0	1
1	1	1	1	1

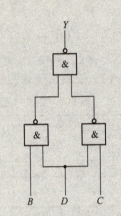

图 8-5 例 8-5 的逻辑电路图

【例 8-6】 设计一个有 3 个输入端、一个输出端的组合逻辑电路。它的逻辑功能是，在 3 个输入信号中有奇数个 1 时输出 1，否则输出 0。

解：

（1）首先确定逻辑变量，根据题目要求有 3 个输入、一个输出；输入用 A、B、C 表示，输出用 Y 表示；变量 Y 为 "1" 时表示有奇数个 1。根据题意列真值表，见表 8-7。

表 8-7 例 8-6 的真值表

A	B	C	Y	A	B	C	Y
0	0	0	0	1	0	0	1
0	0	1	1	1	0	1	0
0	1	0	1	1	1	0	0
0	1	1	0	1	1	1	1

（2）由真值表写出逻辑表达式得：

$$Y = \bar{A}\bar{B}C + \bar{A}B\bar{C} + A\bar{B}\bar{C} + ABC = \overline{\overline{\bar{A}\bar{B}C + \bar{A}B\bar{C} + A\bar{B}\bar{C} + ABC}}$$

$$= \overline{\overline{\bar{A}\bar{B}C} \cdot \overline{\bar{A}B\bar{C}} \cdot \overline{A\bar{B}\bar{C}} \cdot \overline{ABC}}$$

（3）请自行绘制逻辑电路图。

8.2 触发器电路

在组合逻辑电路中，电路是由各种类型的门电路组合而成的。这些电路的共同特点是，任何时刻电路的输出逻辑值与该时刻输入的逻辑值有关，逻辑电路的输出没有回送到输入，不具备存储记忆功能，其逻辑功能也比较简单。在数字系统中，为了按一定程序进行运算，有时还需要电路具有存储和记忆功能,且需要按时间顺序变化,即电路的输出状态只有在某些特定的时刻才可能发生变化。输出状态不仅取决于当时的输入状态,而且还与电路原来的输出状态及时钟脉冲信号有关。实现这一功能的基本器件就是触发器。

触发器是构成数字逻辑系统的基本逻辑单元,它具有以下两个明显的特征。

☺ 具有两个能自行保持的稳定状态,并且这两个稳定状态可以用二进制数 0 和 1 来表示。当没有外来触发信号时,将维持一个稳定状态永久不变。

☺ 根据不同的实际需要,触发器可以预置成 0,也可以预置成 1。

本节将重点介绍触发器的各种分类方法,以及每种触发器的结构和功能特点。

8.2.1 触发器的分类及特点

触发器按其输出的工作状态可以分为双稳态触发器、单稳态触发器和无稳态触发器,其中双稳态触发器按逻辑功能可分为 RS 触发器、JK 触发器、D 触发器和 T 触发器等;按触发的方式不同可以分为电平触发、边沿触发等;按其结构可以分为主从型触发器和维持阻塞型触发器等。不论何种触发器,都是由基本 RS 触发器和控制电路组成的。

触发器一般有两个互补的输出端,分别称为 Q 和 $\overline{Q}$。它具有存储和记忆功能,输入信号可以使触发器的输出转换成为某一种确定的状态,而且当输入信号终了后,该触发器的输出将继续保持该状态直到新的输入信号到来为止。触发信号作用之前和之后的状态分别称为现态和次态,用 Q_n 和 Q_{n+1} 来表示,触发器的次态是由输入信号和触发器的现态共同决定的。

8.2.2 R-S 触发器

1. 基本 R-S 触发器

触发器的逻辑功能可以用特性表、特性方程、波形图及状态转换图等描述。本书重点介绍特性表和波形图。

基本 R-S 触发器由两个与非门或两个或非门组成,本节以两个与非门组成的电路来进行讲解,如图 8-6(a)所示。图 8-6(b)所示的是其图形符号。它有两个输入端 $\overline{S_D}$ 和 $\overline{R_D}$,两个输出端 Q 和 $\overline{Q}$,门 G_1 和 G_2 的组成有对称性,G_1 的输出经过 G_2 的传输后回送到 G_1 的另一个输入端,G_2 的输出经过 G_1 的传输后回送到 G_2 的另一个输入端,正是有了这样的反馈通道才使其具有了记忆特性,也有别于前面所介绍的组合逻辑电路。两个输出端的逻辑状态在正常条件下保持相反。基本 RS 触发器在正常条件下有两种稳定的输出状态,一种状态是 $Q=1$,$\overline{Q}=0$,称为置位状态或"1"态;另一种状态是 $Q=0$,$\overline{Q}=1$,称为复位状态或"0"态,一般以 Q 端的状态决定触发器的状态。其中 $\overline{S_D}$ 和 $\overline{R_D}$ 上的小横线和输入端边框外侧的小圆圈都表示负脉冲触发或低电平有效,在初始化时可以对输出端置"1"或置"0",初始化完成后这两个输入端都是接高电平的。

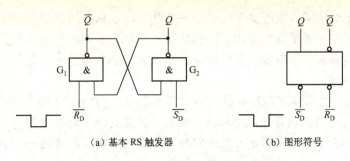

(a) 基本 RS 触发器　　　　　(b) 图形符号

图 8-6　基本 R-S 触发器及其图形符号

下面分 4 种情况讨论基本 R-S 触发器的工作情况。

(1) 当 $\overline{S_D}=0$、$\overline{R_D}=1$ 时，不论现态是 0 还是 1，G_2 门输出为"1"，然后可以得到 G_1 门的两个输入端都为高电平，从而使其输出为"0"，即 $Q_{n+1}=1$，$\overline{Q}_{n+1}=0$。

(2) 当 $\overline{S_D}=1$、$\overline{R_D}=0$ 时，不论现态是"0"还是"1"，都有 $\overline{R_D}$ 强制使 G_1 门输出为"1"，然后可以得到 G_2 门的两个输入端都为高电平，使输出为"0"，即 $Q_{n+1}=0$，$\overline{Q}_{n+1}=1$。

(3) 当 $\overline{S_D}=\overline{R_D}=1$ 时，两个与非门的状态由原来的输出状态决定，显然，触发器保持原来的状态不变。触发器在保持状态时，一般其两个输入端都是高电平，需要翻转时在相应的输入端加一负脉冲，如在 $\overline{S_D}$ 端加一负脉冲使触发器置"1"。该脉冲信号消失后，触发器的两个输入端又都变成了高电平，触发器保持刚才的"1"态不变，相当于把 $\overline{S_D}$ 端某一时刻的电平信号存储起来，这就体现了触发器的记忆功能。

(4) 当 $\overline{S_D}=\overline{R_D}=0$ 时，显然不论原来触发器的输出为何种状态，两个与非门的输出端同时都为"1"。但是在两个输入脉冲同时消失后，触发器的输出将不能保持刚才的状态，最后的稳定状态是"0"还是"1"将由各种偶然因素决定，因此这种情况被称为不确定状态，应当避免。

由此可列出基本 R-S 触发器的逻辑状态表，见表 8-8。

表 8-8　基本 R-S 触发器的逻辑状态表

$\overline{S_D}$	$\overline{R_D}$	Q_{n+1}
0	0	不确定
0	1	1
1	0	0
1	1	Q_n

2. 可控 R-S 触发器

基本 R-S 触发器结构简单，但其功能单一。在较复杂的数字逻辑系统中可能要用到很多的触发器，如此多的逻辑器件能够有条不紊地工作，应该有一个统一的指挥，这就是时钟脉冲。将时钟脉冲应用到基本 R-S 触发器中，即为可控 R-S 触发器（也称为同步 R-S 触发器）。

对于可控 R-S 触发器，当时钟脉冲信号没有来到时，即便输入信号发生变化，输出也不会发生变化，只有当时钟脉冲信号来到后，输入信号才起作用，并引起触发器输出状态的转换。按照时钟脉冲控制触发方式的不同，又可以把触发方式分为电平触发和边沿触发。

可控 R-S 触发器由基本 R-S 触发器加控制和导引电路组成，其电路如图 8-7（a）所示。图 8-7（b）所示的是它的图形符号。其中的 $\overline{S_D}$ 和 $\overline{R_D}$ 称为直接置位端和直接复位端，一般用于电路开始工作时预先使触发器处于某一种给定状态（初始化）。为了控制触发器开始工作时的初始状态，所有的可控触发器都有直接置位端和直接复位端，在工作过程中一般都直接接到高电平上使其处于"1"态而不影响电路其他部分的工作。

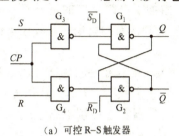
（a）可控 R-S 触发器

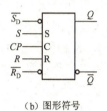
（b）图形符号

图 8-7 可控 R-S 触发器及其图形符号

1）可控 R-S 触发器工作情况

当时钟脉冲信号 $CP=0$ 时，不论输入信号是否变化，G_3、G_4 被封锁，其两个输出端输出"1"，而 G_1、G_2 两个基本触发器的输出状态将保持初始化时的状态不变。只有当时钟脉冲信号 $CP=1$ 时，R、S 端的输入信号才可以通过导引电路使基本 R-S 触发器的状态翻转，输出状态由输入端和电路原来的状态 Q_n 共同决定。其逻辑状态表见表 8-9，具体逻辑电路请读者自己分析。

表 8-9 可控 R-S 触发器的逻辑状态表

S	R	Q_{n+1}
0	0	Q_n
0	1	0
1	0	1
1	1	不确定

由表 8-9 可以看出，当 $R=S=1$ 时，两个输出端全部为 1，当脉冲信号去掉以后，输出由各种偶然因素决定，此状态应设法避免。

2）计数与空翻

可控 R-S 触发器属于电平触发，如果要用做计数器，则需要再次从输出端引入反馈，即将 $\overline{Q}$ 端反馈到 S 端，将 Q 端反馈到 R 端。

其工作过程如下：假设原状态为 $Q=0$，$\overline{Q}=1$，将 0 反馈到 R 端，将 1 反馈到 S 端，此时若来第一个计数脉冲，且处于高电平，则触发器触发，Q 端输出 1，CP 脉冲从 1 变成 0（时钟脉冲的宽度不大，小于触发器触发时间）。在来第 2 个时钟脉冲前，输出端将 1 反馈到 R 端，0 反馈到 S 端，一旦第 2 次时钟脉冲变为高电平，触发器就再次触发，输出 $Q=0$。这样一来，就可以将此触发器用于计数功能，来一个脉冲在输出端翻转一次。如果给定的时钟脉冲宽度很大，则来一个脉冲后，触发器翻转一次，翻转后反馈到输入端，但是此时 CP 时钟脉冲还是处于上一次的高电平状态，触发器就再次触发使得输出发生二次翻转，即来了一个脉冲，输出发生了两次变化，计数不准确，出现了空翻现象。为了避免空翻，一般要引入边沿触发，如 J-K 触发器。

当然，一个触发器只能计两个脉冲，如果需要计数，则需要多个可控 R-S 触发器，n 个触发器可以构成最大计数值为 2^n 的计数器。

8.2.3 J-K 触发器

为了克服可控 R-S 触发器的空翻现象,可以采用 J-K 触发器。J-K 触发器的特点是,触发器只在时钟脉冲 CP 发生跳变的时刻才发生翻转,并且触发器的次态仅取决于现态和 CP 跳变前输入端的状态,在其他时刻输入端的变化都不会对输出产生影响,避免了高电平持续期间发生空翻现象,大大提高了触发器的抗干扰能力,增加了电路工作的可靠性,可以直接用于信号的计数和存储。由于 J-K 触发器没有约束条件,故在工作中不用考虑两个输入端之间的约束关系。

对于 J-K 触发器,如果其状态发生变化是在时钟脉冲的上升沿,就称为上升沿触发或正边沿触发,否则称为下降沿触发或负边沿触发。

J-K 触发器由两个同步 R-S 触发器加上控制电路组成,其逻辑电路如图 8-8(a)所示,两个同步 R-S 触发器分别称做主触发器和从触发器。图 8-8(b)所示是下降沿触发的 J-K 触发器的图形符号,框内的">"表示动态输入,表明触发器是边沿触发,时钟脉冲输入端的小圆圈表示下降沿触发。其中 $\overline{S_D}$ 和 $\overline{R_D}$ 是直接置位端和直接复位端,其作用和可控 R-S 触发器相同,用于预置信号。

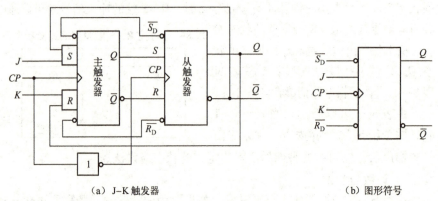

(a) J-K 触发器　　　　　　　　　　(b) 图形符号

图 8-8　J-K 触发器及其图形符号

J-K 触发器的逻辑状态表见表 8-10。J-K 触发器的输出状态就是从触发器的输出,其原理可由读者结合可控 R-S 触发器自行分析。

表 8-10　J-K 触发器的逻辑状态表

$\overline{S_D}$	$\overline{R_D}$	J	K	Q_{n+1}
0	1	×	×	1
1	0	×	×	0
1	1	0	0	Q_n
1	1	0	1	0
1	1	1	0	1
1	1	1	1	翻转

注:×表示任意状态。

由表 8-10 可知,当时钟脉冲的下降沿到来时,如果 $J=K=0$,则不论原来的状态如何,其输出保持原来的状态不变,即 $Q_{n+1}=Q_n$;如果 $J=K=1$,则不论原来的状态如何,触发器都将翻转,即 $Q_{n+1}=\overline{Q_n}$;如果 $J\neq K$,

则 $Q_{n+1}=J$，即不论原来的状态如何，若 $J=0$、$K=1$，则 $Q_{n+1}=0$；若 $J=1$、$K=0$，则 $Q_{n+1}=1$。

根据特征表可得特征方程为

$$Q_{n+1}=J\overline{Q_n}+\overline{K}Q_n$$

【例 8-7】 设下降沿触发的 J-K 触发器的时钟脉冲和 J、K 信号波形如图 8-9 所示，绘制出输出端 Q 的波形（设触发器的初始状态为 0）。

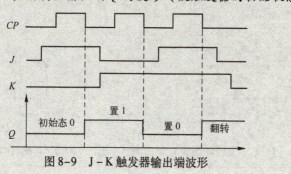

图 8-9 J-K 触发器输出端波形

8.2.4 D 触发器

D 触发器只有一个信号输入端 D，目前国内使用较多的主要是维持阻塞型触发器，如 74 系列的 74HC74 双 D 触发器等。图 8-10 所示为上升沿触发的 D 触发器的图形符号，其状态表见表 8-11，在时钟脉冲信号的作用下，不论原来为什么状态，都有 $Q_{n+1}=D_n$，即不论原来是何状态，当时钟脉冲信号到来的时候，若 $D_n=0$，则 $Q_{n+1}=0$；若 $D_n=1$，则 $Q_{n+1}=1$。其特征方程为：$Q_{n+1}=D_n$。

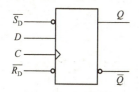

图 8-10 D 触发器图形符号

表 8-11 D 触发器的状态表

D_n	Q_{n+1}
0	0
1	1

8.2.5 T 触发器

T 触发器和 D 触发器一样，只有一个信号输入端。图 8-11 所示为 T 触发器的图形符号。其状态表见表 8-12，在时钟脉冲的作用下，当 $T=0$ 时，$Q_{n+1}=Q_n$；当 $T=1$ 时，$Q_{n+1}=\overline{Q_n}$，即 T 触发器具有保持和翻转的功能。其特征方程可以表述为：$Q_{n+1}=\overline{T}Q_n+T\overline{Q_n}$。

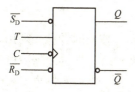

图 8-11 T 触发器图形符号

表 8-12 T 触发器的状态表

T	Q_{n+1}
0	Q_n
1	$\overline{Q_n}$

8.2.6 各触发器之间的转换

在计数器中经常要用到 T 触发器，而集成触发器产品中并没有这个类型的电路。因此需要由其他电路来转换。

【例 8-8】 试由 J-K 触发器分别转换为 D 触发器和 T 触发器。

解： 根据 J-K 触发器的特点，可分别绘制其转化图，如图 8-12 和图 8-13 所示。

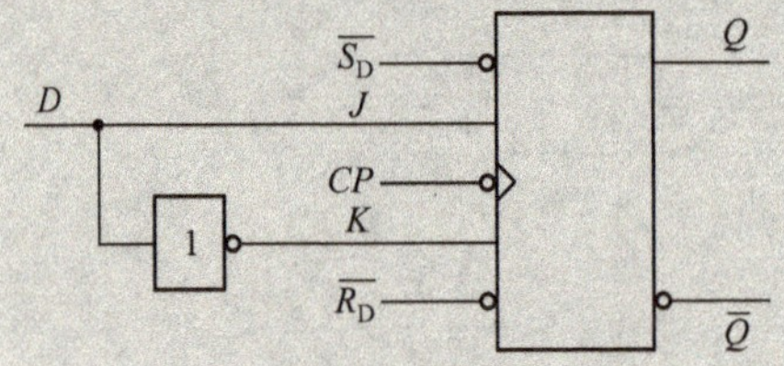

图 8-12　J-K 触发器转换为 D 触发器 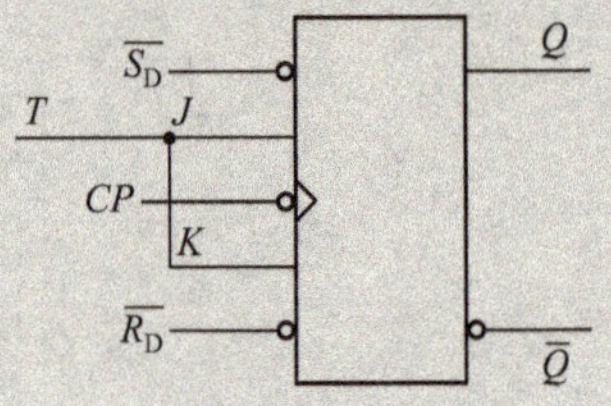　　图 8-13　J-K 触发器转换为 T 触发器

✓ 8.3　时序逻辑电路的分析

时序逻辑电路种类繁多，功能各异，只有掌握了所有电路的分析方法，才能比较方便地分析出电路的逻辑功能并根据逻辑功能设计时序电路。

时序逻辑电路的分析是根据给定的时序逻辑电路图，通过分析，求出输出的变化规律，绘制出逻辑状态表或工作波形图，然后观察输出电路的状态与输入及时钟脉冲的关系，进而确定该时序逻辑电路的功能和工作特性。其一般分析步骤如图 8-14 所示。

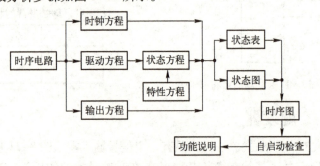

图 8-14　时序逻辑电路的分析步骤

【例 8-9】 电路如图 8-15 所示。该电路由时钟脉冲 CP 端输入信号，由 Q_1、Q_2、Q_3 和 F 端输出信号，试分析该逻辑电路的功能（设电路的初始状态为 000）。

解： 根据 J-K 触发器的特点，结合电路，按照时钟脉冲列出其逻辑状态表，见表 8-13（首先以 000 为现态计算出第 1 个时钟脉冲信号到来后的输出状态，填入逻辑状态表并把其作为第 2 个时钟脉冲到来时的现态计算第 2 个时钟脉冲信号到来后的输出状态，依次类推，计算出所有可能的输出状态直至状态表出现重复,则可得总的逻辑状态表)。

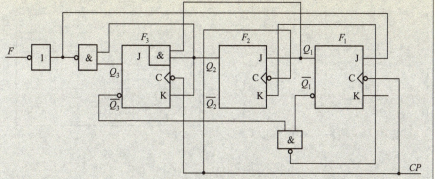

图 8-15 例 8-9 的逻辑电路图

由状态表可见,此电路在 7 个状态中循环,当电路的现态为 110 时次态重新回到 000,可见它具有对时钟脉冲信号进行计数的功能,计数容量为 7。按升幂计数,当计数到 7 时给出一个进位信号 F,故该电路是一个七进制加法计数器,输出 F 为进位信号,"逢七进一"。

表 8-13 图 8-15 所对应的逻辑状态表

CP	Q_3	Q_2	Q_1	F	CP	Q_3	Q_2	Q_1	F
0	0	0	0	0	4	1	0	0	0
1	0	0	1	0	5	1	0	1	0
2	0	1	0	0	6	1	1	0	0
3	0	1	1	0	7	0	0	0	1

【例 8-10】 时序逻辑电路如图 8-16 所示,分析其功能。

解:(1)了解电路的组成。

电路是由两个 T 触发器组成的同步时序电路。

(2)根据电路列出三个方程组。

输出方程组:$Y = AQ_0Q_1$。

激励方程组:$T_0 = A$,$T_1 = AQ_0$。

将激励方程组代入 T 触发器的特性方程组得状态方程组:

$$Q^{n+1} = T \oplus Q^n = T\overline{Q^n} + \overline{T}Q^n$$

$$Q_0^{n+1} = A \oplus Q_0^n$$

$$Q_1^{n+1} = (AQ_0^n) \oplus Q_1^n$$

(3)根据状态方程和输出方程列出状态表,见表 8-14。

$$Q_0^{n+1} = A \oplus Q_0^n \quad Q_1^{n+1} = (AQ_0^n) \oplus Q_1^n \quad Y = AQ_0Q_1$$

(4)绘制出时序图,如图 8-17 所示。

(5)逻辑功能分析。观察时序图可知,该电路是由一个信号 A 控制的可控二进制计数器。当 A 等于 0 时停止计数;当 A 等于 1 时,CP 上升沿到来后,电路状态值加 1,一旦计数到 11 时,Y 输出 1,且电路状态在下一个 CP 上升沿回到 00,输出信号 Y 的下降沿可用于触发进位操作。

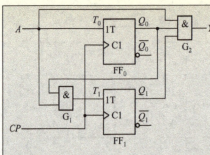

图 8-16 例 8-10 的逻辑电路图

表 8-14 逻辑状态表

$Q_1^n Q_0^n$	$Q_1^{n+1} Q_0^{n+1}/Y$	
	$A=0$	$A=1$
00	00/0	01/0
01	01/0	10/0
10	10/0	11/0
11	11/0	00/1

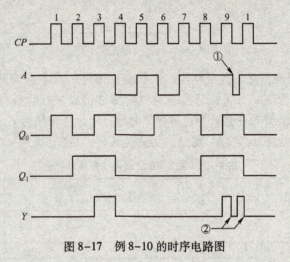

图 8-17 例 8-10 的时序电路图

【例 8-11】 分析图 8-18 所示的同步时序逻辑电路的功能。

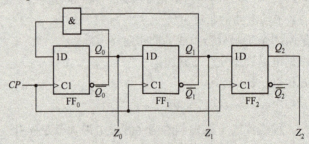

图 8-18 同步时序逻辑电路

（1）根据电路列出逻辑方程组。

输出方程组：$Z_0 = Q_0$　$Z_1 = Q_1$　$Z_2 = Q_2$。

激励方程组：$D_0 = \overline{Q_1^n} \, \overline{Q_0^n}$　$D_1 = Q_0^n$　$D_2 = Q_1^n$。

将激励方程代入 D 触发器的特性方程得状态方程：

$$Q^{n+1} = D$$

$Q_0^{n+1} = D_0 = \overline{Q_1^n} \, \overline{Q_0^n}$　$Q_1^{n+1} = D_1 = Q_0^n$　$Q_2^{n+1} = D_2 = Q_1^n$

（2）列出其状态表，见表 8-15。

（3）绘制出时序图，如图 8-19 所示。

（4）逻辑功能分析。从时序图可以看出，电路正常工作时，各触发器

的 Q 端轮流出现一个宽度为一个 CP 周期的脉冲信号，循环周期为 $3T_{CP}$。该电路的功能为脉冲分配器或节拍脉冲产生器。

表 8-15　逻辑状态表

$Q_2^n Q_1^n Q_0^n$	$Q_2^{n+1} Q_1^{n+1} Q_0^{n+1}$	$Q_2^n Q_1^n Q_0^n$	$Q_2^{n+1} Q_1^{n+1} Q_0^{n+1}$
000	001	100	001
001	010	101	010
010	100	110	100
011	110	111	110

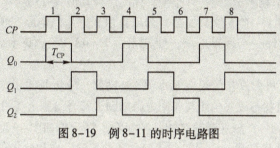

图 8-19　例 8-11 的时序电路图

✓ 小结

1. 组合逻辑电路是输出状态只决定于同一时刻输入而不具备记忆功能的逻辑电路，可以由门电路或其他器件构成。

2. 分析组合逻辑电路的目的是为了确定其功能。大致的分析步骤是，首先根据逻辑图写出表达式并化简，然后列出真值表，并根据真值表来判断其逻辑功能。

3. 设计逻辑电路是根据实际需要，按照简单、经济、实用的原则通过逻辑电路来实现。大致步骤是，首先根据要求列出真值表，然后根据真值表写出逻辑表达式并化简，根据化简后的表达式绘制出逻辑图。

4. 触发器是具有记忆功能的基本逻辑单元，常用于保存二进制信息和组成计数器等时序逻辑电路。描述触发器逻辑功能的方法主要有特性表、特性方程、状态转换图和时序图等。

5. 时序逻辑电路是由触发器组成的，其输出不仅与输入有关，还与电路原来的状态有关，电路的状态由触发器记忆和表现出来。

6. 根据逻辑功能的不同，可以把触发器分为可控 R-S 触发器、J-K 触发器、D 触发器和 T 触发器等。由于可控 R-S 触发器存在空翻现象，故不能直接用于计数器和移位寄存器等。J-K 触发器、D 触发器和 T 触发器等触发器输出状态的改变只发生在时钟脉冲的上升沿或下降沿，而在其他时刻均不会发生改变，故具有很强的抗干扰能力。

7. 时序逻辑电路的分析是，首先根据电路求出状态方程和状态转换表，然后根据状态转换表分析逻辑电路的功能。

8. 时序逻辑电路的设计则要先根据要求确定逻辑变量，根据题设条件列出状态转换表，然后写出状态方程并绘制出状态图。

习题

8-1 设计一个 4 位数码的奇偶校验电路,当 4 位数码中包含奇数个"1"时,输出为"0",否则输出为"1",该电路也称为判奇电路。

8-2 设计一个十字路口的交通灯报警电路,当红、黄、绿 3 种信号灯单独亮或黄灯、绿灯同时亮时正常,此时输出高电平信号,其他情况均为故障状态,输出端输出低电平并报警。列出逻辑真值表并用与非门实现该电路。

8-3 设计一个 3 位全加器,列出真值表并用门电路实现该逻辑功能。

8-4 设计一个逻辑电路,使其完成 $Y=4X+3$ 的算术运算,其中 $0 \leqslant X \leqslant 3$。

8-5 由两个或非门组成基本 RS 触发器,分析其输出与输入的逻辑关系,列出逻辑状态表并仿照与非门电路的图形符号绘制出其图形符号。

8-6 当 J-K 触发器的时钟脉冲和输入端分别如图 8-20 所示时,试绘制出 Q 端的输出波形(上升沿与下降沿两种情况,设初始状态为"0"态)。

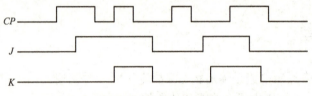

图 8-20 习题 8-6 的图

8-7 CP、J、K 端的波形如图 8-21 所示,绘制出 Q 端的输出波形,设初始状态为 0 和 1 两种情况。

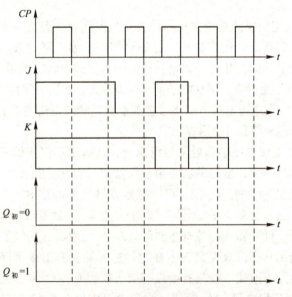

图 8-21 习题 8-7 的图

8-8 设 ABCD 是一个 8421 码的 4 位,若此码表示的数字 X 符合 $X<3$ 或 $X>6$,则输出为"1",否则为"0",试用与非门设计该逻辑电路。

第 9 章　常用数字集成芯片

9.1　编码器与译码器

9.1.1　编码器

一般来说，用文字、符号或数字表示特定对象的过程都可以称为编码。日常生活中就经常遇到编码的问题。例如，孩子出生时家长取名字、开运动会时给运动员编号等，都是编码。不过给孩子取名字用的是汉字，运动员编号用的是十进制数，而汉字、十进制数用电路实现起来比较困难，所以在数字电路中不用它们编码，而是用二进制数进行编码，相应的二进制数称为二进制代码。二进制代码在第 7 章中已经介绍过了，这里不再赘述。编码器就是实现编码操作的电路。

二进制数只有 0 和 1 两个数码，可以把若干个 0 和 1 组合起来组成不同的代码。一位二进制代码可以表示两个信号；两位二进制代码有 00、01、10、11 四种组合，可以表示 4 个信号；n 位二进制代码有 2^n 种组合，可以表示 2^n 个信号。

编码器有二进制编码器和二－十进制编码器等多种。

1. 3 位二进制编码器（8/3 线编码器）

（1）输入的是 8 个需要进行编码的信号，输出的是用于进行编码的 3 位二进制代码，如图 9-1 所示。

（2）真值表：由于编码器在任何时刻只能对一个输入信号进行编码，即不允许有两个和两个以上输入信号同时存在的情况，也就是说是一组互相排斥的变量，因此真值表可以采用简化形式——编码表列出来，见表 9-1。

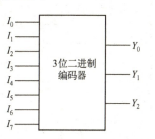

图 9-1　8/3 线编码器框图

表 9-1　8/3 线编码表

输　入	输　出		
	Y_2	Y_1	Y_0
I_0	0	0	0
I_1	0	0	1
I_2	0	1	0
I_3	0	1	1
I_4	1	0	0
I_5	1	0	1
I_6	1	1	0
I_7	1	1	1

(3) 由编码表列出逻辑表达式：

$Y_2 = I_4 + I_5 + I_6 + I_7$ $Y_1 = I_2 + I_3 + I_6 + I_7$ $Y_0 = I_1 + I_3 + I_5 + I_7$

(4) 由逻辑表达式绘制逻辑图：由于编码器各个输出信号逻辑表达式的基本形式是有关输入信号的或运算，所以其逻辑图是由或门组成的阵列，这也是编码器基本电路结构的一个显著特点，如图9-2所示。

图9-3所示的是由与非门组成的3位二进制编码器。

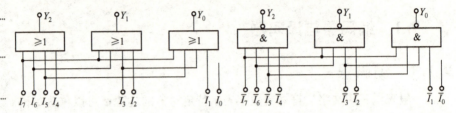

图9-2　由或门组成的3位二进制编码器　　图9-3　由与非门组成的3位二进制编码器

2. 8421BCD 码编码器（二－十进制编码器）

8421BCD 码编码器就是二－十进制编码器，其功能是将十进制的10个数码0、1、2、3、4、5、6、7、8、9编成二进制代码。

(1) 由于输入有10个数码，故对应的输出至少需要4位二进制代码。4位二进制代码共有16种状态，可以用其中任意10种状态进行编码。最常用的编码方式是取其前10种组合，其编码表见表9-2。

表9-2　二－十进制编码器的编码表

输入	输出			
十进制数	Y_3	Y_2	Y_1	Y_0
0	0	0	0	0
1	0	0	0	1
2	0	0	1	0
3	0	0	1	1
4	0	1	0	0
5	0	1	0	1
6	0	1	1	0
7	0	1	1	1
8	1	0	0	0
9	1	0	0	1

(2) 由编码表写出逻辑表达式：

$$Y_3 = I_8 + I_9$$
$$Y_2 = I_4 + I_5 + I_6 + I_7$$
$$Y_1 = I_2 + I_3 + I_6 + I_7$$
$$Y_0 = I_1 + I_3 + I_5 + I_7 + I_9$$

由逻辑表达式可以绘制出逻辑图，如图9-4所示，计算机键盘的输入电路就是由这样的编码器组成的。

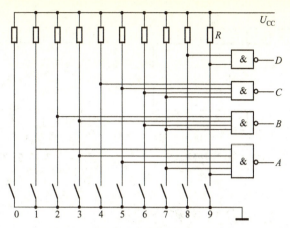

图 9-4 计算机键盘的输入编码电路

3. 二－十进制优先编码器

上述编码器每次只允许一个输入端有信号，而实际上还经常出现多个输入端同时有信号的情况，如计算机的很多输入设备。这就要求主机能自动识别优先级，此时需要优先编码器，而 74LS147 型 10/4 线优先编码器就是一个常用的二－十进制优先编码器，如图 9-5 所示（其真值表略）。

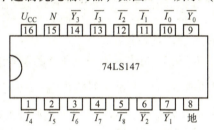

图 9-5 74LS147 型 10/4 线优先编码器

9.1.2 译码器

译码是编码的逆过程。在编码时，每一种二进制代码状态都被赋予了特定的含义，即都表示了一个确定的信号或对象。把代码状态的特定含义"翻译"出来的过程称为译码，实现译码操作的电路称为译码器。或者说，译码器是可以将输入的二进制代码状态翻译成输出阻抗信号，以表示其原来含义的电路。根据需要，输出信号可以是脉冲，也可以是高电平或低电平。

译码器也有二进制译码器和二－十进制译码器等多种，二－十进制译码器的逻辑功能是将 BCD 码"翻译"成 10 个对应的输出信号。它有 4 个输入端和 10 个输出端，是一种 4/10 线译码器。图 9-6 所示的是其引脚排列图。

当输入的 4 个数据 A_3、A_2、A_1、A_0 表示十进制数的某个代码时，从该端输出。例如，输入为 0111，则对应地从 Y_7 输出低电平，其余以此类推。

二进制译码器有两位、三位、四位等多种。3 位二进制译码器也称为 3/8 线译码器，最常用的是 74LS138 译码器，它有两个控制端和一个使能端。除了 3/8 线译码器外，还有 2/4 线译码器和 4/16 线译码器。图 9-7 所示的是 74LS138 3/8 线译码器的引脚排列图。

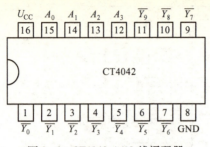
图 9-6 CT4042 4/10 线译码器

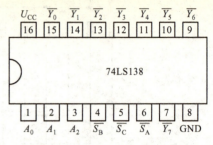
图 9-7 74LS138 3/8 线译码器

9.2 数据选择器和分配器

1. 数据选择器

在多路数据传输过程中，经常需要将其中一路信号挑选出来进行传输，这就需要用到数据选择器。

在数据选择器中，通常用地址输入信号来完成挑选数据的任务。如一个四选一的数据选择器，应有两个地址输入端，共有 4 种不同的组合，每种组合可选择对应的一路输入数据输出。同理，对一个八选一的数据选择器，应有 3 个地址输入端，其余类推。

图 9-8 所示的是 74LS153 四选一数据选择器的逻辑图。图中，A_1 和 A_0 是选择端；$D_0 \sim D_3$ 是数据输入端；Y 是信号输出端；$\overline{S}$ 是选通端，也称使能端，低电平有效，当 $\overline{S}=0$ 时正常输出，当 $\overline{S}=1$ 时输出始终被锁定为低电平。

图 9-9 所示的是一种典型的集成电路数据选择器 74LS151 的引脚排列图，它有 3 个地址选择端、8 个数据输入端和一个使能控制端 G，并且具有两个互补的输出端 W 和 Y。其逻辑真值表见表 9-3。

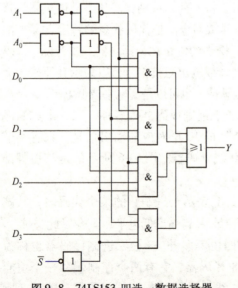
图 9-8 74LS153 四选一数据选择器

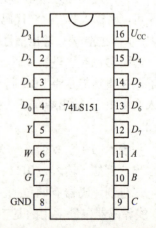
图 9-9 74LS151 八选一数据选择器

表9-3 74LS151的逻辑真值表

输		入		输	出
G	C	B	A	Y	W
1	×	×	×	0	
0	0	0	0	D_0	
0	0	0	1	D_1	
0	0	1	0	D_2	
0	0	1	1	D_3	$\overline{Y}$
0	1	0	0	D_4	
0	1	0	1	D_5	
0	1	1	0	D_6	
0	1	1	1	D_7	

【例9-1】 用两块74LS151构成十六选一的数据选择器。当$\overline{S_1}=0$时,第一块工作;当$\overline{S_1}=1$时,第二块工作。其逻辑真值见表9-4,芯片连接图如图9-10所示。

表9-4 十六选一数据选择器的逻辑真值表

	输	入		输 出
	地 址		使 能	
A	B	C	$\overline{S_1}$	Y
0	0	0	0	D_0
0	0	1	0	D_1
0	1	0	0	D_2
0	1	1	0	D_3
1	0	0	0	D_4
1	0	1	0	D_5
1	1	0	0	D_6
1	1	1	0	D_7
0	0	0	1	D_8
0	0	1	1	D_9
0	1	0	1	D_{10}
0	1	1	1	D_{11}
1	0	0	1	D_{12}
1	0	1	1	D_{13}
1	1	0	1	D_{14}
1	1	1	1	D_{15}

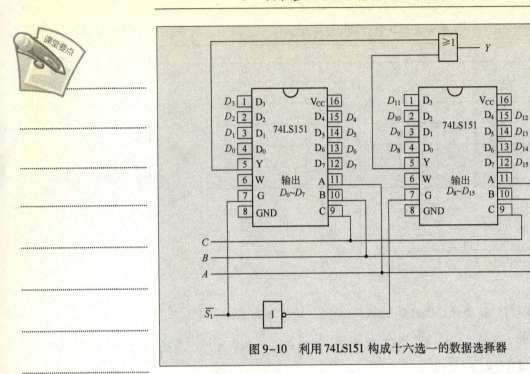

图 9-10 利用 74LS151 构成十六选一的数据选择器

2. 数据分配器

数据分配器的功能是将一个输入数据分时分送到多个输出端输出。图 9-11 所示的是一个 4 路数据分配器的逻辑图。图中，D 是数据输入端；A_1 和 A_0 是控制端；$Y_0 \sim Y_3$ 是数据输出端。显然，数据由哪端输出是由 A_1 和 A_0 共同决定的。共有 4 种可能，构成 2/4 分配器。

如果有 3 个控制端，则构成 3/8 线分配器，可控制 8 路输出。一般来说，数据分配器都是由译码器改装而成的，一般不单独生产。例如，可以将 74LS138 型 3/8 线译码器改装成 8 路数据分配器。

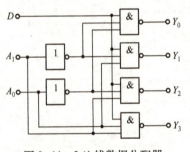

图 9-11 2/4 线数据分配器

9.3 加法器与数值比较器

9.3.1 加法器

加法器是数字系统（特别是计算机的数字系统）中的基本部件之一，其功能是完成二进制数的算术加法运算。

半加器只考虑最低位两个数相加，不考虑更低位的进位；全加器不仅考虑加数相加，还考虑低位送来的进位。任何位相加的结果都产生两个输出，一个是本位和，另一个是向高位的进位。

1. 半加器

所谓半加器，就是只完成两个同位二进制数的相加，而不考虑低位来的进位信号，一般只用在多位二进制数相加时的最低位，也可用于构成全加器。根据其不考虑进位的特点，可知其有两个输入端（被加数 A 和加数 B）和两个输出端（本位和 S 及进位信号 C）。

根据二进制加法的运算规则列出半加器的真值表，见表9-5。

表9-5 半加器的真值表

A	B	S	C
0	0	0	0
0	1	1	0
1	0	1	0
1	1	0	1

半加器如图9-12所示。其中，图9-12（a）所示为由与非门组成的逻辑电路图，图9-12（b）所示的是半加器的图形符号。

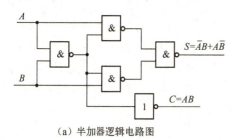 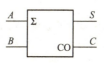

（a）半加器逻辑电路图　　　　　　（b）半加器图形符号

图9-12　半加器

2. 全加器

当多位数相加时，半加器只可用于最低位求和，并给出进位，但是其他位相加时除了加数和被加数外，还有一个来自低位的进位，这样就需要全加器。全加器的真值表见表9-6。

表9-6　全加器的真值表

A_n	B_n	C_{n-1}	C_n	S_n
0	0	0	0	0
0	0	1	0	1
0	1	0	0	1
0	1	1	1	0
1	0	0	0	1
1	0	1	1	0
1	1	0	1	0
1	1	1	1	1

全加器可以由与非门来实现，也可以直接由两个半加器和一个或门组成，如图9-13所示。其中，图9-13（a）所示为全加器逻辑电路图，图9-13（b）所示为其图形符号。其原理请读者参照真值表自己分析。

3. 芯片及其应用

全加器CT4183（54LS183、74LS183）的内部由两个独立的全加器集成在一个组件中，两个全加器有各自独立的本位和和进位输出，如图9-14所示。

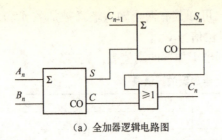 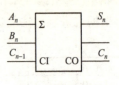

(a) 全加器逻辑电路图   (b) 全加器图形符号

图 9-13 全加器

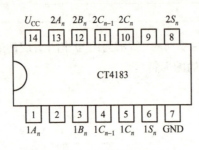

图 9-14 全加器 CT4183 芯片图

用多个全加器可以组合成一个多位二进制数加法运算电路，如有串行进位的 CT2083（74H83）芯片和有并行进位的 CT1283（3283、4283）芯片。

图 9-15 所示的是由 4 个全加器组成的逻辑电路，它可实现两个 4 位二进制数相加，可以输出本位和及向最高位的进位，具体工作原理请读者自行分析。

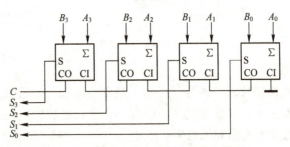

图 9-15 两个 4 位二进制数相加逻辑图

9.3.2 数值比较器

比较既是一个十分重要的概念，也是一种最基本的操作。人类能在比较中识别事物，而计算机只能在比较中鉴别数据和代码。实现比较操作的电路称为比较器。在数字电路中，数值比较器的输入是要进行比较的二进制数，输出是比较的结果。

1. 1 位数值比较器

【输入/输出信号及其因果关系】如图 9-16 所示，输入信号是两个要进行比较的 1 位二进制数，现用 A_i、B_i 表示，输出信号是比较结果，有 3 种情况：$A_i > B_i$、$A_i = B_i$、$A_i < B_i$。现分别用 C_i、D_i、E_i 表示，并约定当 $A_i > B_i$ 时令 $C_i = 1$，$A_i = B_i$ 时令 $D_i = 1$，$A_i < B_i$ 时令 $E_i = 1$。

图 9-16 1 位数值比较器的示意框图

【真值表】根据比较的概念和输出信号的状态赋值，可列出 1 位数值比较器的真值表，见表 9-7。

表9-7　1位数值比较器的真值表

A_i	B_i	C_i	D_i	E_i
0	0	0	1	0
0	1	0	0	1
1	0	1	0	0
1	1	0	1	0

【逻辑表达式】由表9-7可得：$C_i = A_i\overline{B_i}$；$D_i = \overline{A_i}\,\overline{B_i} + A_iB_i$；$E_i = \overline{A_i}B_i$。

【逻辑图】根据表达式绘制出逻辑图，如图9-17所示。

2. 4位数值比较器

在数字系统中往往需要对多位二进制数进行比较。下面以4位数值比较器为例，介绍其工作原理和常用的集成电路。

4位数值比较器CC14585的电路原理图如图9-18所示。

图中，$A_3A_2A_1A_0$和$B_3B_2B_1B_0$是

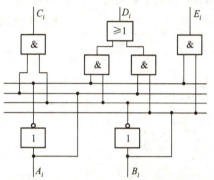

图9-17　1位数值比较器的逻辑图

输入端，分别输入两个需要比较的4位二进制数的对应位。在该电路中，比较两个数的大小是从高位开始的，即首先比较A_3和B_3；若$A_3 > B_3$，则可确定$A > B$；若$A_3 < B_3$，则可确定$A < B$；只有在$A_3 = B_3$时，才需要比较A_2和B_2。也就是说，从高位到低位依次比较，即可确定比较结果。仔细观察图9-18所示电路的结构，可以发现，该电路实际上是由4个1位比较器再加上一些门电路构成的。利用1位比较器的比较结果，可以较容易地写出该电路的输出逻辑表达式：

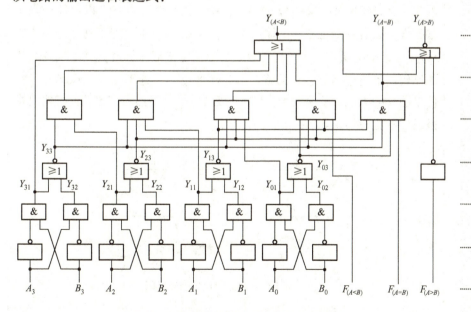

图9-18　4位数值比较器CC14585的逻辑图

$$Y_{(A<B)} = Y_{31} + Y_{33}Y_{21} + Y_{33}Y_{23}Y_{11} + Y_{33}Y_{23}Y_{13}Y_{01} + Y_{33}Y_{23}Y_{13}Y_{03}F_{(A<B)}$$

$$Y_{(A=B)} = Y_{33}Y_{23}Y_{13}Y_{03}F_{(A=B)}$$

$$Y_{(A>B)} = \overline{Y_{(A<B)} + Y_{(A=B)} + \overline{F_{(A>B)}}}$$

$Y_{(A>B)}$ 表达式的含义:既不是 $A<B$,又不是 $A=B$,必然是 $A>B$。该电路输出高电平有效,由上式可以得出真值表,见表9-8。

表中还有3个扩展输入端 $F_{(A<B)}$、$F_{(A=B)}$、$F_{(A>B)}$。其功能是,当两个4位二进制数 $A=B$ 时,比较器输出由扩展输入信号决定(见真值表最后3行);扩展输入端 $F_{(A>B)}$ 只起控制 $Y_{(A>B)}$ 的作用,使用时 $F_{(A>B)}$ 应接高电平。

表9-8 4位比较器真值表

比较输入				扩展输入			比较输出		
$A_3\ B_3$	$A_2\ B_2$	$A_1\ B_1$	$A_0\ B_0$	$F_{(A<B)}$	$F_{(A=B)}$	$F_{(A>B)}$	$Y_{(A<B)}$	$Y_{(A=B)}$	$Y_{(A>B)}$
$A_3<B_3$	×	×	×	×	×	×	1	0	0
$A_3>B_3$	×	×	×	×	×	1	0	0	1
$A_3=B_3$	$A_2<B_2$	×	×	×	×	×	1	0	0
$A_3=B_3$	$A_2>B_2$	×	×	×	×	1	0	0	1
$A_3=B_3$	$A_2=B_2$	$A_1<B_1$	×	×	×	×	1	0	0
$A_3=B_3$	$A_2=B_2$	$A_1>B_1$	×	×	×	1	0	0	1
$A_3=B_3$	$A_2=B_2$	$A_1=B_1$	$A_0<B_0$	×	×	×	1	0	0
$A_3=B_3$	$A_2=B_2$	$A_1=B_1$	$A_0>B_0$	×	×	1	0	0	1
$A_3=B_3$	$A_2=B_2$	$A_1=B_1$	$A_0=B_0$	1	0	0	1	0	0
$A_3=B_3$	$A_2=B_2$	$A_1=B_1$	$A_0=B_0$	0	1	0	0	1	0
$A_3=B_3$	$A_2=B_2$	$A_1=B_1$	$A_0=B_0$	0	0	1	0	0	1

【例9-2】 试用两片4位数值比较器CC14585组成8位数值比较器,其逻辑图如图9-19所示。

解:CC14585 的比较输出只要 $Y_{(A<B)} = Y_{(A=B)} = 0$,必然是 $Y_{(A>B)} = 1$。因此,首先将两片 CC14585 的 $F_{(A>B)}$ 端并接后接高电平,以保证它们正常工作,然后将低位芯片的输出 $Y_{(A<B)}$、$Y_{(A=B)}$ 分别对应接到高位芯片的 $F_{(A<B)}$、$F_{(A=B)}$ 端。这样,当高位芯片的4位全部相等时,就由低位芯片的比较结果决定高位芯片的输出。为使低位芯片处于比较工作状态,将低位芯片的 $F_{(A<B)}$ 接低电平,$F_{(A=B)}$ 接高电平。显然高位比较器的输出将是最后的比较结果。

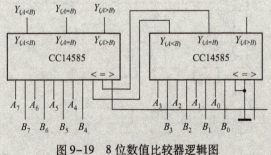

图9-19 8位数值比较器逻辑图

9.4 计数器与寄存器

由于时序逻辑电路在计算机和其他数字系统中被广泛使用，因此一些最常用的基本部件一般被集成化，并被制成产品供用户直接选用或构成其他电路，如计数器、寄存器和定时器等。

9.4.1 计数器

计数器是一种应用非常广泛的基本逻辑部件，广泛用于数字测量、数字控制系统、计算机中。计数器不仅可以用于计算输入脉冲的个数，而且可以实现定时、分频、数字运算等多种逻辑功能。

计数器按照进位制的不同可以分为二进制计数器、十进制计数器和任意进制计数器；按照功能可以分为加法计数器、减法计数器和加/减计数器（也称可逆计数器），其中的减法计数器在定时控制电路中应用较多。按照触发方式的不同，计数器又可以分为同步计数器和异步计数器，在同步计数器中，所有触发器同时触发更新；而在异步计数器中，触发器的变化是不一致的。

1. 二进制加法计数器

由于二进制只有 0 和 1 两个数码，所以可以用触发器的"1"和"0"两个状态来分别表示，一个触发器可以表示一位二进制数，表示 N 位二进制数需要 N 个触发器。因此可以用 4 个双稳态触发器来实现 4 位二进制计数器，表 9-9 和图 9-20 分别是其对应的逻辑真值表和工作波形图。

表 9-9 二进制加法计数器的逻辑真值表

计数脉冲个数	输出二进制数				相应的十进制数
	Q_3	Q_2	Q_1	Q_0	
0	0	0	0	0	0
1	0	0	0	1	1
2	0	0	1	0	2
3	0	0	1	1	3
4	0	1	0	0	4
5	0	1	0	1	5
6	0	1	1	0	6
7	0	1	1	1	7
8	1	0	0	0	8
9	1	0	0	1	9
10	1	0	1	0	10
11	1	0	1	1	11
12	1	1	0	0	12
13	1	1	0	1	13
14	1	1	1	0	14
15	1	1	1	1	15
16	0	0	0	0	0

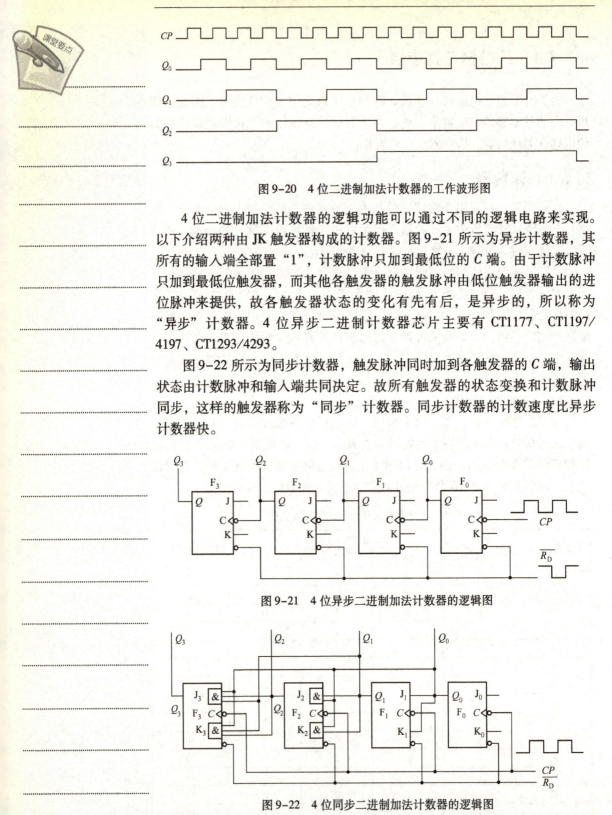

图 9-20　4 位二进制加法计数器的工作波形图

4 位二进制加法计数器的逻辑功能可以通过不同的逻辑电路来实现。以下介绍两种由 JK 触发器构成的计数器。图 9-21 所示为异步计数器，其所有的输入端全部置"1"，计数脉冲只加到最低位的 C 端。由于计数脉冲只加到最低位触发器，而其他各触发器的触发脉冲由低位触发器输出的进位脉冲来提供，故各触发器状态的变化有先有后，是异步的，所以称为"异步"计数器。4 位异步二进制计数器芯片主要有 CT1177、CT1197/4197、CT1293/4293。

图 9-22 所示为同步计数器，触发脉冲同时加到各触发器的 C 端，输出状态由计数脉冲和输入端共同决定。故所有触发器的状态变换和计数脉冲同步，这样的触发器称为"同步"计数器。同步计数器的计数速度比异步计数器快。

图 9-21　4 位异步二进制加法计数器的逻辑图

图 9-22　4 位同步二进制加法计数器的逻辑图

图 9-22 中，每个触发器都有多个 J、K 端，它们之间都是"与"的逻辑关系。

对于触发器 F_0,$J_0=K_0=1$,故每来一个计数脉冲翻转一次;对于触发器 F_1,$J_1=K_1=Q_0$,因此在 $Q_0=1$ 时再来一个计数脉冲翻转一次;对于触发器 F_2,$J_2=K_2=Q_1Q_0$,在 $Q_1=Q_0=1$ 时再来一个计数脉冲翻转一次;对于触发器 F_3,$J_3=K_3=Q_2Q_1Q_0$,在 $Q_2=Q_1=Q_0=1$ 时再来一个计数脉冲翻转一次。

对图 9-22 分析,可以得到和图 9-21 完全相同的波形图。两者具有相同的功能,4 位同步二进制计数器芯片主要有 74LS161、CT1161/4161、CT1163/3163/4163。二进制加法计数器不仅可以由 JK 触发器获得,还可以由其他类型的触发器得到。例如,由 D 触发器构成的二进制加法计数器,读者可仿照 JK 触发器构成的二进制计数器自行分析设计。

另外,由图 9-20 所示的波形图可以看出,Q_0、Q_1、Q_2、Q_3 的周期依次增加两倍。故计数器也可以构成分频器,标准的秒脉冲就是由晶振首先得到高频脉冲经分频后得到的。

2. 十进制计数器

二进制计数器结构简单,但是读数时需要首先转换成十进制,比较麻烦,故一般都直接采用十进制计数器。十进制计数器是在 4 位二进制计数器的基础上得到的,每一位十进制数码用 4 位二进制计数器代表,所以十进制计数器一般也称为二-十进制计数器。与二进制不同的是,当计数器计到第 9 个脉冲后再来一个脉冲时计数器清零,每 10 个脉冲循环一次。其常用芯片主要有异步计数器 CT1196/3196/4196、CT1290/4290 和同步计数器 CT1160/4160、CT1162/3162/4162。

本节主要讲述异步十进制计数器。表 9-10 所列是 8421 码十进制加法计数器的逻辑状态表。

表 9-10 十进制加法计数器的逻辑状态表

计数脉冲个数	输出二进制数				相应的十进制数
	Q_3	Q_2	Q_1	Q_0	
0	0	0	0	0	0
1	0	0	0	1	1
2	0	0	1	0	2
3	0	0	1	1	3
4	0	1	0	0	4
5	0	1	0	1	5
6	0	1	1	0	6
7	0	1	1	1	7
8	1	0	0	0	8
9	1	0	0	1	9
10	0	0	0	0	0

由十进制加法计数器的工作波形图和逻辑状态表可见,只要对 4 位二进制加法计数器稍微加以改接,就可以得到异步十进制计数器,图 9-23 所示的是 CT4090 型计数器的逻辑功能图,图 9-24 所示的是其引脚排列图。

其中，$R_{0(1)}$、$R_{0(2)}$ 为清零输入端，$S_{9(1)}$、$S_{9(2)}$ 为置 9 输入端。该 4 个控制端的逻辑功能见表 9-11。

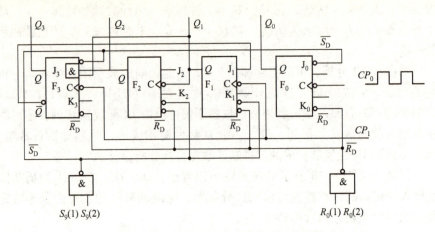

图 9-23　CT4090 型计数器的逻辑功能图

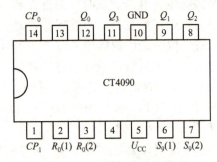

图 9-24　CT4090 外引线排列

表 9-11　CT4090 型计数器的逻辑状态表

$R_0(1)$	$R_0(2)$	$S_9(1)$	$S_9(2)$	Q_3	Q_2	Q_1	Q_0
1	1	0	×	0	0	0	0
		×	0				
0	×	1	1	1	0	0	1
×	0						
×	0	×	0	计数			
0	×	0	×	计数			
0	×	×	0	计数			
×	0	0	×	计数			

当计数器的控制端使该计数器工作于计数状态时，该电路可完成二进制、五进制和十进制的计数功能。

（1）如果计数脉冲从 CP_0 输入，由 Q_0 输出，则所得为一位二进制计数器。

（2）如果计数脉冲从 CP_1 输入，由 Q_3、Q_2、Q_1 输出，则所得为五进制计数器。

(3) 如果计数脉冲从 CP_0 输入，C_1 接到 Q_0 端，由 Q_3、Q_2、Q_1、Q_0 输出，则所得为十进制计数器。

尽管集成计数器的种类很多，但也不可能任意进制的计数器都有其对应的产品，在需要用到这些计数器时，通常采用现有的产品通过适当的外围电路改接而成。

用现有的 M 进制计数器构成新的 N 进制计数器时，如果 $M > N$，则只需要一片即可，但是如果 $M < N$，则需要多片 M 进制计数器。

目前常用的计数器有二进制计数器和十进制计数器。若要构成任意进制的计数器，则可以利用现有的计数器进行改进。目前常用的改进方法有两种，一种为反馈清零法，另一种为置数法。

本节主要介绍反馈清零法。

把 CT4049（或者 74LS290）计数器适当改接，利用其清零端进行反馈，可得到六进制计数器和九进制计数器，如图 9-25 所示。

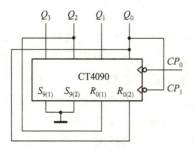
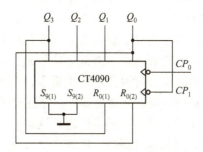

（a）六进制计数器　　　　　　　　（b）九进制计数器

图 9-25　利用 CT4090 芯片构成六进制和九进制计数器

如果需要用到二十四进制计数器，则需要两片 CT4090 或 74LS290。首先把两个芯片都接成十进制的形式，然后把它们连成一百进制的形式，在第 24 个计数脉冲到来后，计数器的输出状态为 00100100，此时利用反馈使其直接清零，使其返回 00000000 状态。电路如图 9-26 所示。

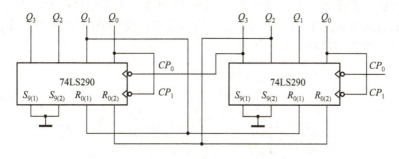

图 9-26　二十四进制计数器

如果需要用到六十进制计数器，则需要两片 CT4090 或 74LS290。首先把两个芯片都接成十进制的形式，然后把它们连成一百进制的形式，在第 60 个计数脉冲到来后，计数器的输出状态为 01100000，此时利用反馈使其直接清零，使其返回 00000000 状态。电路如图 9-27 所示。

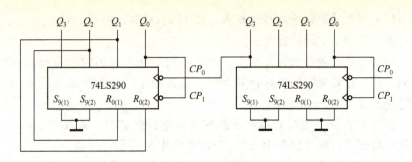

图 9-27 六十进制计数器

9.4.2 寄存器

寄存器一般用于暂时存放参与运算的数据和运算结果。寄存器一般由触发器构成，一个触发器只能寄存一位二进制数，若要存放多位二进制数，就得用到多个触发器。在计算机中，一般用到的有 4 位、8 位、16 位及 32 位等。

寄存器存放数码的方式有并行和串行两种。并行方式就是每一位数码对应一个输入端，当寄存信号到来时，数码同时输入到寄存器中，并行方式寄存的速度要比串行快得多，但所需要的输入导线也多；串行方式就是数码逐位输入到寄存器中，不论整个寄存器有多少位，串行输入方式只有一个输入端，数码逐位输入到寄存器中，每来一个寄存信号，只能寄存一位，显然这种寄存方式速度比较慢，但所需要的传输线少，一般用于远距离的传输。同样，从寄存器取出数码的方式也有并行和串行两种。

寄存器按照有无移位功能分为数码寄存器和移位寄存器。

1. 数码寄存器

图 9-28 所示的是 4 位数码寄存器，其中的 $F_0 \sim F_3$ 为基本 RS 触发器。在寄存指令发出前，4 个与非门的输出全部为"1"，触发器保持原来的"0"态不变。在寄存指令发出后，指令写入触发器中，若要取出指令，只需给触发器发取出指令即可，取出指令发出前，4 个输出端 Q_3、Q_2、Q_1、Q_0 的状态全部为 0。数码寄存器也可由其他触发器构成。图 9-29 所示的是由 D 触发器构成的数码寄存器。

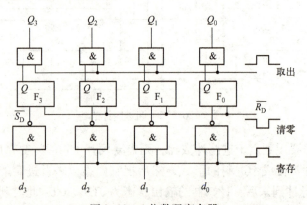

图 9-28 4 位数码寄存器

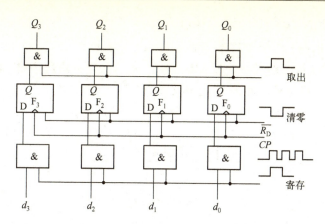

图 9-29 由 D 触发器构成的数码寄存器

2. 移位寄存器

移位寄存器具有存放数码和移位的功能。所谓移位,就是每来一个移位脉冲,触发器的状态便向右或向左移一位,因此需要寄存的数码可在移位脉冲的控制下依次存入。移位寄存器在计算机中的应用十分普遍。

图 9-30 所示的是由 JK 触发器组成的 4 位移位寄存器。其逻辑功能见表 9-12。

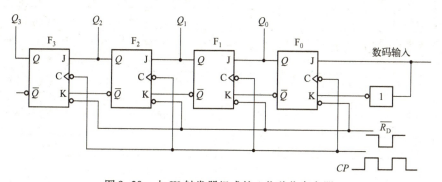

图 9-30 由 JK 触发器组成的 4 位移位寄存器

表 9-12 4 位移位寄存器逻辑功能

移位脉冲数	寄存器中的数码				移位过程
	Q_3	Q_2	Q_1	Q_0	
0	0	0	0	0	清零
1	0	0	0	1	左移 1 位
2	0	0	1	0	左移 2 位
3	0	1	0	1	左移 3 位
4	1	0	1	1	左移 4 位

上面讨论的为左移寄存器,右移寄存器的构成原理与之相同,此时应将数码从低位到高位顺序送入高位触发器的输入端。

3. 集成移位寄存器 74LS194(CT4194)

74LS194 是一种典型的中规模集成移位寄存器,由 4 个 RS 触发器及其输入控制电路组成。其中 D_0、D_1、D_2、D_3 为并行输入端，Q_0、Q_1、Q_2、Q_3 为并行输出端，S_L 为左移串行输入端，S_R 为右移串行输入端，$\overline{C_r}$ 为直接清零端，CP 为同步时钟脉冲输入端，M_0、M_1 为工作方式选择端。图 9-31 所示的是其逻辑符号，表 9-13 是其功能表。

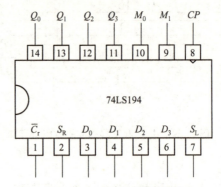

图 9-31　74LS194 逻辑符号

表 9-13　74LS194 的逻辑功能表

功能	输入										输出			
	$\overline{C_r}$	M_0	M_1	C_P	S_L	S_R	D_0	D_1	D_2	D_3	Q_3	Q_2	Q_1	Q_0
清除	0	×	×	×	×	×	×	×	×	×	0	0	0	0
保持	1	×	×	0	×	×	×	×	×	×	保持			
送数	1	1	1	↑	×	×	d_0	d_1	d_2	d_3	d_3	d_2	d_1	d_0
右移	1	0	1	↑	×	1	×	×	×	×	Q_2^n	Q_1^n	Q_0^n	1
	1	0	1	↑	×	0	×	×	×	×	Q_2^n	Q_1^n	Q_0^n	0
左移	1	1	0	↑	1	×	×	×	×	×	Q_1^n	Q_2^n	Q_3^n	1
	1	1	0	↑	0	×	×	×	×	×	Q_1^n	Q_2^n	Q_3^n	0
保持	1	0	0	×	×	×	×	×	×	×	保持			

当用到多位寄存器时，可以利用现有的寄存器进行扩展，如需要 8 位双向寄存器，则可利用两片 74LS194 级联，如图 9-32 所示。

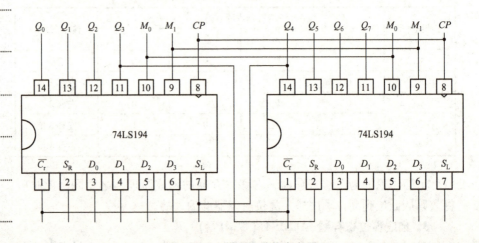

图 9-32　8 位双向移位寄存器

9.5 555 定时器

555 定时器是一种模拟电路和数字电路相结合的中规模集成电路。由 555 定时器可以构成很多时序逻辑电路，广泛用于信号的产生、变换、控制与检测。其结构简单，使用灵活方便，只要在外部配接少量的元器件，就可以很方便地构成多谐振荡器、施密特触发器和单稳态触发器。

集成定时器产品有 TTL 型和 CMOS 型两类。TTL 型产品型号的最后 3 位数码都是 555，CMOS 产品型号的最后 4 位数码都是 7555，它们的逻辑功能和引脚排列完全相同。所以不论什么型号、类型，都总称 555 定时器。下面以 TTL 的 5G555 为例做介绍。

1. 555 定时器的构成及各引脚功能

555 定时器内部结构如图 9-33 所示。它由两个电压比较器、放电晶体管、一个由与非门构成的基本 RS 触发器，以及由 3 个 $5k\Omega$ 的电阻构成的分压器组成。

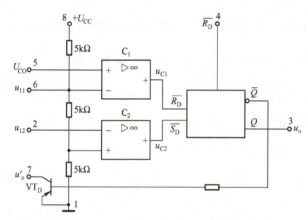

图 9-33 555 定时器内部结构

电压比较器 C_1 的参考电压为 $\frac{2}{3}U_{CC}$，加在同相输入端；C_2 的参考电压为 $\frac{1}{3}U_{CC}$，加在反相输入端。二者均可由分压器上取得。555 定时器的封装为 8 引脚的双列直插芯片。其中，引脚 1 为接地端；引脚 2 为低电平触发端，当引脚 2 的输入电压高于 $\frac{1}{3}U_{CC}$ 时触发器保持不变，当引脚 2 的输入电压低于 $\frac{1}{3}U_{CC}$ 时基本 RS 触发器触发置 "1"；引脚 3 为输出端；引脚 4 为基本 RS 触发器的直接复位端，由此输入低电平信号可使触发器直接复位（置 "0"）；引脚 5 为电压控制端，不用时可直接经电容接地；引脚 6 为高电平触发端，输入电压低于 $\frac{2}{3}U_{CC}$ 时触发器保持不变，输入电压高于 $\frac{2}{3}U_{CC}$ 时触发器置 "0"；引脚 7 为放电端，常用于给外接电容元件提供放电通路；引脚 8 为电源端，一般接在 5～18V 的直流电源上。

5G555 的逻辑功能见表 9-14。

表 9-14　5G555 的逻辑功能表

输入		输出		
u_{11}	u_{12}	$\overline{R_D}$	Q	VT_D 的状态
×	×	0	0	导通
$> \frac{2}{3}U_{CC}$	$> \frac{1}{3}U_{CC}$	1	0	导通
$< \frac{2}{3}U_{CC}$	$< \frac{1}{3}U_{CC}$	1	1	截止
$< \frac{2}{3}U_{CC}$	$> \frac{1}{3}U_{CC}$	1	不变	不变

表 9-14 中：

(1) 第 1 行为直接复位操作，在 $\overline{R_D}$ 端加低电平复位信号，定时器复位，输出为零。此时，因 $Q=0$，$\overline{Q}=1$，故晶体管 VT_D 饱和导通。

(2) 第 2 行为复位操作，直接复位端 $\overline{R_D}=1$。复位控制端 $u_{11} > \frac{2}{3}U_{CC}$，置位控制端 $u_{12} > \frac{1}{3}U_{CC}$，分析比较器的状态可得 $u_{C1}=0$，$u_{C2}=1$，基本 RS 触发器置 0。因 $Q=0$，$\overline{Q}=1$，故晶体管 VT_D 饱和导通。

(3) 第 3 行为置位操作，复位控制端 $u_{11} < \frac{2}{3}U_{CC}$，置位控制端 $u_{12} < \frac{1}{3}U_{CC}$。分析比较器的状态可得 $u_{C1}=0$，$u_{C2}=0$，基本 RS 触发器置 1，定时器置位。因 $Q=1$，$\overline{Q}=0$，故晶体管 VT_D 截止。

(4) 第 4 行为保持状态，复位控制端 $u_{11} < \frac{2}{3}U_{CC}$，置位控制端 $u_{12} > \frac{1}{3}U_{CC}$。分析比较器的状态可得 $u_{C1}=1$，$u_{C2}=1$，基本 RS 触发器和晶体管 VT_D 状态保持不变。

【说明】
☺ 555 定时器的输出端（3 脚）与 VT_D 的集电极（7 脚）在逻辑功能上是相同的。
☺ 555 定时器的控制输入端（5 脚）接控制电压 u_{CO} 时，表 9-14 中的比较电压中，应将 $\frac{2}{3}U_{CC}$ 改为 U_{CC}，将 $\frac{1}{3}U_{CC}$ 改为 $\frac{1}{2}U_{CO}$。

9.6　模拟量和数字量的转换

随着电子技术（特别是电子计算机技术）的普及，用数字系统来处理模拟信号的情况正变得越来越普遍。为了能够让计算机或其他数字系统识别模拟信号，首先需要把模拟信号转换成数字信号。为了实现对生产过程的检测和控制，还必须把处理后的数字信号再转换成相应的模拟信号。

能将模拟量转换为数字量的装置称为模-数转换器，简称 A-D 转换器或 ADC；能将数字量转换为模拟量的装置称为数-模转换器，简称 D-A 转换器或 DAC。ADC 和 DAC 是模拟电路和数字电路的接口，是联系模拟系统与数字系统的"桥梁"。

本节主要介绍 ADC 和 DAC 的基本概念和基本原理。图 9-34 所示的是 ADC 与 DAC 转换原理框图。

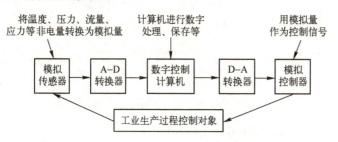

图 9-34 ADC 与 DAC 转换原理框图

9.6.1 数-模转换器

1. 数-模转换器的组成

D-A 转换器一般由数码缓冲寄存器、模拟电子开关、参考电压、解码网络及求和电路等组成，如图 9-35 所示。

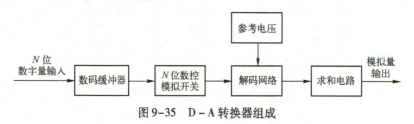

图 9-35 D-A 转换器组成

数字量以串行或并行方式输入，并存储在数码缓冲器中，缓冲器输出的每位数码驱动对应数位上的电子模拟开关，在解码网络中获得相应数位权值送入求和电路，求和电路将各位权值相加，得到与数字量对应的模拟量。

2. 数-模转换器的工作原理

数-模转换装置输入的信号是数字信号，输出的信号则是与输入数字信号成比例的模拟电压或电流。由于数字信号是用二进制代码组合起来的，所以每一个数字信号都可以按"权"相加得到一个对应的十进制数，即 $D = (N)_B = K_{n-1} \times 2^{n-1} + \cdots + K_1 \times 2^1 + K_0 \times 2^0$。数-模转换装置输出的模拟量 A 就是和输入的数字量 D 成正比例的电压或电流信号，即 $A = KD$，其中的 K 称为转换比例系数。

以 10 位 DAC 为例，输入的是 10 位二进制代码，共有 2^{10} 种组合。若输出电压的最大值为 5V，则该转换器所能转换出的最小电压 $\dfrac{5V}{2^{10}-1} = \dfrac{5}{1023}V$，其转换步距也为 $\dfrac{5}{1023}V$，显然 DAC 转换器输入数字量的位数越多，所转换的模拟信号的步距越短。

实现数-模转换的电路有多种,图9-36所示的是较常见的分类方法,其中较常见的有权电阻网络、"T"形电阻网络和倒"T"形电阻网络等。下面以"T"形和倒"T"形电阻网络为例,介绍数-模转换器的工作原理。

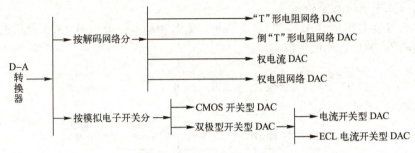

图9-36 D-A转换器分类

3. "T"形电阻网络数-模转换器

数-模转换器有多种,目前用得较多的是"T"形电阻网络数-模转换器,图9-37所示为一个4位DAC的"T"形电阻网络数-模转换器。由R和$2R$两种电阻值的电阻组成"T"形电阻网络,又称梯形电阻网络,网络的输出端接到运算放大器的反相输入端。

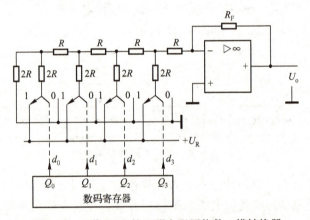

图9-37 4位DAC的T形电阻网络数-模转换器

(1) 输入寄存器:在接收指令的作用下,将输入数字信号存入寄存器。

(2) 电子模拟开关:分别由数码寄存器存放的4位二进制数的相应位数码d_0、d_1、d_2、d_3控制,根据它是"1"或"0"决定电阻网络中的电阻是接参考电压(或称基准电压)U_R还是接地。

(3) "T"形电阻网络:当输入的数字信号的某一位为"1"时,开关接到参考电压U_R上,为"0"时接地。"T"形电阻网络开路时的输出电压U_A(未接运算放大器时)可以应用叠加原理进行计算,即分别计算当$d_0=1$、$d_1=1$、$d_2=1$、$d_3=1$(其余位为0)时的电压分量,而后叠加得到U_A。

当$d_0=1$时,即$d_3d_2d_1d_0=0001$,其电路如图9-38所示,应用戴维宁定理可将00′左侧部分等效为电压为$\dfrac{U_R}{2}$的电源与电阻串联的电路。而后再分别在11′、22′、33′处计算左边部分的等效电路,其等效电源的电压依次被除以2，即其 $\frac{U_R}{4}$、$\frac{U_R}{8}$、$\frac{U_R}{16}$ 等效电源的内阻均为 $2R /\!/ 2R = R$。由此可得出最后的等效电路，通过计算可以求出当 $d_0 = 1$ 时网络的开路电压，即为等效电源电压 $\frac{U_R}{2^4} d_0$。

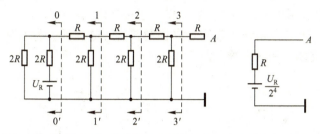

图9-38 计算"T"形电阻网络的输出电压（$d_3 d_2 d_1 d_0 = 0001$）

同理，再分别对 $d_1 = 1$、$d_2 = 1$、$d_3 = 1$（其余位为0）时重复上述计算过程，得出的网络开路端电压各为 $\frac{U_R}{2^3} d_1$，$\frac{U_R}{2^2} d_2$，$\frac{U_R}{2^1} d_3$。

应用叠加原理将这4个电压分量叠加，得出"T"形电阻网络开路时的输出电压 U_A，等效内阻（除去电源后开路网络的等效电阻）为 R。

$$U_A = \frac{U_R}{2^1} d_3 + \frac{U_R}{2^2} d_2 + \frac{U_R}{2^3} d_1 + \frac{U_R}{2^4} d_0 = \frac{U_R}{2^4}(d_3 2^3 + d_2 2^2 + d_1 2^1 + d_0 2^0)$$

运算放大器接成反相比例运算电路，"T"形电阻网络输出的等效电压 U_A 作为信号源，加到集成运算放大器的输入端，如图9-39所示，这时集成运放的输出模拟电压为 U_o。

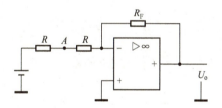

图9-39 "T"形电阻网络输出等效电路

$$U_o = -\frac{R_F}{3R} U_A = -\frac{R_F U_R}{3R \cdot 2^4} \times (d_3 2^3 + d_2 2^2 + d_1 2^1 + d_0 2^0)$$

如果输入的是 n 位二进制数，则

$$U_o = -\frac{R_F}{2R} U_A = -\frac{R_F U_R}{3R \cdot 2^n} \times (d_{n-1} 2^{n-1} + d_{n-2} 2^{n-2} + \cdots + d_0 2^0)$$

当 $R_F = 3R$ 时，上式变为

$$U_o = -\frac{U_R}{2^n}(d_{n-1} 2^{n-1} + d_{n-2} 2^{n-2} + \cdots + d_0 2^0)$$

括号中的式子是 n 位二进制数"权"的展开式。可见，输入的数字量被转换为模拟电压，而且二者成正比。例如，对4位的数-模转换器而言：

$$d_3 d_2 d_1 d_0 = 1111 \text{ 时}, \quad U_o = -\frac{15}{16} U_R$$

$d_3d_2d_1d_0 = 1001$ 时，$U_o = -\dfrac{9}{16}U_R$

R-2R "T" 形电阻网络数-模转换器的优点是所需元器件较少，这对选用高精度电阻和提高转换器的精度都是有利的。

4. 倒 "T" 形电阻网络数-模转换器

倒 "T" 形电阻网络数-模转换器也是常用的，如图9-40所示。图中的电子模拟开关也由输入数字量来控制，当二进制数码为1时，开关接到运算放大器的反相输入端，为0时接 "地"。

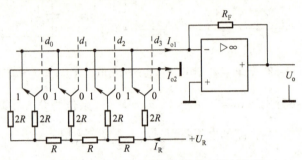

图9-40 倒 "T" 形电阻网络数-模转换器

先计算电阻网络的输出电流 I_{o1}，观察电路图，注意到：

（1）在电路的任意端口，其左侧部分电路的等效电阻均为 R；

（2）不论模拟开关接到运算放大器的反相输入端（虚地）或接 "地"（也就是不论输入信号是1或是0），各支路的电流是不变的。

因此，从参考电压端输入的电流为 $I_R = \dfrac{U_R}{R}$，而后根据电流分流公式得出各支路的电流：$I_3 = \dfrac{1}{2}I_R = \dfrac{U_R}{R \cdot 2^1}$，$I_2 = \dfrac{1}{4}I_R = \dfrac{U_R}{R \cdot 2^2}$，$I_1 = \dfrac{1}{8}I_R = \dfrac{U_R}{R \cdot 2^3}$，$I_o = \dfrac{1}{16}I_R = \dfrac{U_R}{R \cdot 2^4}$。由此可得出电阻网络的输出电流

$$I_{o1} = \dfrac{U_R}{R \cdot 2^4}(d_3 2^3 + d_2 2^2 + d_1 2^1 + d_0 2^0)$$

运算放大器输出的模拟电压 U_o 为

$$U_o = -R_F I_{o1} = -\dfrac{R_F U_R}{R \cdot 2^4}(d_3 2^3 + d_2 2^2 + d_1 2^1 + d_0 2^0)$$

如果输入的是 n 位二进制数，则

$$U_o = -\dfrac{R_F U_R}{R \cdot 2^n}(d_{n-1} 2^{n-1} + d_{n-2} 2^{n-2} + \cdots + d_0 2^0)$$

当 $R_F = R$ 时，则上式变为

$$U_o = -\dfrac{U_R}{2^n}(d_{n-1} 2^{n-1} + d_{n-2} 2^{n-2} + \cdots + d_0 2^0)$$

与 "T" 形电阻网络的输出电压相同。

5. 数-模转换器的主要技术指标

【**分辨率**】分辨率是指转换器的最小输出电压与最大输出电压之比。当输入的数字量为1时（仅最低位为1，其余各位全部为0），输出最小；当

输入的数字量各位全部为 1 时,输出最大。此二者之比即为分辨率。例如,10 位 DAC 转换器的分辨率为

$$1/(2^{10}-1) \approx 0.001$$

有时也用输入信号的有效位数表示分辨率,有效位数越多,分辨率就越高。显然,分辨率越高,转换的精度就越高。但分辨率越高其转换电路就越复杂。

表 9-15 列出的是不同 DAC 转换器的分辨率。

表 9-15　不同 DAC 转换器的分辨率

转换器输入数字量的位数	分　辨　率
4	1/15
8	1/255
10	1/1023
12	1/4095
16	1/65535

【**转换精度和线性度**】转换精度是指输出模拟电压的实际值与理想值之差,即最大静态转换误差,是由运算放大器的零点漂移、模拟开关的压降及电阻值的偏差等很多原因引起的。

线性度是指转换器的非线性误差。非线性误差一般是由各模拟通路的偏差和压降不同造成的。

【**输入数字电平和输出电平**】输入数字电平是指输入的数字信号分别为 0 和 1 时所对应的输入高、低电平的值,对于不同的转换器,该值略有区别。输出电平是指输出电压的最大值,对于不同型号的转换器,该值的相差较大,其中高压输出型的可达 30V,电流输出型的可达 3A。

【**工作温度范围**】温度的高低将直接影响转换器的精度指标,好的产品其工作温度为 -40 ~150℃。

6. 数-模转换器的主要产品介绍

目前使用的 DAC 转换器多为集成转换器,按照转换精度的不同,有 8 位到 16 位不等,转换器的位数越多,转换精度越高,但价格也越高。目前许多厂家把转换器的一些外围电路也集成到了芯片的内部,还有的在一个芯片中集成了多个转换器。

【**DAC0830 系列**】DAC0830 系列是 8 位分辨率的集成 DAC 转换电路,包含转换电路和外围电路,具有双缓冲结构。其内部主要由 8 位输入锁存器、8 位 DAC 寄存器、8 位 DAC 转换电路和转换控制电路构成,采用 20 脚双列直插封装,芯片外接集成运放,将转换成的模拟电流信号放大后变成电压信号输出。

DAC0830 系列的引脚排列如图 9-41 所示。各引脚功能分别如下所述。

☺ $D_0 \sim D_7$:8 位数字数据输入,其中 D_0 为最低位,D_7 为最高位。

☺ I_{OUT1}、I_{OUT2}:电流输出引脚,两者之和为常数,随寄存器的内容不同,二者的大小线性变化。

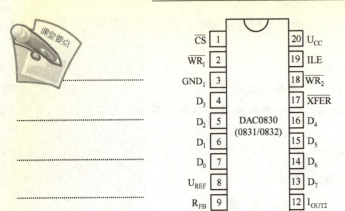

图 9-41　DAC0830 系列的引脚排列

☺ R_{FB}：若外接的集成运算放大器增益小，则在该引出端与集成运算放大器输出端之间加接电阻；否则可直接将该脚与运算放大器输出端相连。

☺ U_{CC}：电源输入引脚，以 +15V 最佳。

☺ U_{REF}：基准电压输入端，可在 $-10 \sim +10V$ 内选择。

☺ GND_1：数字电路接地端。

☺ GND_2：模拟电路接地端，一般与数字电路接地端相连。

☺ $\overline{CS}$：片选信号，低电平有效。

☺ $\overline{WR_1}$：输入寄存器写选通信号，低电平有效。

☺ ILE：数据允许锁存信号，高电平有效。

只有当 $\overline{CS}=0$、$ILE=1$、$\overline{WR_1}=0$ 时，输入寄存器才被打开，输入寄存器的输出随输入数据的变化而变化；然后在 $\overline{CS}$ 维持为 0 的情况下，$\overline{WR_1}$ 由 0 变为 1 后锁存输入的数字信号。这时，即使外面输入的数据发生变化，输入寄存器的输出也不变化。

☺ $\overline{XFER}$：数据传送控制信号，低电平有效。

☺ $\overline{WR_2}$：DAC 寄存器写选通信号，低电平有效。当 $\overline{XFER}=0$、$\overline{WR_2}=0$ 时，DAC 寄存器处于开放状态，输出随输入的变化而变化；然后，在 $\overline{XFER}$ 维持为 0 的情况下，当 $\overline{WR_2}$ 由 0 变 1 时，DAC 寄存器锁存数据，其输出固定，不随输入而变化。

在一个系统中两次锁存数据的工作方式称为双缓冲方式，它可以使系统同时保留两组数据。有时，为了提高数据传输速度，可以采用单缓冲或直通工作方式。当 $\overline{XFER}=\overline{WR_2}=0$ 时，DAC 寄存器处于直通状态，此时，若输入寄存器仍用 $\overline{WR_1}$ 高低电平的变化来控制数据的直通和锁存，则系统处于单缓冲工作状态；若 $\overline{CS}=\overline{WR_1}=0$，$ILE=1$，输入寄存器也处于直通状态，则整个系统就处于直通工作状态。

【DA7520】DA7520 与 DAC0830 系列不同的是，其电路只包含转换网络和模拟电子开关。DA7520 是 10 位 CMOS 电流开关型转换器，其结构简单，通用性好。DA7520 的引脚排列如图 9-42 所示，其引脚功能请读者参考英文名称和 DAC0830 系列自己分析。

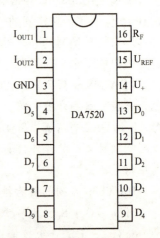

图 9-42　DA7520 的引脚排列

9.6.2 模-数转换器

模-数转换一般要经过采样、保持、量化和编码4个步骤。和 DAC 一样,模-数转换器(ADC)也可以通过多种电路来实现,目前用得较多的是逐次逼近型、双积分型和电压频率变换型转换器等,本节重点讲述逐次逼近型 ADC。

1. ADC 转换的基本原理

ADC 是用于把模拟信号转换成数字信号的装置,其输入的信号为模拟信号,输出是高低电平的组合。ADC 按其转换原理一般可以分为两大类,一类是直接转换型,把输入的模拟电压直接转换成数字代码输出;另一类是间接转换型,首先把输入的模拟信号转换成中间量,然后再把中间变量转换成数字代码。

不同 ADC 具有不同的特点,在要求转换速度较高的场合,一般选择并行转换器;在要求精度较高的场合,可以采用双积分型转换器,但是速度稍慢。由于逐次比较型转换器在一定程度上同时具备了以上两种类型 A-D 转换器的优点,故得到了比较广泛的应用。逐次逼近型 ADC 属于直接转换型,它的工作过程和天平砝码称物的过程十分相似。天平称物的过程一般从最重的砝码开始试验,如果物体重于砝码,则保留,否则不保留,依次由重到轻加砝码直到最轻的。将所有保留在托盘上的砝码相加,就可以得到物体质量。所谓的逐次逼近,就是依照这一原理,将输入的模拟电压信号与不同的参考电压作多次比较,使转换所得的数字量在数值上逐次逼近输入模拟量的对应值。

在 ADC 中,输入的模拟量在时间和幅值上都是连续变化的,而输出的数字信号在时间和幅值上都是离散的,将模拟量转换为数字量分4个步骤,即采样、保持、量化、编码。前两个步骤在采样-保持电路中完成,后两个步骤在 ADC 转换电路中完成。

2. 逐次逼近型 ADC

1) 逐次逼近型 ADC 的组成

逐次逼近型 ADC 的工作原理可以用图 9-43 所示方框图表示。

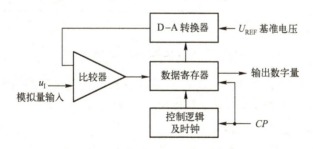

图 9-43 逐次逼近型 ADC 的工作原理

【D-A 转换器】它将数据寄存器中的数字量转换成相应的模拟电压,与被测电压比较。

【数据寄存器】转换开始后,从最高位开始对数据寄存器置1,其他位置0,将该数据经D-A转换器转换为模拟量,在比较器中与输入量比较。根据比较结果决定最高位是留下,还是清除,然后置次高位为1,转换、比较……,所有位比较完毕后统一输出。

【电压比较器】将数据寄存器中数据对应的电压与输入电压比较,输出结果用于修改数据寄存器中的数据。

【控制逻辑及时钟】用于实现整机的逻辑控制。

2) 工作过程

下面结合图9-44所示的8位逐次逼近型转换器电路,说明其工作过程。

$FF_8 \sim FF_1$组成8位数据寄存器,10个D触发器接成环形移位寄存器。转换开始前,环形移位寄存器的输出$W_8 \sim W$为000000001。$Q_8 \sim Q_1$均为0。D-A转换器的输出电压为

$$u_D = \frac{U_{REF}}{2^8 - 1}N = \frac{U_{REF}}{255}N$$

为分析问题方便,假定$U_{REF} = 255V$,于是有$u_D = N$。

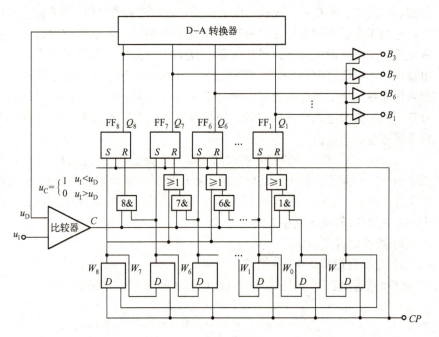

图9-44 8位逐次逼近型转换器电路

若输入电压u_1大于D-A转换器的输出u_D,则比较器输出$u_C = 0$;若输入电压u_1小于D-A转换器的输出u_D,则$u_C = 1$。

假设输入电压$u_1 = 149V$。

当第1个CP到来时,$W_8 = 1$,其余W_i均为0,FF_8被置1,其余数据寄存器处于保持状态,于是数据寄存器的输出$Q_8 \sim Q_1$为10000000,该数据经D-A转换器后输出电压$u_D = N = 128V$,u_1与128V比较,$u_C = 0$。

当第2个CP到来时,$W_7 = 1$,其余W_i均为0。$W_8 = 0$,使FF_8的$S = 0$;$W_7 = 1$,门8被打开,由于$u_C = 0$,故门8的输出是0,使FF_8的$R = 0$,FF_8

处于保持状态（留下），输出 $Q_8=1$。由于 $W_7=1$，FF_7 置1；数据寄存器的状态为 11000000，该数据使 $u_D=192V$。u_1 与 192V 继续比较，使 $u_C=1$。

当第3个 CP 到来时，$W_6=1$，其余 W_i 均为 0。$W_7=0$ 使 FF_7 的 $S=0$；$W_6=1$，门7被打开，由于 $u_C=1$，故门7的输出是1，于是 FF_7 的 $R=1$，$S=0$，FF_7 置0（清除）。由于 $W_6=1$，故 FF_6 置1。于是数据寄存器的状态为 10100000，该数据使 $u_D=160V$。u_1 与 160V 继续比较，使 $u_C=1$……

如此逐次比较下去，便可以从高位到低位依次确定数据寄存器各位的状态是 10010101。这就是 149V 时相应的二进制编码。

整个逐位比较、逐位取舍的渐进过程可用图 9-45 表示。

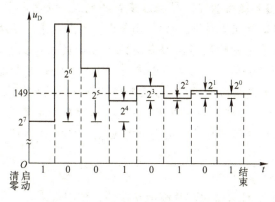

图 9-45 8 位逐次逼近型转换器电路转换进程

3. ADC 的主要技术指标

【分辨率和量化误差】 ADC 的分辨率以输出的二进制数的位数来表示，在最大输入电压一定时，输出位数越多，量化单位就越小，分辨率就越高。例如，将模拟信号转换为 10 位二进制数输出，如果最大输入电压为 5V，则该转换器所能分辨的最小输入电压为 $\dfrac{5V}{2^{10}-1}=\dfrac{5}{1023}V$，每 $\dfrac{5}{1023}V$ 转换为输出最低位的 1。

量化误差是由于 ADC 有限字长数字量对输入模拟量进行离散取样而引起的误差，其大小在理论上为一个单位分辨力，所以量化误差与分辨率是统一的，提高分辨率即可减小量化误差。

【转换精度】 转换精度和误差一般以输出误差的最大值来表示，它表示 ADC 实际输出的数字量和理论上的输出数字量之间的差值，用绝对误差或相对误差来表示。由于理想 ADC 也存在量化误差，因而 ADC 转换精度所对应的误差指标是不包含量化误差在内的。

转换精度有时以综合误差指标的表达方式给出，有时又以分项误差指标的表达方式给出。通常给出的分项误差指标有偏移误差、满刻度误差、非线性误差和微分非线性误差等。

☺ 偏移误差是指输出为零时，输入不为零的值，所以有时又称为零点误差。偏移误差通常是由放大器的偏移电压或偏移电流引起的，一般可以通过外接调节电位器来将偏移误差调至最小。

☺ 满刻度误差也称增益误差，是指 ADC 满刻度输出时的代码所对应的实际输入电压值与理想输入电压值之差。满刻度误差一般是由参考电压、放大器的放大倍数和电阻网络误差等引起的。满刻度误差也可以通过外部电路来修正。
- 非线性误差是指实际转移函数与理想直线的最大偏移。注意，非线性误差不包括量化误差、偏移误差和满刻度误差。
- 微分非线性误差是指 ADC 实际阶梯电压与理想阶梯电压（1LSB）之间的差值。为保证转换器的单调性能，ADC 的微分非线性误差一般不大于 1LSB。非线性误差和微分非线性误差在使用中很难进行调整。

【转换速度和转换速率】转换速度是指完成一次转换所需时间的长短，即从转换控制信号到来到输出端得到稳定的输出数字信号所经过的时间的长短。转换速率是指转换器在每秒所能完成的转换次数，二者互为倒数。ADC 的转换速度和转换电路的类型有关，不同类型的转换器其转换速度相差很大，转换速度快的并行比较型可将一次转换时间控制在 50ns 以内。

【电源抑制】当输入模拟电压不变时，如果转换电路的供电电源电压发生变化，则对输出的数字信号也会产生影响。电源抑制可用输出数字量的绝对变化量来表示。

4. 常用 ADC 简介

目前常用 ADC 大多是单片集成转换器，种类很多。

【ADC0800 系列】ADC0800 系列属逐次逼近型比较器，如 ADC0801、ADC0804、ADC0809 等，可把输入模拟信号转换为 8 位数字信号输出。

ADC0809 片内有带锁存功能的 8 路模拟开关，可实现对 8 路输入模拟电压进行分时转换，输出采用 TTL 三态锁存缓冲器，可直接与外部数据总线连接。ADC0809 采用 28 脚双列直插封装，其引脚排列如图 9-46 所示。

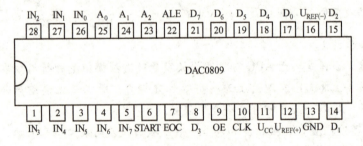

图 9-46 ADC0809 引脚排列

各引脚功能如下所述。
- $A_0 \sim A_2$：8 选 1 模拟量的地址线输入端，输入的 3 个信号共有 8 种组合，对应选择 8 个相应的输入模拟量。
- $IN_0 \sim IN_7$：8 通道模拟量输入端，由 8 选 1 选择器选择其中某一通道送往 ADC 中进行转换。
- $D_0 \sim D_7$：转换器的数字信号输出端。
- ALE：地址锁存信号输入端，高电平有效。在该信号的上升沿将 $A_0 \sim A_2$ 地址线的状态锁存，8 选 1 选择器开始工作。

☺ CLK：外部时钟输入端。

☺ OE：输出允许端，高电平有效。

☺ START：启动信号输入端。在该信号的上升沿将内部所有寄存器清零，而在其下降沿使转换工作开始。

☺ EOC：转换信号结束端，高电平有效。当转换结束时，EOC 从低电平转为高电平。

☺ U_{CC}：电源输入端，一般加 +5V 电压。

☺ GND：接地端。

☺ $U_{REF(+)}$ 和 $U_{REF(-)}$：正、负参考电压输入端。该电压确定输入模拟量的电压范围。一般可以将 $U_{REF(+)}$ 接电源，$U_{REF(-)}$ 接地。此时，模拟量的范围为 0 ~ +5V。

【ICL7109 转换器】ICL7109 是一种高精度、低噪声、低漂移且价格便宜的 12 位双积分式转换器，其内部由模拟和数字两部分电路组成，采用 40 脚双列直插式封装。

小结

1. 常用的组合逻辑部件有编码器、译码器、数据选择器、数据分配器、加法器、数值比较器等。

2. 计数器是一种应用非常广泛的基本逻辑部件，可以用于快速记录输入时钟脉冲的个数，也可用于分频、定时、产生节拍脉冲等。计数器按进制可以分为二进制计数器、十进制计数器和任意进制计数器。通过控制端来改变计数器的进制，当需要扩大计数器的计数容量时，还可以通过多片计数器进行级联。

3. 寄存器主要用于存放数码，分为数码寄存器和移位寄存器，其区别主要在于是否具有移位功能，可实现数据的处理和数值的运算。

4. 555 定时器是一种多用途的集成电路，只需外接少量的阻容元件便可构成单稳态触发器和多谐振荡器等逻辑电路。它还可组成很多其他各种实用电路，在自动控制、仪器仪表、家用电器等许多领域都有广泛的应用。除了单定时器 555 外，还有集成芯片双定时器 556 和四定时器 558 等。

5. ADC 和 DAC 是现代数字系统中的重要部件，其应用不仅广泛而且日益增多。二者的主要参数都是转换精度和转换速度。目前发展的趋势是高速度、高分辨率及易于与微型计算机连接等。

习题

9-1 用 D 触发器构成 4 位异步二进制减法计数器，并绘制出其逻辑图。

9-2 用集成计数器 74LS290 实现十二进制与三十二进制电路。

9-3 寄存器可以进行扩展，利用 4 片 74LS194 级联构成 16 位双向寄存器。

9-4 图 9-47 所示是由两片 555 构成的声音模拟发生器，分析电路的工作原理并绘制出 u_{o2} 的波形。

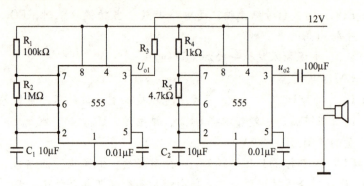

图 9-47 习题 9-4 的图

9-5 某晶体振荡器的振荡频率为 32 768Hz，今欲由此分频得到标准的秒脉冲信号，请设计该电路并绘制出逻辑图。

9-6 如果某 8 位 DAC 输出电压最大为 5V，分析当输入信号为 11111111 和 10101010 时分别对应的输出电压。

9-7 某 8 位 DAC 输入信号为 00000010 时输出电压为 0.1V，则当输入信号为 10101111 和 01010000 时所对应的输出电压分别为多少？

9-8 某 8 位 DAC 最小输出电压为 0.1，则最大输出电压为多少？若要求最高电压为 5V，则最小输出电压为多少？

第 10 章 数字电路工程应用

10.1 组合逻辑电路的实现

利用基本门电路及其组合逻辑芯片可以实现很多现实中常用的组合逻辑电路。本节主要介绍如何通过组合逻辑电路去实现一些具体实际的应用。

1. 两地控制一灯的电路

图 10-1 所示的是在 A、B 两地控制一个照明灯的电路,当 $Y=1$ 时,灯亮,反之灯灭。

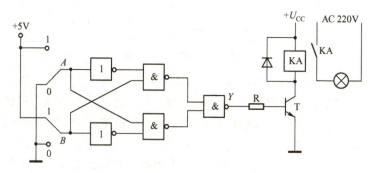

图 10-1 两地控制一个照明灯电路

写出逻辑表达式: $Y = \overline{\overline{AB} \cdot \overline{A}\overline{B}}$。

由逻辑表达式写出逻辑真值表,见表 10-1。

表 10-1 两地控制一灯电路的逻辑真值表

开 关		输 出	照 明 灯
A	B	Y	
0	0	0	灭
0	1	1	亮
1	0	1	亮
1	1	0	灭

由上所述,可以采用一片 74LS20 型双 4 输入与非门和一片 74LS00 型四 3 输入与非门实现此功能,如图 10-2 所示。

2. 公用照明延时关灯电路

图 10-3 所示为延时关灯电路,其作用是当按下按钮 SB 时,电灯亮,数分钟后,不用手关,电灯会自动熄灭。这种电路可装在卫生间等处,这样可以避免湿手去关灯,或者忘了关灯。

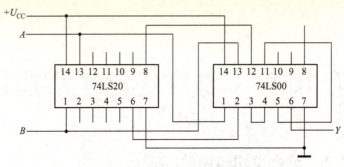

图 10-2 两地控制一个照明灯逻辑电路

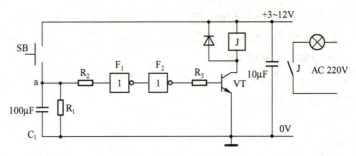

图 10-3 延时关灯电路

当按下按钮 SB 时，C_1 被迅速充电，a 点由低电平变为高电平，F_1 翻转，F_2 反相后输出高电平，VT 立即导通，继电器吸合，其触点接通电灯电源，灯亮。松开 SB 后，电容 C_1 开始放电，数分钟后，C_1 两端的电压降至 F_1 关门电平，F_1 翻转，F_2 反相后输出低电平，VT 截止，继电器释放，电灯熄灭。调整 R_1 可以改变延时时间，继电器动作电压要与所用电源电压相同，如果延时更长时间，则可以加大电容的容量。

3. 交通灯故障检测电路

交通灯在正常情况下，红灯亮——停车；黄灯亮——准备；绿灯亮——通行。正常时只有一个灯亮。如果灯全部亮，或者全不亮，或者两个灯同时亮，则说明出了故障。

输入变量为 1，表示灯亮；输入变量为 0，表示不亮。有故障时输出 1，正常时输出 0。

A 表示红灯，B 表示黄灯，C 表示绿灯。

由此可以写出真值表，见表 10-2。

表 10-2 交通灯逻辑真值表

A	B	C	Y
0	0	0	1
0	0	1	0
0	1	0	0
0	1	1	1
1	0	0	0
1	0	1	1
1	1	0	1
1	1	1	1

由真值表写出故障时的逻辑表达式

$$Y = \overline{A}\,\overline{B}\,\overline{C} + \overline{A}BC + A\,\overline{B}\,C + AB\,\overline{C} + ABC$$

化简得 $Y = \overline{A}\,\overline{B}\,\overline{C} + AC + BC + AB$。

为了减少芯片个数,将上式变换为

$$Y = \overline{A + B + C} + A(B + C) + BC$$

由此可以绘制出交通灯故障检查电路,如图 10-4 所示。发生故障时,晶体管导通,继电器通电,其触点闭合,故障指示灯亮。

信号灯旁的光电检测元件经放大器,而后接到 A、B、C 三端,灯亮则为高电平。

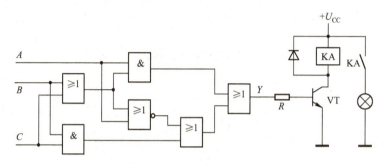

图 10-4　交通灯故障检查电路

10.2　555 定时器应用

1. 555 定时器构成的单稳态触发器及其应用

单稳态触发器是一种基本脉冲电路,如果没有外加信号,则触发器只能稳定在某一种状态。当外加一个触发信号时,电路能够从稳态翻转到另一种状态,但该状态是暂时的,经过一段时间后,电路会自动返回到原来的状态,并且电路在暂态的持续时间仅由电路的参数决定,与外加触发信号没有任何关系。因为这种触发器只有一种稳定的状态,因此称为单稳态触发器。

图 10-5 (a) 所示为 555 定时器构成的单稳态触发器,没有外接信号时,输出电压只能稳定在"0"态。当外加触发信号后,触发器发生翻转,但是翻转后的触发器不能稳定在"1"态。输出进入"1"态后,电源通过电阻向电容充电,当 u_C 上升到 $\frac{2}{3}U_{CC}$ 时,触发器复位,输出变为"0"态,晶体管导通,电容放电,电路重新稳定在"0"态,其工作过程如图 10-5 (b) 所示。

2. 555 定时器构成的脉冲整形及其应用

在实际信号测量控制中,因为由传感器得到的信号往往受干扰较大,是不规则的,不一定能满足后级电路的要求,故常常需要对信号进行整形。如果输入信号是不规则的脉冲,如图 10-6 所示,则经过整形后得到的是一个规则的波形。

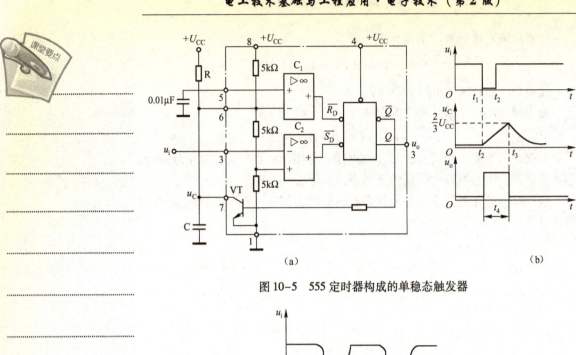

图 10-5　555 定时器构成的单稳态触发器

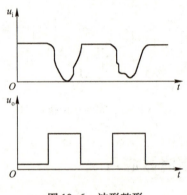

图 10-6　波形整形

3. 555 定时器构成的多谐振荡器及其应用

多谐振荡器也称无稳态触发器，其输出交替为高、低电平，没有稳定的工作状态。由 555 定时器构成的多谐振荡器如图 10-7 所示。当电源接通时，电容不断重复充电和放电的过程，于是在输出端得到如图 10-8 所示的矩形脉冲。

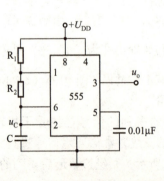

图 10-7　555 构成的多谐振荡器

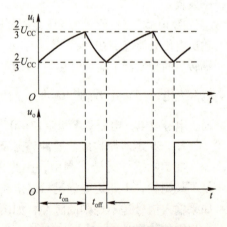

图 10-8　多谐振荡器输出波形

该电路输出矩形脉冲的周期取决于电容充、放电的时间常数，显然其充电时间常数 $\tau_{充}$ 为 $(R_1+R_2)C$，放电时间常数 $\tau_{放}$ 为 R_2C，故输出的矩形波的周期为 $0.7(R_1+2R_2)C$。通过改变电阻或电容的大小来改变充电、放电的时间常数就可以改变矩形波的周期和脉宽。

在要求不高的场合，可以通过这种方式来获得不同频率的振荡信号，如"叮咚"门铃声等。

附录 A 课程设计手册

A.1 设计实例1：双路抢答器

1. 设计目的

通过2路抢答器的电路设计，使学生掌握74LS00的用法和R-S触发器电路的构成和工作特性，训练学生的动手能力，培养独立解决问题的能力，为今后电路设计和电类后续课程的学习奠定基础。

2. 设计内容

设计一个智能两路抢答器电路，实现如下功能：3个控制端，其中2端为抢答输入端，1端为主持人控制端。当主持人按下控制按键后，开始抢答，先按下者对应的灯亮，其他抢答者按下无效。主持人再次按下时，清除上次的状态，重新循环。

3. 工作原理

如图A-1所示，6个与非门构成3个R-S触发器电路，主持人按键接在R-S触发器的复位端，按下后，LED全灭。按键抢答1和抢答2分别接在R-S触发器的置位端，任一个按下，都将改变原来的状态，使一个LED亮，另一个灭。此时再按下其他抢答键，对于和LED连接的R-S触发器电路来说，都属于保持，故LED的状态不会改变，此时必须由主持人按键复位，才能重新抢答。

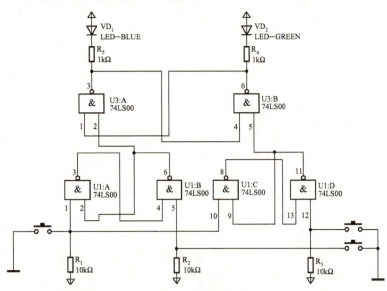

图 A-1 电路原理图

4. 元器件清单（见表A-1）

表 A-1 元器件清单

序 号	元器件	类 别	参 数	备 注
1	R_1	电阻	$10k\Omega$	0.25W，金属膜
2	R_2	电阻	$10k\Omega$	0.25W，金属膜

续表

序号	元器件	类别	参数	备注
3	R_3	电阻	10kΩ	0.25W，金属膜
4	R_4	电阻	1kΩ	0.25W，金属膜
5	R_5	电阻	1kΩ	0.25W，金属膜
6	VD_1	LED	红	φ5mm
7	VD_2	LED	绿	φ5mm
8	U_1	与非门	74LS00	IC
9	U_3	与非门	74LS00	IC
10	S_1	按键		主持人
11	S_2	按键		抢答1
12	S_3	按键		抢答2
13	J_1	接插件		电源插接件
14			PCB	

5. 实物图

按照原理图和元器件清单，在PCB上焊接好元器件后，实物图如图A-2所示。在焊接和上电时，一定要注意电源的极性，不能接反，否则可能要烧毁元器件，从而导致电路不能工作。

图A-2 实物样板

A.2 设计实例2：5V稳压电源

1. 设计目的

通过5V稳压电源的电路设计，使学生掌握交流变换成直流电源的方法和电路构成，训练学生的动手能力，培养独立解决问题的能力，为今后电路设计和电类后续课程的学习奠定基础。

2. 设计内容

设计一个5V稳压电源电路，220V AC输入，5V DC输出，使用接插件接口，移动方便，接口设计合理。电压纹波系数<0.5%，电流输出不小于500mA。

3. 工作原理

如图A-3所示，220V AC电源经过220V/6V的变压器后，变为6V AC输出，经过

1N4007 组成的桥式整流电路后，再经过电容滤波后，成为约 14V 的直流电，该电压经过三端稳压管 LM7805 后，成为 5V DC 输出，共给负载使用。

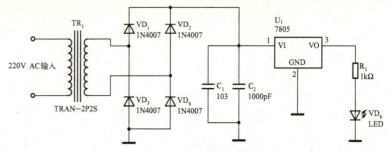

图 A-3　电路原理图

4. 元器件清单（见表 A-2）

表 A-2　元器件清单

序 号	元器件	类 别	参 数	备 注
1	$VD_1 \sim VD_4$	二极管	1N4007	
2	R_1	电阻	1kΩ	0.25W，金属膜
3	C_2	电容	50V/100μF	电解电容
4	C_1	电容	103	瓷片电容
5	VD_6	LED	绿	
6	TR_1	变压器	220/6V	
7	U_1	稳压管	LM7805	
8	J_2	接插件		电源插接件
9		电源线	0.2m	双绞线
10		热缩管	0.04m	绝缘隔离
11		PCB		

5. 实物图

按照原理图和元器件清单，在 PCB 上焊接好元器件后，实物图如图 A-4 所示。在焊接和上电时，一定要注意电源的极性，不能接反，否则可能要烧毁元器件，从而导致电路不能工作。

图 A-4　实物样板

A.3　设计实例3：OTL 功放电路

1. 设计目的

通过 OTL 功放的电路设计，使学生掌握交流放大电路的工作原理、设计方法和推挽功放电路的构成和特点，训练学生的动手能力，培养独立解决问题的能力，为今后电路设计和电类后续课程的学习奠定基础。

2. 设计内容

使用分立元器件，设计一 OTL 功放电路，用于放大音频信号，用做 MP3、计算机等设备的外部音响，能够清晰地播放音频。

3. 工作原理

如图 A-5 所示，交流信号经过电位器分压和一级放大电路放大后，再经过阻容耦合到晶体管 VT_3，VT_3 与外围电路组成二级放大电路，通过阻容耦合到推挽功放电路，输出到扬声器。

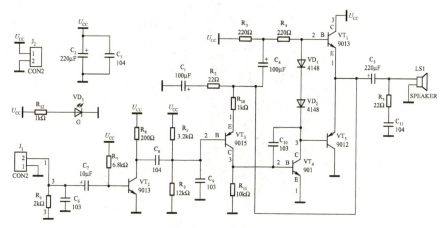

图 A-5　电路原理图

4. 元器件清单（见表 A-3）

表 A-3　元器件清单

序　号	元器件	参数	类别	备注
1	VT_1、VT_2	9013	晶体管	NPN
2	VT_3	9015	晶体管	PNP
3	VT_4	9014	晶体管	NPN
4	VT_5	9012	晶体管	PNP
5	R_{10}、R_{12}	1kΩ	电阻	0.25W，金属膜
6	R_6	2kΩ	电阻	0.25W，金属膜
7	R_7	6.8kΩ	电阻	0.25W，金属膜
8	R_1	8.2kΩ	电阻	0.25W，金属膜
9	R_{11}	10kΩ	电阻	0.25W，金属膜
10	R_9	12kΩ	电阻	0.25W，金属膜
11	R_2、R_5	22Ω	电阻	0.25W，金属膜
12	R_8	200Ω	电阻	0.25W，金属膜
13	R_3、R_4	220Ω	电阻	0.25W，金属膜
14	C_6、C_9、C_{10}	103	电容	瓷片电容
15	C_3、C_8、C_{11}	104	电容	瓷片电容
16	C_7	10μF	电容	电解电容

续表

序 号	元器件	参 数	类 别	备 注
17	C_1、C_4	100μF	电容	电解电容
18	C_2、C_5	220μF	电容	电解电容
19	VD_1、VD_2	1N4148	二极管	
20	VD_3	绿	LED	φ5mm
21	LS_1	SPEAKER	扬声器	
22	J_2	接插件	电源输入	
23	J_1	接插件	声音输入	

5. 实物图

按照原理图和元器件清单，在 PCB 上焊接好元器件后，实物图如图 A-6 所示。

图 A-6 实物样板

调试时，首先将电位器旋转到底，使声音信号全部加到电路，确定声音信号能够被放大后，再慢慢改变电位器，使声音调整到合适的大小。本电路使用单电源供电，供电电压约为 5V，电路中的各元器件参数按照 5V 设计，因此上电时，不可加太高的电压，否则晶体管因为功耗过大而容易烧毁。

在焊接和上电时，一定要注意电源的极性，若接反，则可能要烧毁元器件。

A.4 设计实例 4：触摸开关控制电路

1. 设计目的

通过触摸开关控制电路的设计，使学生掌握单稳态电路的工作原理、设计方法和单稳态电路的构成和特点，训练学生的动手能力，培养独立解决问题的能力，为今后电路设计和电类后续课程的学习奠定基础。

2. 设计内容

设计一个触摸开关控制电路，当用户触摸感应器时，控制继电器动作，延时一段时间后，继电器断开，由此控制负载的上电或断电。可以调节继电器闭合或断开的时间。

3. 工作原理

如图 A-7 所示，触摸开关 J_2 经电容 C_1 输入一个人体感应杂波信号到 555 定时器的 2 端，555 定时器组成单稳态电路，被触发后，3 端输出高电平，通过晶体管 8050 驱动继电器动作，从而驱动更大的负载。

继电器动作的时间取决于电阻 R_2 和电容 C_3，即 $T = 0.7R_2C_3$。LED 用于指示继电器的状态。

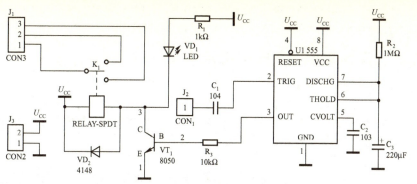

图 A-7　电路原理图

4. 元器件清单（见表 A-4）

表 A-4　元器件清单

序　号	元器件	参　数	类　别	备　注
1	R_1	$1k\Omega$	电阻	0.25W，金属膜
2	R_2	$1M\Omega$	电阻	0.25W，金属膜
3	R_3	$10k\Omega$	电阻	0.25W，金属膜
4	C_1	104	电容	瓷片电容
5	C_2	103	电容	瓷片电容
6	C_3	$220\mu F$	电容	电解电容
7	U_1	NE555	定时器	
8	VD_2	1N4148	二极管	
9	VT_1	8050	晶体管	
10	VD_1	红	LED	$\phi 5mm$
11	J_1	CON3	接插件	电源接口
12	J_2	CON1	接插件	触摸开关接口
13	J_3	CON2	接插件	控制开关接口
14	K_1	JZC-23F	继电器	
15		PCB		
16		金属片		可用导线代替

5. 实物图

按照原理图和元器件清单，在 PCB 上焊接好元器件后，实物图如图 A-8 所示。在焊接和上电时，一定要注意电源的极性，若接反，则可能要烧毁元器件。

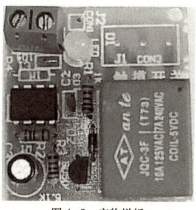

图 A-8　实物样板

调试时,使用导线替代接触片,使用手指接触时,NE555 的 3 脚输出高电平。如果不能输出高电平,需要检查 NE555 的外围电路是否接触良好。

A.5 设计实例5:电压指示

1. 设计目的

通过电压指示的电路设计,使学生掌握运算放大器用做比较器时的工作原理、设计方法、电路的构成和特点,训练学生的动手能力,培养独立解决问题的能力,为今后电路设计和电类后续课程的学习奠定基础。

2. 设计内容

设计一个电压指示电路,使用滑动变阻器模拟当前电池电压,6 路指示灯指示当前电池电量,并根据电池电压,使用不同颜色把当前电池的电量分为饱满、正常、中等、欠电压、严重欠电压、无电 6 种状态。

3. 工作原理

如图 A-9 所示,使用电位器模拟变化的电压输入,通过 7 个电阻将电源电压 6 等分,比较器的正向输入端分别接在 6 个等分点上。输入电压经过 6 路比较电路后,将电压分为 6 级,使用 6 个 LED 指示目前电压等级。

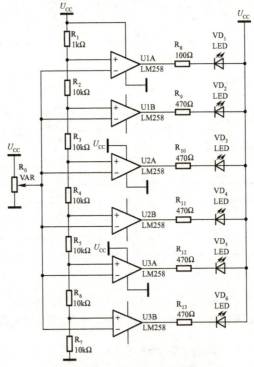

图 A-9 电路原理图

4. 元器件清单(见表 A-5)

表 A-5 元器件清单

序 号	元器件	参数	类别	备 注
1	$R_1 - R_7$	10kΩ	电阻	0.25W,金属膜
2	$R_8 - R_{13}$	470Ω	电阻	0.25W,金属膜
3	$VD_1 - VD_6$	红、绿、黄	LED	各2个,φ5mm
4	$U_1 - U_3$	LM258	比较器	
5	R_0	103	可变电阻	
6		PCB		

5. 实物图

按照原理图和元器件清单，在 PCB 上焊接好元器件后，实物图如图 A-10 所示。

图 A-10　实物样板

调试时，先将电位器旋转到底，使电压信号全部加到电路，确定 6 个 LED 全部点亮。然后，旋转电位器，逐渐减小输入电压，观察 LED 是否一次灭掉，最后全灭。如果某路没灭，则检查比较器是否上电、输出信号属否加载 LED 两端。

在焊接和上电时，一定要注意电源的极性，若接反，则可能要烧毁元器件。

A.6　设计实例 6：电动机正/反转控制电路

1. 设计目的

通过电动机正/反转控制的电路设计，使学生掌握晶体管用做开关管时的工作原理、直流电动机的驱动方法、H 桥电路的构成和特点，训练学生的动手能力，培养独立解决问题的能力，为今后电路设计和电类后续课程的学习奠定基础。

2. 设计内容

设计一个电动机正/反转控制电路，当按下正转按钮时，小型直流电动机正转，正转指示灯亮；当按下反转按钮时，小型直流电动机反转，反转指示灯亮；无按钮被按下时，电动机不转。

3. 工作原理

如图 A-11 所示，使用 3 段拨码开关控制 H 桥控制电路的上电。如果电源接在 2 端，则电流流通的路径是 $V_{cc} \longrightarrow Q_2 \longrightarrow$ 电动机 $\longrightarrow Q_4$，电动机正转。如果电源接在 3 端，则电流流通的路径是 $V_{cc} \longrightarrow Q_2 \longrightarrow$ 电动机 $\longrightarrow Q_4$，则电动机反转。

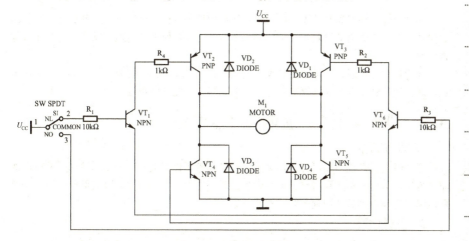

图 A-11　电路原理图

此处二极管 D_1-D_4 用做续流二级管。

4. 元器件清单（见表 A-6）

表 A-6 元器件清单

序号	元器件	参数	类别	备注
1	R_1、R_3	$10k\Omega$	电阻	0.25W，金属膜
2	R_2、R_4	$1k\Omega$	电阻	0.25W，金属膜
3	VD_1-VD_4	IN4148	二极管	
4	M_1	MOTOR	直流电动机	5V
5	VT_2、VT_3	8550	晶体管	
6	VT_1、VT_6	9013	晶体管	
7	VT_4、VT_5	8050	晶体管	
8	S_1	开关	3 段拨码	注意连接方式
9		PCB		

5. 实物图

按照原理图和元器件清单，在 PCB 上焊接好元器件后，实物图如图 A-12 所示。

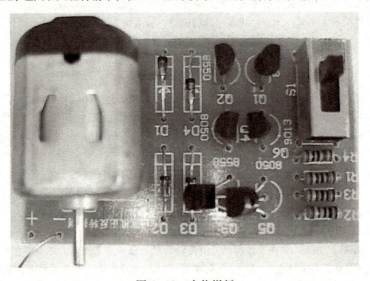

图 A-12 实物样板

调试时，先将拨码开关置于中间不连接任何控制端处，确定电压全部加到电路。然后拨动开关，观察电动机是否转动，如果不转动，则按照电流流通的顺序检查晶体管是否导通。

在焊接和上电时，一定要注意电源的极性，若接反，则可能要烧毁元器件。在通电运行时，用手感觉各个晶体管的状态，如果太热，应立即断电检查。

A.7 设计实例 7：继电器遥控电路

1. 设计目的

通过继电器遥控电路设计，使学生掌握晶体管用做开关管时的工作原理，继电器的驱动方法、电路的构成和特点，训练学生的动手能力，培养独立解决问题的能力，为今后电路设计和电类后续课程的学习奠定基础。

2. 设计内容

设计一个继电器遥控电路，使用光线作为传输介质，控制电路由两部分组成：一部分为控制手柄,另一部分为继电器控制电路。当按下控制手柄的按钮时,继电器吸合;松开时,继电器断开。

3. 工作原理

如图 A-13 所示,电路由光控电路和继电器控制电路两部分构成。按下开关 SB 后,发光二极管点亮,照射到光敏电阻 R_2 上,光敏电阻的亮电阻很小,晶体管 VT_1 的基极电压升高而导通,则继电器得电而动作,从而控制大功率负载。

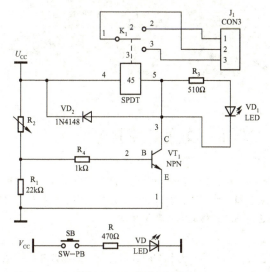

图 A-13 电路原理图

4. 元器件清单(见表 A-7)

表 A-7 元器件清单

序 号	元器件	参 数	类 别	备 注
1	R_1	22kΩ	电阻	0.25W,金属膜
2	R	470Ω	电阻	0.25W,金属膜
3	R_3	510Ω	电阻	0.25W,金属膜
4	R_4	1kΩ	电阻	0.25W,金属膜
5	VD_2	1N4148	二极管	
6	VD_1	LED	绿	φ5mm
7	VD	LED	绿	φ5mm
8	Q_1	8050	晶体管	
9	J_1		接插件	电源输入
10	K_1	继电器		5V
11	SB	按键	接插件	

5. 实物图

按照原理图和元器件清单,在 PCB 上焊接好元器件后,实物图如图 A-14 所示。

调试时,先调试光控电路,按下按键,观察 LED 是否点亮。然后,用手遮住光敏电阻,观察继电器是否断开,继电器控制电路板上的 LED 是否灭掉。松开光敏电阻,观察 LED 是否点亮,继电器是否动作。如果不动作,则使用光控电路照射,观察继电器控制电路是否动作。否则调整光敏电阻的开口大小,做到光照,则继电器动作,不照则不动作为止。

在通电运行时,用手感觉晶体管的状态,若太热,应立即断电检查。

图 A-14　实物样板

A.8　设计实例 8：交通灯控制电路

1. 设计目的

通过交通灯控制电路设计，使学生掌握时序逻辑电路的工作原理，多谐振荡器的电路的构成、工作原理和设计方法，训练学生的动手能力，培养独立解决问题的能力，为今后电路设计和电类后续课程的学习奠定基础。

2. 设计内容

设计一个交通灯控制电路，南北方向红灯亮时，东西方向绿灯亮；南北方向黄灯亮时，东西方向黄灯亮；南北方向绿灯亮时，东西方向红灯亮；南北方向黄灯亮时，东西方向黄灯亮。依次类推，按照上述顺序不停地变换。

3. 工作原理

如图 A-15 所示，电路由 555 定时器组成多谐振荡器，作为电路的脉冲源。74LS161 组成计数电路，74LS138 组成译码电路对计数电路的脉冲进行译码输出，驱动东西和南北方向的 LED 亮、灭。

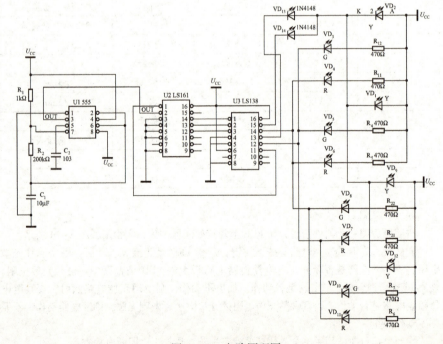

图 A-15　电路原理图

东西和南北方向的 LED 的接法根据各个方向的不同颜色的灯亮灭顺序设计。以东西方向为例，上电应该是红灯亮、黄灯亮、绿灯亮、红灯亮，依次循环；南北方向与此相反。

因此，按照上述的顺序，计数电路应该构成四进制计数电路，从 74LS138 的 Y3 引出反馈信号线到 74LS161 的 MR 端，当计数到 3 时则重新开始计数。东西方向的黄灯、南北方向的黄灯接在 74LS138 的 Y0 输出端；东西方向的红灯、南北方向的绿灯接在 74LS138 的 Y1 输出端，东西方向的绿灯、南北方向的红灯接在 74LS138 的 Y2 输出端。

4. 元器件清单（见表 A-8）

表 A-8 元器件清单

序 号	元器件	参 数	类 别	备 注
1	R_1	1kΩ	电阻	0.25W，金属膜
2	$R_4 \sim R_7$、R_{11}、R_{12}、R_{21}、R_{22}	470Ω	电阻	0.25W，金属膜
3	R_2	200kΩ	电阻	0.25W，金属膜
4	C_1	10μF	电容	电解电容
5	C_2	103		瓷片电容
6	U_1	NE555	定时器	
7	U_3	LS138	译码器	
8	U_2	LS161	计数器	
9	VD_{13}、VD_{14}	1N4148	二极管	
10	VD_{10}、VD_5、VD_8、VD_3	绿	LED	φ5mm
11	VD_7、VD_{11}、VD_4、VD_6	红		φ5mm
12	VD_1、VD_2、VD_9、VD_{12}	黄		φ5mm
13	J_1		接插件	
14			PCB	

5. 实物图

按照原理图和元器件清单，在 PCB 上焊接好元器件后，实物图如图 A-16 所示。

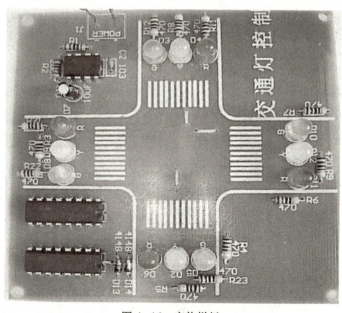

图 A-16 实物样板

调试的时候，先调试多谐振荡器电路，观察是否起振，再调试其他电路。

A.9 设计实例9：流水灯电路

1. 设计目的

通过流水灯电路设计，使学生掌握时序逻辑电路的工作原理，多谐振荡器的电路的构成、工作原理和设计方法，训练学生的动手能力，培养独立解决问题的能力，为今后电路设计和电类后续课程的学习奠定基础。

2. 设计内容

设计一个流水灯电路，使8个彩色LED逐个亮、灭，调节滑动变阻器改变LED点亮的时间。

3. 工作原理

如图A-17所示，电路由555定时器组成多谐振荡器，作为电路是脉冲源。74LS161组成计数电路，74LS138组成译码电路对计数电路的脉冲进行译码输出，驱动8个LED的亮、灭。

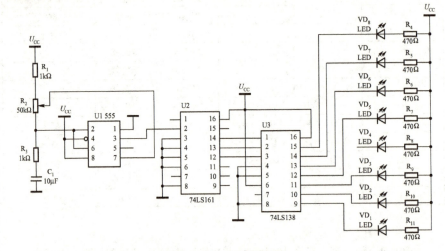

图 A-17 电路原理图

调节 R_2，即改变了电阻的分配，改变了多谐振荡器的周期，该脉冲经过计数器74LS161、译码器74LS138后，译码器的输出 $Y_0 \sim Y_7$ 的频率也改变，接在 $Y_0 \sim Y_7$ 引脚上的LED点亮的时间也随之改变。

因此，根据需要，调整可变电阻 R_2 的大小，使LED的闪烁时间符合需要，可构成多用途的流水灯控制电路。

4. 元器件清单（见表A-9）

表 A-9 元器件清单

序 号	元器件	参 数	类 别	备 注
1	R_1、R_3	1kΩ	电阻	0.25W，金属膜
2	$R_4 \sim R_{11}$	470Ω	电阻	0.25W，金属膜
3	R_2	103	可变电阻	
4	C_1	10μF	电容	电解电容
5	U_1	NE555	定时器	
6	U_2	74LS161	计数器	
7	U_3	74LS138	译码器	
8	$VD_1 \sim VD_8$	黄	LED	φ5mm
9	J_1		接插件	可用导线代替
10			PCB	

5. 实物图

按照原理图和元器件清单,在 PCB 上焊接好元器件后,实物图如图 A-18 所示。

图 A-18 实物样板

调试时,先调试多谐振荡器电路,观察是否起振,再调试其他电路。

A.10 设计实例10:汽车尾灯控制电路

1. 设计目的

通过汽车尾灯控制电路设计,使学生掌握时序逻辑电路的工作原理,多谐振荡器的电路的构成、工作原理和设计方法,训练学生的动手能力,培养独立解决问题的能力,为今后电路设计和电类后续课程的学习奠定基础。

2. 设计内容

假设汽车尾灯左右两侧各有 3 个指示灯(用 LED 模拟),要求:汽车正常运行时指示灯全灭;右转弯时,右侧 3 个指示灯闪烁;左转弯时左侧 3 个指示灯闪烁。

3. 工作原理

如图 A-19 所示,电路由 555 定时器组成多谐振荡器,作为电路是脉冲源。74LS02 组成驱动电路,按键开关 S_1、S_2 分别控制或非门的一个输入端,经过或非门逻辑后,驱动对应的 3 个 LED 的亮、灭。

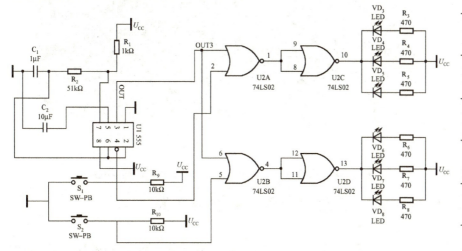

图 A-19 电路原理图

LED 的闪烁时间由电阻 R_1、R_2 和电容 C_1 决定,其周期公式如下式:

$$T = 0.7(R_1 + R_2)C_1$$

调整可变电阻、电容的大小,使 LED 的闪烁时间符合实际需要。

4. 元器件清单(见表 A-10)

表 A-10 元器件清单

序号	元器件	参数	类别	备注
1	R_1	1kΩ	电阻	0.25W,金属膜
2	R_9、R_{10}	10kΩ	电阻	0.25W,金属膜
3	$R_3 \sim R_8$	470Ω	电阻	0.25W,金属膜
4	R_2	51kΩ	电阻	0.25W,金属膜
5	U_1	NE555	定时器	
6	U_2	74S02	或非门	
7	C_1	1μF	电容	电解电容
8	C_2	10μF	电容	电解电容
9	$U_4 \sim U_8$	LED	LED	φ5mm
10	S_1、S_2		按键	
11		SW-PB	接插件	可用导线代替
12			PCB	

5. 实物图

按照原理图和元器件清单,在 PCB 上焊接好元器件后,实物图如图 A-20 所示。

图 A-20 实物样板

调试时,先调试多谐振荡器电路,观察是否起振,再调试其他电路。

A.11 设计实例 11:声光报警器电路

1. 设计目的

通过声光报警器电路设计,使学生掌握多个多谐振荡器的电路的构成、工作原理和设计方法,训练学生的动手能力,培养独立解决问题的能力,为今后电路设计和电类后续课程的学习奠定基础。

2. 设计内容

设计一个声光报警器电路，发出间歇式的报警声，同时，LED 闪烁，模拟声光报警器。

3. 工作原理

如图 A-21 所示，电路由 NE555 定时器组成多谐振荡器，作为电路是脉冲源，控制第二级多谐振器电路。报警器一般有两个频率的声音信号，一个高频，一个低频。第一级 NE555 组成低频声音信号，第二级 NE555 组成高频声音信号

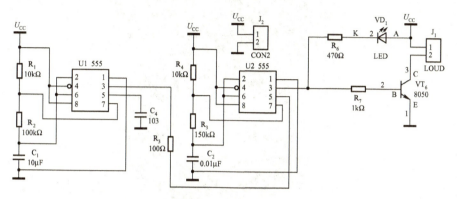

图 A-21 电路原理图

第一级声音信号为低频信号，其周期由电阻 R_1、R_2 和电容 C_1 决定，其周期公式如下式：

$$T = 0.7(R_1 + R_2)C_1$$

第二级电路的声音为高频信号，其周期计算方法和第一级相同，只是仅当第一级输出高电平时，第二级才能工作。

调整可变电阻、电容的大小，使高、低频率的声音信号符合实际需要。

4. 元器件清单（见表 A-11）

表 A-11 元器件清单

序 号	元器件	参数	类 别	备 注
1	R_1	1kΩ	电阻	0.25W，金属膜
2	R_9、R_{10}	10kΩ	电阻	0.25W，金属膜
3	$R_3 \sim R_8$	470Ω	电阻	0.25W，金属膜
4	R_2	51kΩ	电阻	0.25W，金属膜
5	U_1	NE555	定时器	
6	U_2	74S02	或非门	
7	C_1	1μF	电容	电解电容
8	C_2	10μF	电容	电解电容
9	$U_4 \sim U_8$	LED	LED	φ5mm
10	S_1、S_2		按键	
11		SW-PB	接插件	可用导线代替
12			PCB	

5. 实物图

按照原理图和元器件清单，在 PCB 上焊接好元器件后，实物图如图 A-22 所示。

图 A-22 实物样板

调试时，先调试多谐振荡器电路，观察是否起振，再调试其他电路。

A.12 设计实例 12：数码管驱动电路

1. 设计目的

通过数码管驱动电路设计，使学生掌握组合逻辑电路的工作原理、电路构成和设计方法，训练学生的动手能力，培养独立解决问题的能力，为今后电路设计和电类后续课程的学习奠定基础。

2. 设计内容

设计一个数码管驱动电路，实现如下功能：10 个输入端，当按下按键 0 后，数码管显示 "0"，按下按键 1 时，数码管显示 "1"……每次按下按键的键号与数码管的显示相同，没有按键被按下时显示 "0"。

3. 工作原理

如图 A-23 所示，电路由与非门 74LS00、数码管驱动芯片 74LS247 组成。10 个按键组成输入电路，经过与非门电路编码后，输入数码管驱动芯片，驱动数码管显示相应的按键号。

设计按键编码电路时，先写出真值表，由真值表可写出下式：

$$\begin{cases} A = \overline{\overline{I_1} \cdot \overline{I_3} \cdot \overline{I_5} \cdot \overline{I_7} \cdot \overline{I_9}} = I_1 + I_3 + I_5 + I_7 + I_9 \\ B = \overline{\overline{I_3} \cdot \overline{I_4} \cdot \overline{I_6} \cdot \overline{I_7}} = I_3 + I_4 + I_6 + I_7 \\ C = \overline{\overline{I_4} \cdot \overline{I_5} \cdot \overline{I_6} \cdot \overline{I_7}} = I_4 + I_5 + I_6 + I_7 \\ D = \overline{\overline{I_8} \cdot \overline{I_9}} = I_8 + I_9 \end{cases}$$

为了使电源电压不超过数码管承受电压范围，电源串联 4 个二极管后，加到数码管上，这样做可以节省元器件。

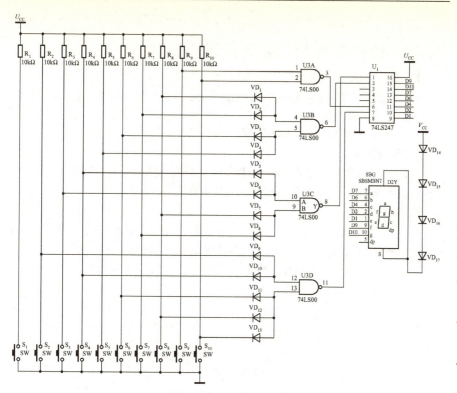

图 A-23 电路原理图

4. 元器件清单（见表 A-12）

表 A-12 元器件清单

序 号	元 器 件	参 数	类 别	备 注
1	$R_1 \sim R_{10}$	10kΩ	电阻	0.25W，金属膜
2	U_1	74LS247	数码管驱动	
3	U_3	74LS00	与非门	
4	SEG	SEGMENT	数码管	共阴
5	$S_1 \sim S_{10}$		按键	
6	$VD_1 \sim VD_{17}$	1N4148	二极管	
11			接插件	可用导线代替
12			PCB	

5. 实物图

按照原理图和元器件清单，在 PCB 上焊接好元器件后，实物图如图 A-24 所示。

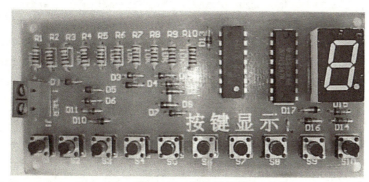

图 A-24 实物样板

调试时，先调试数码管显示电路，观察显示数字是否正常，再调试按键输入电路。

A.13　设计实例13：无线传声器电路

1. 设计目的

通过无线传声器（俗称无线话筒）电路设计，使学生掌握高频振荡电路、调频广播的工作原理、电路的构成和设计方法，训练学生的动手能力，培养独立解决问题的能力，为今后电路设计和电类后续课程的学习奠定基础。

2. 设计内容

设计一个无线传声器电路，使用驻极体输入声音，经过该电路调频后，发射。使用收音机接收调频波，还原输入的声音信号。要求距离不小于10m。

3. 工作原理

如图 A-25 所示，L_1 和 C_1 组成高频振荡电路，声音信号通过驻极体 J_2 输入后，经过第一级放大电路放大后，由阻容耦合到高频振荡电路进行频率调制。调制完成的信号再次通过阻容耦合到 VT_3，经过选频网络，将调制波通过天线发射出去。

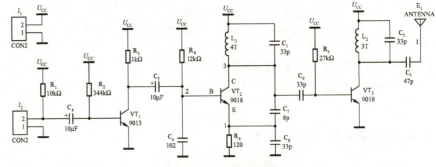

图 A-25　电路原理图

L_1、C_1 决定本振频率的大小，L_1 使用 0.5mm 的漆包线，在 5mm 的圆珠笔芯上绕 4 匝，脱胎而成。

L_2、C_2 决定选频网络的频率。L_2 制作方法和 L_1 相同。

4. 元器件清单（见表 A-13）

表 A-13　元器件清单

序　号	元器件	参　数	类　别	备　注
1	R_1	10kΩ	电阻	0.25W，金属膜
2	R_2	300kΩ	电阻	0.25W，金属膜
3	R_3	1kΩ	电阻	0.25W，金属膜
4	R_4	12kΩ	电阻	0.25W，金属膜
5	R_5	27kΩ	电阻	0.25W，金属膜
6	R_6	120Ω	电阻	0.25W，金属膜
7	C_1、C_2、C_8、C_9	33pF	电容	瓷片电容
8	C_3	47pF	电容	瓷片电容
9	C_7	8pF	电容	瓷片电容
10	C_6	102	电容	瓷片电容
11	C_4、C_5	10μF	电容	电解电容
12	L_1	4T	电感	4 圈，ϕ5mm
13	L_2	3T	电感	3 圈，ϕ5mm
14	VT_1	9013	晶体管	NPN

续表

序 号	元器件	参 数	类 别	备 注
15	VT$_2$、VT$_3$	9018	晶体管	NPN
16	E$_1$	ANTENNA	天线	自制
17	J$_1$	CON2	接插件(电源)	可用导线代替
18	J$_2$	CON2	接插件(声音输入)	可用导线代替
19			PCB	

5. 实物图

按照原理图和元器件清单,在 PCB 上焊接好元器件后,实物图如图 A-26 所示。

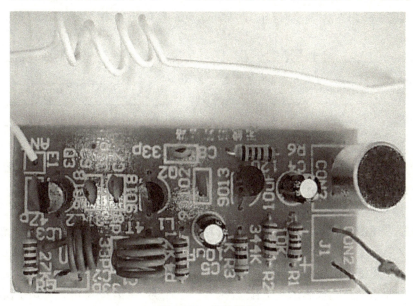

图 A-26 实物样板

调试时,先调试驻极体电路,观察是否有声音信号输入,再调试其他电路。调试时使用收音机,在 82MHz 附近搜索输入的调试信号。

《电工技术基础与工程应用·电子技术(第2版)》读者调查表

尊敬的读者：

　　欢迎您参加读者调查活动，对我们的图书提出真诚的意见，您的建议将是我们创造精品的动力源泉。为方便大家，我们提供了两种填写调查表的方式：

1. 您可以登录http：//yydz.phei.com.cn，进入"读者调查表"栏目，下载并填好本调查表后反馈给我们。
2. 您可以填写下表后寄给我们（北京市海淀区万寿路173信箱电子技术分社　邮编：100036）。

姓名：_____　性别：□男　□女　年龄：_____　职业：_____
电话：_____　移动电话：_____
传真：_____　E-mail：_____
邮编：_____　通信地址：_____

1. 影响您购买本书的因素（可多选）：
□封面、封底　□价格　□内容简介　□前言和目录　□正文内容
□出版物名声　□作者名声　□书评广告　□其他_____

2. 您对本书的满意度：
从技术角度　□很满意　□比较满意　□一般　□较不满意　□不满意
从文字角度　□很满意　□比较满意　□一般　□较不满意　□不满意
从版式角度　□很满意　□比较满意　□一般　□较不满意　□不满意
从封面角度　□很满意　□比较满意　□一般　□较不满意　□不满意

3. 您最喜欢书中的哪篇（或章、节）？请说明理由。
_____
_____

4. 您最不喜欢书中的哪篇（或章、节）？请说明理由。
_____
_____

5. 您希望本书在哪些方面进行改进？
_____
_____

6. 您感兴趣或希望增加的图书选题有：
_____
_____

邮寄地址：北京市海淀区万寿路173信箱电子信息出版分社　张剑　收
邮　　编：100036　电　话：(010)88254450　E-mail：zhang@phei.com.cn

反侵权盗版声明

电子工业出版社依法对本作品享有专有出版权。任何未经权利人书面许可，复制、销售或通过信息网络传播本作品的行为；歪曲、篡改、剽窃本作品的行为，均违反《中华人民共和国著作权法》，其行为人应承担相应的民事责任和行政责任，构成犯罪的，将被依法追究刑事责任。

为了维护市场秩序，保护权利人的合法权益，我社将依法查处和打击侵权盗版的单位和个人。欢迎社会各界人士积极举报侵权盗版行为，本社将奖励举报有功人员，并保证举报人的信息不被泄露。

举报电话：(010) 88254396；88258888
传　　真：(010) 88254397
E-mail：dbqq@phei.com.cn
通信地址：北京市海淀区万寿路173信箱
　　　　　电子工业出版社总编办公室
邮　　编：100036